高等院校计算机应用技术系列教材

系列教材主编 谭浩强

Visual Basic 程序设计实用教程

主　　编　于秀敏
副主编　李　欣　刘玉利
　　　　　冯阿芳　胡杰华
参　　编　李学谦　关绍云
主　　审　贾宗福

机械工业出版社

本书以 Visual Basic 6.0（简称 VB）中文版为平台，通过大量实例，全面、细致地讲解面向对象编程的概念和方法。全书共分 12 章，分别为概述、Visual Basic 语言基础、窗体和基本控件、基本程序结构、数组、过程、常用控件、数据文件和文件系统控件、Visual Basic 图形处理、应用程序界面设计、Visual Basic 与多媒体、数据库编程。

本书概念清楚、逻辑性强、层次分明、例题丰富，内容安排由浅入深、循序渐进、突出重点、分散难点。每章附有小结、习题，便于教师教学和学生学习。若与配套教材《Visual Basic 程序设计实践教程》一起使用，更利于读者理解和掌握 Visual Basic 相关知识。本书可作为高校非计算机专业使用教材，也可作为社会培训教材，还可作为读者自学用书。

图书在版编目（CIP）数据

Visual Basic 程序设计实用教程 / 于秀敏主编 . —北京：机械工业出版社，2011.4

高等院校计算机应用技术系列教材

ISBN 978-7-111-34088-1

Ⅰ . ①V… Ⅱ . ①于… Ⅲ . ①BASIC 语言-程序设计-高等学校-教材

Ⅳ . ·①TP312

中国版本图书馆 CIP 数据核字（2011）第 062036 号

机械工业出版社（北京市百万庄大街 22 号 邮政编码 100037）

策划编辑：赵 轩

责任印制：李 妍

高等教育出版社印刷厂印刷

2011 年 7 月第 1 版·第 1 次印刷

184mm×260mm ·17.25 印张·423 千字

0001–3000 册

标准书号：ISBN 978–7–111–34088–1

定价：33.00 元

序

　　进入信息时代，计算机已成为全社会不可或缺的现代工具，每一个有文化的人都必须学习计算机、使用计算机。计算机课程是所有大学生必修的课程。

　　在我国 3000 多万大学生中，非计算机专业的学生占 95% 以上。对这部分学生进行计算机教育将对影响今后我国在各个领域中的计算机应用的水平，影响我国的信息化进程，意义是极为深远的。

　　在高校非计算机专业中开展的计算机教育称为高校计算机基础教育。计算机基础教育和计算机专业教育的性质和特点是不同的，无论在教学理念、教学目的、教学要求、还是教学内容和教学方法等方面都不相同。在非计算机专业进行的计算机教育，目的不是把学生培养成计算机专家，而是希望把学生培养成在各个领域中应用计算机的人才，使他们能把信息技术和各专业领域相结合，推动各个领域的信息化。

　　显然，计算机基础教育应该强调面向应用。面向应用不仅是一个目标，而应该体现在各个教学环节中，例如：

　　教学目标：培养大批计算机应用人才，而不是计算机专业人才；

　　学习内容：学习计算机应用技术，而不是计算机一般理论知识；

　　学习要求：强调应用能力，而不是抽象的理论知识；

　　教材建设：要编写出一批面向应用需要的新教材，而不是脱离实际需要的教材；

　　课程体系：要构建符合应用需要的课程体系，而不是按学科体系构建课程体系；

　　内容取舍：根据应用需要合理精选内容，而不能漫无目的地贪多求全；

　　教学方法：面向实际，突出实践环节，而不是纯理论教学；

　　课程名称：应体现应用特点，而不是沿袭传统理论课程的名称；

　　评价体系：应建立符合培养应用能力要求的评价体系，而不能用评价理论教学的标准来评价面向应用的课程。

　　要做到以上几个方面，要付出很大的努力。要立足改革，埋头苦干。首先要在教学理念上敢于突破理论至上的传统观念，敢于创新，同时还要下大功夫在实践中摸索和总结经验，不断创新和完善。近年来，全国许多高校、许多出版社和广大教师在这领域上作了巨大的努力，创造出许多新的经验，出版了许多优秀的教材，取得了可喜的成绩，打下了继续前进的基础。

　　教材建设应当百花齐放，推陈出新。机械工业出版社决定出版一套计算机应用技术系列教材，本套教材的作者们在多年教学实践的基础上，写出了一些新教材，力图为推动面向应用的计算机基础教育做出贡献。这是值得欢迎和支持的。相信经过不懈的努力，在实践中逐步完善和提高，对教学能有较好的推动作用。

　　计算机基础教育的指导思想是：面向应用需要，采用多种模式，启发自主学习，提倡创新意识，树立团队精神，培养信息素养。希望广大教师和同学共同努力，再接再厉，不断创造新的经验，为开创计算机基础教育新局面，为我国信息化的未来而不懈奋斗！

全国高校计算机基础教育研究会荣誉会长　谭浩强

前　言

Visual Basic 是基于 Windows 的可视化程序设计语言，它提供了开发 Windows 应用程序迅速、简洁的方法，全面支持面向对象程序设计，包括数据抽象、封装、对象与属性、类与成员、继承和多态等。Visual Basic 语言简单易学、功能强大，借助 Visual Basic 既可以向学生传授程序设计的基本知识，又可以使学生熟悉一个实用图形界面的软件开发环境，从而缩短从程序设计入门到使用现代实用开发工具开发应用程序的过程，适合非计算机专业学生学习。

本书是为非计算机专业学生的第一门程序设计课程而编写的，在编写过程中充分考虑了学生的特点，突出实用性，从典型案例入手激发学生的兴趣，并对程序设计的基本知识、基本语法、编程方法和常用算法进行系统、详细的介绍，逐步培养学生的程序设计思维，使其掌握利用计算机解决问题的方法。

全书共分 12 章，分别为概述、Visual Basic 语言基础、窗体和基本控件、基本程序结构、数组、过程、常用控件、数据文件和文件系统控件、Visual Basic 图形处理、应用程序界面设计、Visual Basic 与多媒体、数据库编程。全书是先利用典型案例引入相关知识，然后介绍常用算法，接下来对本章进行总结的思路编写而成。

本书充分体现了实用性，突出程序设计方法，从而使学生在实践中掌握编程方法的同时熟悉 Visual Basic 语言的有关语法，以达到触类旁通的目的。通过计算机的应用案例，引导学生进行思考，学会分析问题、解决问题的方法，逐步培养学生的程序设计思维。在内容的选取和组织上，充分考虑学生的认知水平，使学生能够举一反三、灵活运用，适应今后的变化和发展。

本书源于编者多年的教学实践，凝聚了众多一线任课教师的教学经验与科研成果，经过数月的研讨组稿而成。本书由于秀敏担任主编，李欣、刘玉利担任副主编，冯阿芳、胡杰华、李学谦、关绍云参编，贾宗福担任主审。在编写过程中得到了编者所在学校的大力支持和帮助，在此表示衷心的感谢。同时对编写过程中参考的大量文献资料的作者一并致谢。由于编者水平有限，书中难免有欠缺之处，敬请广大专家、读者批评指正。

编　者

目　录

第1章 概 述

学习目标
1. 了解 Visual Basic 语言的发展历程。
2. 了解 Visual Basic 语言的特点。
3. 掌握 Visual Basic 语言的集成开发环境。
4. 初步掌握使用 Visual Basic 语言开发应用程序的步骤。

1.1 Visual Basic 简介

1.1.1 程序设计语言

在人类生活中,"语言"是人与人之间用来交流思想的工具,而程序设计语言是人与计算机交流的工具。通过程序设计语言,用户可以告诉计算机什么时候、在什么条件下干什么,然后计算机根据指令一条一条地执行,并把执行结果告诉用户。

从计算机的执行角度,程序设计语言可以分成两大类:低级语言和高级语言。低级语言是面向计算机的指令系统,不同型号的中央处理器(Central Processing Unit)有不同的指令系统。低级语言的特点是程序执行速度快、效率高,但要求程序员了解计算机的结构,程序设计难度较大,非专业人员难以涉足;高级语言是由人们易于接受的、接近人类语言的描述方式构成的指令系统,它不需要面向计算机,构成简单,往往只有一百几十条词汇、若干条规则,便于记忆,易于学习,且程序设计速度快。

其中,Visual Basic(简称 VB)语言是一种通用的高级程序设计语言。

1.1.2 Visual Basic 语言的发展历程

在 20 世纪 60 年代初,美国 Dartmouth 学院的两位学者 John G.Kemeny 和 Thomos E.Kurty 发明了一种称为"Basic"的语言,其含义为"初学者通用的符号指令代码(Beginner's All-Purpose Symbolic Instruction Code)"。它由十几条语句组成,简单易学、程序调试简便,很快得到了广泛的应用。

20 世纪 80 年代,随着结构化程序设计的需要,新版本的 Basic 语言在功能上进行了较大扩充,增加了新的数据类型和程序控制结构。其中,较有影响的是 True Basic、Quick Basic 和 Turbo Basic 等。

1988 年,Microsoft Windows 软件的出现,为计算机用户提供了一个直观的、图形丰富的工作环境。图像用户界面(GUI)使应用程序更易于学习和使用,用户只要简单地用鼠标单击菜单中的命令就可以执行指定的操作,而不必输入复杂的命令,因此深受用户的欢迎。但对于程序员来说,开发一个基于 Windows 平台的应用程序,其工作量极大。于是,可视化程序设计语言应运而生。

1991 年，微软公司推出 Visual Basic 1.0，它采用可视化工具进行界面设计，以结构化 Basic 语言为基础，采用事件驱动运行机制。许多专家把 Visual Basic 的出现当做是软件开发史上的一个具有划时代意义的事件。它是第一个"可视化"的编程软件，使得程序员们纷纷尝试在 Visual Basic 平台上进行软件创作。微软还不失时机地在 4 年内接连推出 Visual Basic 2.0，Visual Basic 3.0，Visual Basic 4.0 三个版本。并且从 Visual Basic3.0 开始，微软将ACCESS的数据库驱动集成到了 Visual Basic 中，这使得 Visual Basic 的数据库编程能力大大提高。从 Visual Basic 4.0 开始，Visual Basic 引入了面向对象的程序设计思想。由于 Visual Basic 的功能强大、学习简单，并且引入了"控件"的概念，使得大量已经编好的 Visual Basic 程序可以被用户直接拿来使用。

Visual Basic 经历了从 1991 年的 1.0 版到 1998 年的 6.0 版的多次版本升级，为了适应网络技术快速发展的需要，在 2002 年微软公司推出了 Visual Basic.Net，它增加了更多特性，而且演化为完全面向对象的程序设计语言。使用 Visual Basic 既可以开发小型软件，又可以开发多媒体软件、数据库应用程序、网络应用程序等大型软件，从而成为最流行的程序设计语言之一，本书将以 Visual Basic 6.0 为蓝本进行讲解。

1.1.3　Visual Basic 的特点

1．引例

【例】　简单的加法训练器程序。单击"出题"按钮，屏幕显示一道加法题，由用户填写运算结果，如果回答正确则显示"答对了！"，否则显示"答错了！"。单击"结束"按钮，则结束程序运行，如图 1-1 所示。

图 1-1　例 1-1 程序运行时的界面

2．功能特点

通过例 1-1，可以归纳出 Visual Basic 的一些基本特点。

（1）可视化编程

Visual Basic 提供了可视化设计工具，把用 Windows 界面设计的复杂性"封装"起来，使开发人员不必为界面设计而编写大量的程序代码，而只需按设计要求的屏幕布局，用系统提供的工具，在屏幕上画出各种"部件"（如例 1-1 中的窗体上有命令按钮、标签和文本框），即图形对象，并设置这些图形对象的属性。由于 Visual Basic 自动产生界面设计代码，程序设计人员只需要编写实现程序功能的代码部分即可，从而可以大大提高程序设计的效率。

（2）支持面向对象程序设计

Visual Basic 支持面向对象程序设计。用户可以充分利用可视化的编程工具，采用面向对象的程序设计（OOP）方法，把程序和数据封装在一起，定义成对象，并为每一个对象赋予应有的属性、方法、事件；或使用类，并给每一个类定义属性、方法、事件，再将其定义成对象。通过对类、对象的创建，最终完成应用系统程序的设计。

（3）事件驱动的编程机制

事件指对象可以识别的某些行为和动作。Visual Basic 通过事件来执行对象的操作，每个事件都可以通过一段程序（称为事件过程）来响应。如例 1-1 中的"出题"、"判题"和"结束程序"功能分别由 3 个对象的 3 个事件过程来实现。由于事件代码是针对一个对象的不同事件或不同对象的某个事件，其内容比较简单明确，从而使程序员编写代码的工作大大减少，并且大大提高了编程的效率和准确性。

（4）支持结构化程序设计

由于 Visual Basic 是在 Basic 语言基础上发展起来的，因此保留了程序设计语言的基本语句、多种控制结构，仍使用子过程和函数过程、结构清晰、简单易学。

（5）强大的开发工具

Visual Basic 的语言功能较为简单，但因其具有强大的开放特点，使程序员摆脱了特定语言的束缚。如利用 ActiveX 控件和 DLL 动态链接库，可以实现与多媒体技术和 Windows 应用程序的超级链接；而使用 ADO、DAO、ODBC 控件，采用多种数据库系统的访问技术，可实现强大的数据库管理功能；另外，Visual Basic 还增强了网络功能。

（6）完备的帮助功能

从 Visual Studio 6.0 开始，所有的帮助文件都采用全新的 MSDN 文档帮助方式。用户在安装 Visual Basic 程序时，即可安装 MSDN 文档。Visual Basic 完备的帮助功能，为用户提供了强大的技术支持。利用"帮助"菜单和〈F1〉键，用户可以方便地得到所需的帮助信息。另外，Visual Basic 帮助窗口（见图 1-2）中显示了有关的示例代码，便于用户学习。

图 1-2　帮助窗口

1.2　Visual Basic 集成开发环境

1.2.1　启动 Visual Basic

启动 Visual Basic，可以采用以下几种方法：

1）单击"开始"按钮，然后选择"程序"→"Microsoft Visual Basic 6.0 中文版"→"Microsoft Visual Basic 6.0 中文版"命令，即可启动 Visual Basic，如图 1-3 所示。

2）利用资源管理器，查找 Visual Basic 的可执行文件 Visual Basic6.EXE 并运行。

3）选择"文件"→"运行"命令，进入"运行"窗口，输入 Visual Basic 可执行文件 Visual Basic6.EXE 并单击"确定"按钮。

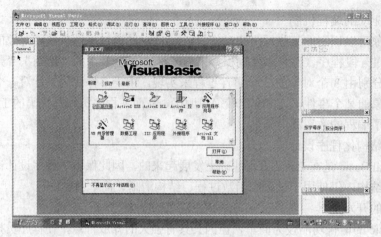

图 1-3　Visual Basic 启动画面

1.2.2　Visual Basic 集成开发环境简介

启动 Visual Basic 后，会出现如图 1-3 所示的"新建工程"对话框。在对话框中列出了 Visual Basic 6.0 能够建立的应用程序类型，初学者可以选择默认选项"标准 EXE"。在该对话框中有 3 个选项卡：

1)"新建"选项卡：建立新工程。

2)"现存"选项卡：选择和打开现有的工程。

3)"最新"选项卡：列出最近使用过的工程。

单击"打开"按钮，将进入如图 1-4 所示的 Visual Basic 6.0 应用程序集成开发环境，用户可以根据需求打开各种工作窗口进行不同的操作。

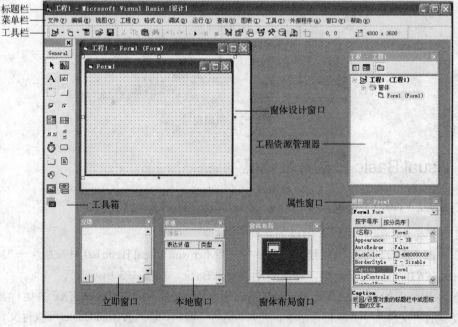

图 1-4　Visual Basic 6.0 集成开发环境

1.2.3 主窗口

主窗口也称设计窗口。在启动 Visual Basic 后，主窗口位于集成环境的顶部。该窗口由标题栏、菜单栏和工具栏组成，如图 1-4 所示。

1. 标题栏

标题栏位于屏幕界面的第一行，包含系统图标、系统程序标题、"最小化"按钮、"最大化"按钮和"关闭"按钮 5 个对象，如图 1-5 所示。

系统图标　　系统程序标题

工程1 – Microsoft Visual Basic [设计]

图 1-5　标题栏

（1）系统图标

系统图标是 Visual Basic 系统程序的标志。单击系统图标，可以打开系统控制菜单，选择其中的菜单选项，可以移动屏幕或改变屏幕大小；双击系统图标，可以关闭 Visual Basic 系统程序。

（2）系统程序标题

系统程序标题是 Visual Basic 系统程序的名称。如图 1-5 标题栏中的标题是"工程 1-Microsoft Visual Basic [设计]"，表示现在处于"工程 1"（Visual Basic 将其创建的应用程序称为"工程"）的设计阶段，进入其他状态后，方括号中的文字将做相应的变化。Visual Basic 有以下 3 种工作模式：

1）设计模式：主要完成用户界面设计和代码编写工作。

2）运行模式：运行应用程序，但不能编辑代码和界面。

3）中断模式：暂时中止程序的运行，此时可以编辑代码，但不可以编辑界面。按〈F5〉键或单击"继续"按钮，即可继续运行程序。

（3）"最小化"按钮

单击"最小化"按钮，可将 Visual Basic 窗口缩小成图标，并存放于任务栏中。若想再一次打开这一窗口，可单击任务栏中的系统图标。

（4）"最大化"按钮

单击"最大化"按钮，可将 Visual Basic 窗口设置为最大化状态。

（5）"关闭"按钮

单击"关闭"按钮，可以关闭 Visual Basic 系统程序。

2. 菜单栏

菜单栏位于系统标题栏的下方，包含文件、编辑、视图、工程、格式、调试、运行、查询、图表、工具、外接程序、窗口和帮助 13 个菜单选项，如图 1-6 所示。

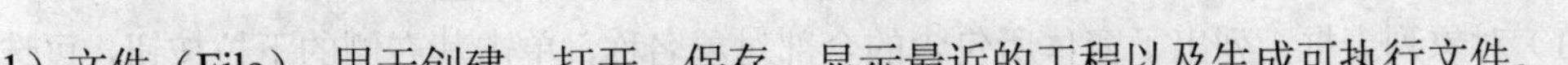

文件(F)　编辑(E)　视图(V)　工程(P)　格式(O)　调试(D)　运行(R)　查询(U)　图表(I)　工具(T)　外接程序(A)　窗口(W)　帮助(H)

图 1-6　菜单栏

1）文件（File）：用于创建、打开、保存、显示最近的工程以及生成可执行文件。

2）编辑（Edit）：用于编辑程序源代码。

3）视图（View）：用于集成开发环境下查看程序源代码的控件。

4）工程（Project）：用于控件、模块和窗体等对象的处理。

5）格式（Format）：用于窗体控件的对齐等操作。

6）调试（Debug）：用于程序的调试和差错。

7）运行（Run）：用于启动、设置中断和停止程序的运行。

8）查询（Query）：Visual Basic 6.0 的新增功能，在设计数据库应用程序时用于设计 SQL 属性。

9）图表（Diagram）：Visual Basic 6.0 的新增功能，在设计数据库应用程序时用于编辑数据库的命令。

10）工具（Tools）：用于集成开发环境下的工具扩展。

11）外接程序（Add-Ins）：用于为工程增加或删除外接程序。

12）窗口（Windows）：用于屏幕窗口的层叠、平铺等布局，以及列出所有打开的文档窗口。

13）帮助（Help）：帮助用户系统地学习 Visual Basic 的使用方法及程序设计方法。

3．工具栏

Visual Basic 提供了 4 种常用的工具栏，即编辑工具栏、标准工具栏、窗体编辑器工具栏和调试工具栏，如图 1-7 所示。用户还可以根据自己的操作习惯，在 Visual Basic 系统菜单下依次选择"视图"→"工具栏"中的相应菜单项，对以上的工具栏进行重新组合，自行定义工具栏。

图 1-7　工具栏

1.2.4　窗体设计窗口

窗体是应用程序最终面向用户的窗口，如图 1-8 所示。在设计应用程序时，用户在窗体上建立 Visual Basic 应用程序的界面。一个应用程序可以有多个窗体，可通过选择"工程"→"添加窗体"命令增加新窗体。

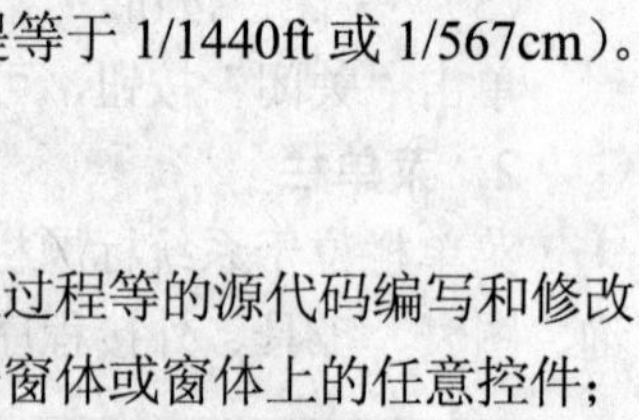

启动 Visual Basic 后，窗体的名称为 Form1。窗体由网格点构成，以方便用户对控件进行定位。网格点间距可以通过选择"工具"→"选项"命令，在其对话框的"通用"选项卡的"窗

图 1-8　窗体窗口

体网格设置"选项组中设置，默认的高度和宽度均为 120 缇（1 缇等于 1/1440ft 或 1/567cm）。

1.2.5　代码窗口

代码窗口是用来编辑代码的窗口，各种事件过程和用户自定义过程等的源代码编写和修改均在此窗口中进行，如图 1-9 所示。打开代码窗口的方法是：双击窗体或窗体上的任意控件；或者单击工程资源管理器窗口的"查看代码"按钮；或者选择"视图"→"代码窗口"命令。

代码窗口由对象列表框、事件列表框和代码编辑区 3 部分组成。

1）对象列表框：列出了窗体所包含的全部对象名称，单击其右侧的下拉按钮，可选择不同的对象。

2）事件列表框：列出当前对象可响应的全部事件名称。

3）代码编辑区：用于编辑事件代码。

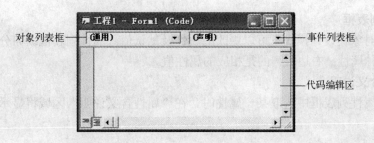

图 1-9　代码窗口

1.2.6　工具箱窗口

工具箱窗口主要用于界面设计，如图 1-10 所示。其中包含了 21 个按钮形式的工具，利用这些工具，用户可以在窗体上设计各种控件。

Visual Basic 系统提供的控件通常分为内部控件（也称标准控件）和 ActiveX 控件两大类。内部控件是在 Visual Basic 系统启动时被装入工具箱中的，用户可以选择"工程"→"部件"命令来加载其他的 ActiveX 控件。

图 1-10　工具箱窗口

在设计模式下，工具箱总是会出现的，若要隐藏工具箱，可以关闭工具箱窗口；若要将其再次显示，可以选择"视图"→"工具箱"命令。在运行状态下，工具箱会自动隐藏。

1.2.7　属性窗口

属性是用来描述 Visual Basic 窗体和控件特征的数据值，如标题、颜色、大小和位置等。属性窗口用于显示和设置所选定窗体和控件等对象的属性，由对象列表框、属性显示方式选项卡、属性列表框和属性含义说明 4 部分组成，如图 1-11 所示。

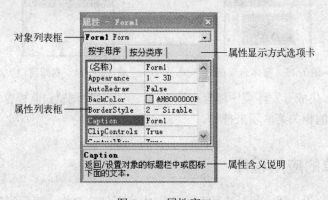

图 1-11　属性窗口

1．对象列表框

列出了窗体所包含的全部对象名称。单击其右侧的下拉按钮，可以打开所选对象。

2．属性显示方式选项卡

可以将属性按属性名的"字母顺序"排列或按"分类顺序"排列。

7

3．属性列表框

列出所选对象在设计模式下可以更改的属性及默认值。属性列表框纵向分为两部分，左边所列的是各种属性；右边所列的是相应的属性值。

4．属性含义说明

当用户在属性列表框中选取某一属性时，在"属性含义说明"区域将显示所选属性的功能说明。

1.2.8　工程资源管理器

"工程"或"工程组"相当于一个 Visual Basic 的应用程序。工程可以包含各种文件，例如工程文件（.vbp）、窗体文件（.frm）、标准模块文件（.bas）等。工程资源管理器利用倒置"树"状结构对工程中的文件进行管理，如图 1-12 所示。"工程"或"工程组"位于根部，而工程管理的各个资源文件构成了"树"的分支，如果要对某个资源文件进行设计或编辑，双击该资源文件即可。

在工程资源管理器上方有 3 个按钮：

1）"查看代码"按钮：用于切换到代码窗口，显示和编辑代码。

2）"界面设计"按钮：用于切换到窗体窗口，显示和编辑对象。

3）"切换文件夹"按钮：切换文件夹的显示方式。

图 1-12　工程资源管理器

1.2.9　窗体布局窗口和立即窗口

窗体布局窗口是用来显示一个或多个窗体在屏幕上运行的位置的工作窗口，如图 1-13 所示。

立即窗口是用来快速进行表达式计算、简单方法的操作及程序测试的工作窗口，如图 1-14 所示。要在立即窗口中打印变量或表达式的值，可使用 Debug.print 语句。

 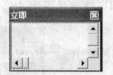

图 1-13　窗体布局窗口　　　　图 1-14　立即窗口

在 Visual Basic 集成开发环境中还有一些窗口，例如对象浏览、监视窗口等，用户可以通过"视图"菜单中的相关菜单项来打开。

1.3　建立简单的应用程序

使用可视化程序设计语言设计应用程序主要完成两部分工作：界面设计和编写事件驱动过程。本节以例 1-1 为例来介绍使用 Visual Basic 建立简单应用程序的过程。在 Visual Basic 中，建立一个应用程序分为以下几个步骤：

1）建立用户界面。

2）设置对象属性。

3）编写对象事件过程。

4）保存程序。

5）运行和调试程序。

6）生成可执行文件。

1.3.1 建立用户界面

启动 Visual Basic 后，系统将自动提供一个名为"Form1"的窗体，程序设计就是在这个窗体上进行的。例 1-1 中需添加两个标签（Label）、一个文本框（Text）、两个命令按钮（Command），可以利用工具箱添加相应控件，建立好的用户界面如图 1-15 所示。

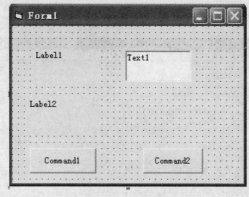

图 1-15　例 1-1 的设计界面

1.3.2 设置对象属性

建立界面后，接下来利用属性窗口为对象设置属性。首先要选定（单击）对象，然后设置其属性，如图 1-16 所示。本例中各控件对象的相关属性设置如表 1-1 所示。

图 1-16　属性窗口

表 1-1　对象属性设置

控件名（Name）	属　　性	属　性　值
Form1	Caption	加法训练器
Label1	Caption	空白
Label2	Caption	空白
Text1	Text	空白
Command1	Caption	出题
Command2	Caption	结束

1.3.3 编写对象事件过程

在建立了用户界面并为每个对象设置相关属性后，需要考虑用什么事件来激活对象。这就涉及对象事件的选择和事件代码的编写，事件过程代码在代码窗口中进行编写。

在代码窗口左边的对象下拉列表框中列出了该窗体的所有对象，在右边的事件列表框中列出了与左边选中对象相关的所有事件。

例如，双击"出题"命令按钮，打开代码窗口，显示该事件代码的模板，然后在该模板的过程体中加入代码：

```
Private Sub Command1_Click()
    Text1 = ""
    Num1 = Int(10 * Rnd + 1)
    Num2 = Int(10 * Rnd + 1)
    Label1.Caption = Num1 & "+" & Num2 & "="
    result = Num1 + Num2
    Text1.SetFocus
End Sub
```

采用同样的方法对其余事件进行编程，如图 1-17 所示。

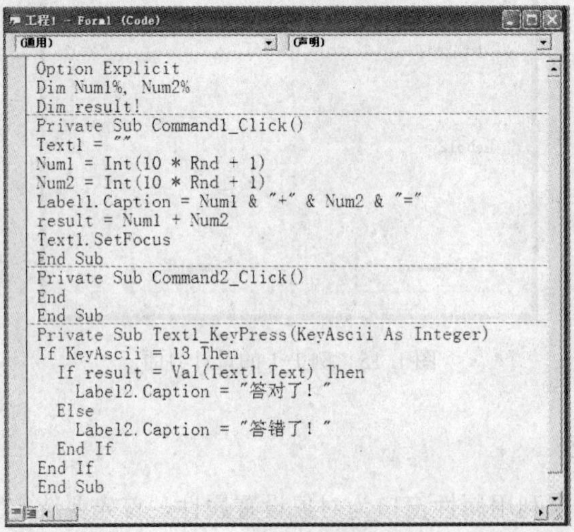

图 1-17　程序代码

1.3.4　保存程序

至此，完成了 Visual Basic 应用程序的建立，但这些程序都位于内存中，因此还需要将其保存到磁盘上。在运行程序前先保存程序，可以避免由于程序不正确造成死机时，导致的程序丢失。在调试完程序后，还要将修改过的程序保存到磁盘上。

本例中仅涉及一个窗体文件和一个工程文件。保存文件的步骤如下：

1. 保存窗体文件

单击工具栏上的"保存工程"按钮 ，系统弹出"文件另存为"对话框，如图 1-18 所示。依次选择文件的保存位置，并输入保存的文件名，窗体文件将被成功保存；也可以选择"文件"→"保存 Form1"命令，保存窗体文件。

2. 保存工程文件

如果用户单击工具栏上的"保存工程"按钮，在保存窗体文件后，系统将会弹出"工程另存为"对话框（见图 1-19），继续保存工程文件；也可以选择"文件"→"保存工程"命令，保存工程文件。

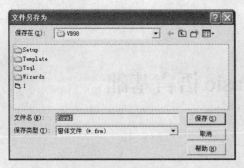
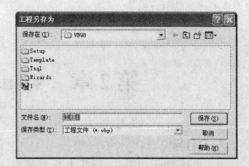

图 1-18　保存窗体文件　　　　　　　图 1-19　保持工程文件

1.3.5　运行和调试程序

在程序设计完成后，可以利用工具栏上的"启动"按钮▶或按〈F5〉键运行程序。此时，Visual Basic 将首先查找程序中的语法错误，若存在语法错误，则显示错误提示信息，提示用户进行修改；若不存在语法错误，则执行程序。此外，单击工具栏上的Ⅱ按钮可以中断程序的运行，单击■按钮可以结束程序的运行。

1.3.6　生成可执行文件

以上运行 Visual Basic 应用程序的方法是解释运行模式，Visual Basic 也可以采用编译运行模式运行应用程序。编译运行模式指先将程序编译成可执行文件（.exe），然后执行该文件。

生成可执行文件的方法是：依次选择"文件"→"生成工程×××.exe"命令，其中，"×××"是工程的名称。

1.4　本章小结

本章从程序设计语言的角度引入 Visual Basic 语言，简要介绍了 Visual Basic 语言的发展历程，并通过实例归纳总结了 Visual Basic 语言的特点，还重点介绍了 Visual Basic 语言的集成开发环境和创建应用程序的过程。通过本章的学习，读者可以对 Visual Basic 语言产生初步的认识，并利用集成开发环境创建简单应用程序。

习题 1

1. Visual Basic 6.0 集成开发环境由哪些部分组成？每个部分的主要功能是什么？
2. 如果用户在使用过程中因误操作关闭了工具箱窗口，应该如何再次打开工具箱？
3. 叙述建立应用程序的过程。
4. 在建立应用程序时，至少要保存几个文件？
5. 如果要在属性窗口中查找所有与对象外观有关的属性，最快捷的方法是什么？
6. 如果已经打开了某个工程文件，但看不到其窗体和代码，应该如何查找？

第 2 章 Visual Basic 语言基础

学习目标

1. 掌握 Visual Basic 的基本数据类型。
2. 掌握 Visual Basic 标识符的命名规则，以及变量和常量的定义方法。
3. 掌握 Visual Basic 的运算符及 Visual Basic 表达式的书写。
4. 掌握 Visual Basic 常用内部函数的功能及使用形式，并了解 Shell 函数的功能及用法。
5. 了解 Visual Basic 的编码规则。

2.1 数据类型

数据是客观事物的形式化表示。例如，某学生的姓名为"李红"，出生日期为"1990-11-20"，入学成绩为 525.5 分等。数据是程序的必要组成部分，也是程序处理的对象。

不同的数据在计算机中的存储方式不同，参与的运算也不同。例如，姓名"李红"是字符型数据，在计算机中可以用多个字节来表示；出生日期为日期型数据，可以用 8 个字节来表示；而入学成绩是一个实数，可以用 4 个字节的单精度浮点数来表示。数值型数据可以进行各种数学运算，字符型数据可以进行连接运算，日期型数据可以进行减法运算，以求得两个日期之间的间隔。在程序中，数据的存储方式和其所能参与的运算由其数据类型来描述。

Visual Basic 提供了丰富的数据类型，包括基本数据类型和复合数据类型。基本数据类型是 Visual Basic 系统内部预先定义的数据类型，主要有数值型和字符型，此外还有逻辑型、日期型、对象型和变体型等。复合数据类型是由基本数据类型组成的，包括数组和自定义数据类型。Visual Basic 提供的数据类型如图 2-1 所示。本章仅介绍 Visual Basic 的基本数据类型，至于复合数据类型将在第 6 章中详细介绍。

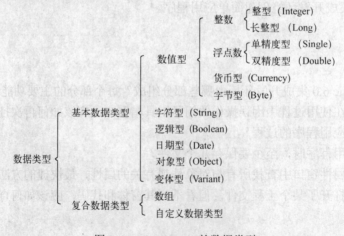

图 2-1 Visual Basic 的数据类型

数据类型的描述确定了数据在内存中所占空间的大小，也确定了其表示范围。表 2-1 列出了 Visual Basic 支持的基本数据类型的名称、关键字、类型描述符、占用空间和表示范围等。另外，不同数据类型的数据参与的运算也不同。

表 2-1　Visual Basic 基本数据类型

数 据 类 型	关 键 字	类型描述符	所占空间（字节数）	表 示 范 围
字节型	Byte	无	1	$0 \sim 2^8-1$（$0 \sim 255$）
逻辑型	Boolean	无	2	True 与 False
整型	Integer	%	2	$-2^{15} \sim 2^{15}-1$（$-32768 \sim 32767$）
长整型	Long	&	4	$-2^{31} \sim 2^{31}-1$（$-2147483648 \sim 2147483647$）
单精度型	Single	!	4	$-3.4 \times 10^{38} \sim 3.4 \times 10^{38}$，精度达 7 位
双精度型	Double	#	8	$-1.7 \times 10^{308} \sim 1.7 \times 10^{308}$，精度达 15 位
货币型	Currency	@	8	$-2^{96} \sim 2^{96}5-1$，精度达 28 位
日期型	Date	无	8	$0101100 \sim 12319999$
字符型	String	$	与字符串长度有关	$0 \sim 65535$ 个字符
对象型	Object	无	4	任何对象引用
变体型	Variant	无	根据需要分配	

1. 数值型

数值型数据包括整型、长整型、单精度型、双精度型、货币型和字节型。数值型数据有各自的表示范围，当程序中数据的值超过其数据类型所能表示的范围时，就会产生"溢出"。例如，整型数据可存放的最大整数为 32767，若数据值大于该值，程序运行时会产生"上溢"而中断；同样，整型数据可存放的最小整数为-32768，若数据值小于该值，程序运行时会产生"下溢"而中断。此时，应采用长整型，表示范围为-2147483648～2147483647，若超出长整型的表示范围，则要使用表示范围更大的单精度浮点型，甚至是双精度浮点型。

（1）整型和长整型

整型（Integer）和长整型（Long）用于保存整数。整数运算的速度快、精确，但数值的表示范围小。整型数据占 2 个字节，其中有一位符号位。整型数据可存放的最大整数为 $2^{15}-1$，即 32767，可存放的最小整数为 -2^{15}，即-32768。在 Visual Basic 中整型的表示形式为：±n[%]。其中，n 是 0～32768 之间的整数；%是整型的类型符，可省略；如果是正整数，正号（+）可以省略。例如，123、-456、+789、123%均表示整数。

长整型数据占 4 个字节，其中也有一位符号位。长整型数据的表示范围为-$2^{31} \sim 2^{31}-1$。表示形式为：±n&，其中，n 是 0～2147483648 之间的整数；&是长整型的类型符，不可以省略；如果是正整数，正号（+）可以省略。例如，123&、-1234567&均表示长整型数。

（2）单精度型和双精度型

单精度型（Single）和双精度型（Double）用于保存浮点数（又称实数）。浮点数的表示范围比较大，但是精度有限，且运算速度慢。在 Visual Basic 中规定单精度浮点数的精度为 7 位，双精度浮点数的精度为 15 位。

单精度浮点数有多种表示形式：

1）小数形式：±n.n[!]

2）整数加单精度类型符形式：±n!

3）指数形式：±nE±m、±n.nE±m

其中，n、m 是无符号整数；! 是单精度型的类型符。在小数形式中，类型符可省略。例如，123.456、123.456!、123! 123E+3、123.456E+3 都表示单精度浮点数。

双精度浮点数也有多种表示形式：

1）小数加单精度类型符形式：±n.n#

2）整数加单精度类型符形式：±n#

3）指数形式：±nD±m、±n.nD±m

其中，n、m 是无符号整数；#是双精度型类型符。例如，123.456#、123#、123D+3、123.456D+3 都表示双精度浮点数。

（3）字节型

字节型（Byte）用于保存 0～255 之间的无符号整数，在计算机中仅用一个字节表示。

（4）货币型

货币型（Currency）是为了进行货币计算而设置的定点实数或整数，可以最多保留小数点右边 4 位和小数点左边 15 位，精度比较高。

货币型的表示形式为：±n@，其中，n 是货币型表示范围内的实数或整数；@是货币型的类型符，不可以省略。例如，123@、123.456@、-123.456@均表示货币型数据。

2. 字符型

字符型（String）又称字符串，用于保存字符型数据。字符可以包括所有西文字符和汉字，字符串首、尾用一对半角双引号（""）括起。例如，"0451-86671231"、"哈尔滨学院"、"Harbin"等都是字符型数据。

""表示空字符串。如果字符串本身又包括双引号，可以使用两个连续的双引号表示。

例如，对于字符串：

"Can you help me?"he asked.

在程序中要表示成：

"""Can you help me?""he asked."

Visual Basic 中的字符型分为定长字符串（String*n）和变长字符串（String）两种。前者存放长度为 n 的字符串，后者则长度可变。例如：

```
Dim str1 As String * 6        '定义变量 str1 是一个长度为 6 的定长字符串
Dim str2 As String * 6        '定义变量 str2 是一个长度为 6 的定长字符串
Dim str3 As String            '定义变量 str3 是一个变长字符串
str1="12345678"               '给变量 str1 赋值为"123456"
str2="1234"                   '给变量 str2 赋值为"1234□□"
str3="12345678"               '给变量 str3 赋值为"12345678"
```

由上例可见，对于定长字符串，若赋予的字符少于定义的长度，则其右边用空格字符补足；若赋予的字符多于定义的长度，则将多余部分截去。

3．逻辑型

逻辑型（Boolean）又称布尔型，用于保存逻辑判断的结果，只有 True（真）和 False（假）两种取值。逻辑型占 2 个字节存储空间。当逻辑型数据转换成整型数据时，True 转换成-1，False 转换成 0；当将其他类型的数据转换成逻辑型数据时，非 0 数据转换成 True，0 转换成 False。

4．日期型

日期型（Date）用于保存日期和时间数据。日期型数据占 8 个字节存储空间，表示的日期范围为公元 100 年 1 月 1 日到 9999 年 12 月 31 日，而表示的时间范围为 0:00:00～23:59:59。

日期型数据的表示形式有两种：一种是用一对号码符（#）将任何字面上可以被认做日期和时间的字符串括起来。例如，#August 8, 2008#、#08/08/2008#、#2008-8-8 8:00PM#等都是合法的日期型数据。另一种是以小数表示。小数的整数部分代表日期，小数部分代表时间，0 表示午夜，0.5 表示中午 12 点。负数代表 1899 年 12 月 31 日以前的日期和时间。例如，2.5 表示 1900 年 1 月 1 日中午 12 点整；-3.25 表示 1899 年 12 月 27 日上午 6 点整。

5．对象型

对象型（Object）用于表示引用应用程序中的对象，可以是控件对象、OLE 对象等。对象型数据占 4 个字节，其存储空间中存放的是一个 32 位地址，Visual Basic 正是通过该地址引用应用程序中的对象的。

6．变体型

变体型（Variant）是一种可变的数据类型，是 Visual Basic 所有未定义变量的默认数据类型。Visual Basic 根据变量当前的内容，处理声明为变体型的变量和未定义的变量。例如，若向一个变体型变量中存储整数值，则 Visual Basic 将把它当做整型或长整型；若向一个变体型变量中存储字符串，则 Visual Basic 将把它当做字符型。变体型可以包括数值型、字符型、日期型和对象型等数据类型。要检测变体型变量中保存的数值究竟是什么类型，可以用函数 VarType( )进行检测，然后根据其返回值确定是何种数据类型。

2.2 变量和常量

在 Visual Basic 程序中，不同类型的数据既可以以变量的形式出现，也可以以常量的形式出现。变量是在程序运行时才能确定其值的数据，而常量是在编写程序时就能够确定其值的数据。例如，要使用公式 S=3.14159×r×r 来计算圆形的面积，其中的圆周率是在编写程序时就可以确定的，在程序执行过程中不再改变，可以将圆周率 3.14159 声明为一个常量，而面积和半径则是在程序运行时才确定和计算的，应该声明为两个变量。

本节将介绍标识符的命名规则以及变量和常量的使用。

2.2.1 标识符的命名规则

在 Visual Basic 中，标识符是编程人员为常量、变量、自定义数据类型、过程和函数等定义的名称。使用标识符可以完成对这些对象的引用。

在 Visual Basic 中，标识符的命名规则如下：

1）标识符必须以字母或汉字（中文系统中可用）开头，由字母、汉字、数字或下划线组成。例如，Sum、Average、MyStr、姓名、Addr_1 等都是合法的标识符，而 2a、a+b 等是不合法的标识符。

2）标识符的长度不能超过 255 个字符，控件、窗体、类和模块的名称长度不能超过 40个字符。

3）Visual Basic 不区分标识符中英文字母的大小写。如果两个变量名仅仅是字母的大小写不同，则 Visual Basic 将其视为同一个变量。如果其中的一个变量没有定义，Visual Basic 会自动把该变量名修改为另一个变量的变量名。例如，ABC、abc、Abc 等会被看做是相同的变量名。

4）不能使用 Visual Basic 中的关键字作为标识符。例如，Integer、Sub、While 等是不合法的标识符。

2.2.2 变量

在 Visual Basic 中，可以用变量表示内存单元，一个有名称的内存单元称为变量。Visual Basic 在执行应用程序期间，用变量临时存储数值，变量的值可以发生变化。

1. 变量的声明

在使用变量前，一般要先声明变量名及其数据类型，以便系统为它分配存储单元。

（1）显式声明

在 Visual Basic 中，可以用 Dim 语句显式声明变量，形式如下：

    Dim <变量名> [As <类型>]

或：

    Dim <变量名> [<类型说明符>]

其中：

● <变量名>：要遵循 Visual Basic 标识符的命名规则来命名。

● <类型>：可以使用表 2-1 中所列出的关键字。

● [As <类型>] 和[<类型说明符>]：可选项。若省略，则默认所声明的变量为 Variant 类型。

例如：

    Dim MyInt As Integer   '声明整型变量 MyInt
    Dim MyStr As String   '声明字符型变量 MyStr
    Dim Flag As Boolean   '声明逻辑型变量 Flag
    Dim MySingle!   '声明单精度型变量 MySingle
    Dim MyDouble#   '声明双精度型变量 MyDouble
    Dim MyVar   '声明变体型变量 MyVar

也可以在一条 Dim 语句中同时声明多个变量，形式如下：

    Dim <变量名 1> [As <类型 1>]，<变量名 2> [As <类型 2>], …

或：

    Dim <变量名 1> [<类型说明符 1>]，<变量名 2> [<类型说明符 2>], …

例如，上面几条 Dim 语句等价于：

    Dim MyInt As Integer，MyStr As String，Flag As Boolean，MySingle!，MyDouble#，MyVar

（2）隐式声明

在 Visual Basic 中，允许对变量不加声明而直接使用，称为隐式声明。所有隐式声明的变量都是 Variant 类型的，Visual Basic 会自动根据数据值为其规定数据类型。例如：

```
a = 3.14                        'a 为 Single 类型
b = "Visual Basic 程序设计教程"    'b 为 String 类型
```

（3）强制显式声明变量语句

若在代码窗口的通用声明段中使用 Option Explicit 语句，则可以强制显式声明所有变量。对于初学者，为了调试程序方便，建议对所有使用的变量都进行显式声明。

强制显式声明变量的功能也可以通过 Visual Basic 系统的选项功能来设置，操作步骤是：选择"工具"→"选项"命令，弹出"选项"对话框，切换到"编辑器"选项卡，选中"要求变量声明"复选框，然后单击"确定"按钮。"编辑器"选项卡界面如图 2-2 所示。

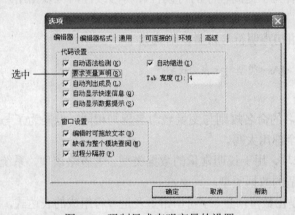

图 2-2　强制显式声明变量的设置

2．变量的默认值

在 Visual Basic 中，变量被声明后，根据类型的不同，有不同的默认值。在变量被赋值之前，变量保持其默认值不变。所有数值类型的变量，默认值都为 0；字符型变量的默认值为空字符串；而逻辑型变量的默认值为 False。

2.2.3　常量

常量是在程序的执行过程中，其值不改变的量。在 Visual Basic 中有 3 种常量：直接常量、用户自定义符号常量和系统内部符号常量。

1．直接常量

直接常量是在程序中以直接形式给出的数，根据数据类型划分，直接常量有数值常量、字符串常量、日期常量和逻辑常量 4 种。

（1）数值常量

数值常量的数据类型可以是整型、长整型、单精度型、双精度型、字节型和货币型。其中，整型、长整型和字节型常量除了可以使用常用的十进制表示之外，还可以使用八进制和十六进制表示。八进制常数在数值前加"&O"或"&"，十六进制常数在数值前加"&H"。例如：

8848、3.14、123.456#、123D+3 为十进制数值型常量；&O123、&456 为八进制数值型常

量；&H3FF、&HAB 为十六进制数值型常量。

（2）字符串常量

字符常量是用一对半角双引号（""）括起来的任意字符序列。例如：

"欢迎使用 Visual Basic"、"0451-86671231"为字符串常量。

（3）日期常量

日期常量是用一对号码符（#）括起来的任何字面上可以被认做日期和时间的字符串。例如：
#08/15/2009#为日期型常量。

（4）逻辑常量

逻辑常量只有 True（真）和 False（假）两种取值，直接用 True 和 False 表示。

2．用户自定义符号常量

符号常量是用户根据需要声明的常量，用常量名代表一个常量值。如果在程序中经常要用到某些常量值，或者为了提高程序的可读性和易修改性，可以由用户自定义符号常量表示常量。

可以使用 Const 语句声明符号常量，形式如下：

  Const <常量名> [As <类型>]=<表达式>

其中：

<常量名>：常量名的命名规则与变量名命名规则相同，但是为了与一般变量名相区别，常量名中的字母一般全部用大写。

As <类型>：可选项，用于说明常量的数据类型。若省略该项，系统将根据表达式的求值结果，自动确定最合适的数据类型。

<表达式>：可以是由数值常量、字符串常量及运算符组成的表达式，不能含有变量或函数。

例如：

```
Const PI = 3.14159              '声明单精度型常量 PI，代表 3.14159
Const MAX As Integer = 100      '声明整型常量 MAX，代表 100
Const BIRTHDAY = #10/1/1949#    '声明日期型常量 BIRTHDAY，代表 1949 年 10 月 1 日
Const MYSTRING ="Visual Basic"  '声明字符串型常量 MYSTRING，代表"Visual Basic"
```

也可以在一条 Const 语句中同时声明多个符号常量，形式如下：

  Const <常量名 1> [As <类型 1>]=<表达式 1>，<常量名 2> [As <类型 2>]=<表达式 2>，…

例如：

  Const MAX= 100,MIN=0

等价于以下两条 Const 语句：

  Const MAX = 100
  Const MIN=0

注意：常量一旦声明，在其后的代码中只能对其进行引用，不能修改其值。即常量只能出现在赋值符号的右边，不能出现在赋值符号的左边。

3．系统内部符号常量

除了用户可以定义符号常量外，Visual Basic 系统还为应用程序和控件提供了系统定义符号常量。这些符号常量可以与应用程序的对象、方法和属性一起使用。选择"视图"→"对象浏览器"命令，可以打开"对象浏览器"窗口，在其中可以查看系统所提供的所有内部符号号常量，在代码窗口中可以直接使用它们。例如：

```
Form1.BackColor = vbRed       '系统符号常量 vbRed 相当于&HFF，将其赋值给 Form1
                              '对象的 BackColo 属性，可将窗体的背景设置成纯红色
Form1.WindowState = vbMaximized  '系统符号常量 vbMaximized 相当于 2
                              '将其赋值给 WindowState 属性，可将窗口最大化
```

以上两条语句显然比 Form1.BackColor = &HFF 和 Form1.WindowState =2 更加直观，易于阅读和编写。

2.3 运算符和表达式

2.3.1 运算符

对数据进行处理的过程称为运算，表示实现某种运算的符号称为运算符，参与运算的数据称为操作数。Visual Basic 提供的运算符大致可以分为 4 类：算术运算符、字符串运算符、关系运算符和逻辑运算符。

1．算术运算符

算术运算符是用于进行数学计算的运算符。表 2-2 列出了 Visual Basic 提供的算术运算符及其内部优先级。

表 2-2 算术运算符

运　算　符	含　　义	优　先　级	实　　例	结　　果
^	乘方运算	1	16^(1/4)	2
−	负号	2	−(5*3)	−15
*	乘	3	4*5	20
/	除	3	10/3	3.33333333333333
\	整除	4	8\3	2
Mod	取模	5	10 Mod 3	1
+	加	6	10+2	11
−	减	6	3-10	−7

说明：

参与算术运算的操作数应是数值型数据，若是数字字符串或逻辑型数据，则会自动转换成数值型数据后再进行算术运算。例如：

```
True + 50        '结果为 49，逻辑型常量 True 转换成数值-1
123 + "0123"     '结果为 246，字符串"0123"转换为数值 123
"0123"+False     '结果为 123，字符串"0123"转换为数值 123，逻辑型常量 False 转换成 0
```

2．字符串运算符

字符串运算符有两个：&和+。当操作数的类型不同时，两者的功能略有不同。

1）当参加运算的操作数都是字符串型数据时，两个运算符的作用是相同的，都是将两个字符串连接起来，合并成一个字符串。例如：

> "大学计算机" & "应用基础"   '结果为"大学计算机应用基础"
> "Visual Basic" + "程序设计"   '结果为" Visual Basic 程序设计"

2）当参加运算的操作数不都是字符串型数据时，&运算符首先将非字符串型操作数转换成字符串型数据，再进行连接。例如：

> "0451" & "86671231"   '结果为"045186671231"
> "邮政编码：" & 150080   '结果为"邮政编码：150080"
> 100 & 200   '结果为"100200"

3）当+连接符作为运算符时，若一个操作数为数字字符型数据，另一个为数值型数据，则先将数字字符型数据转换成数值型数据，再进行算术加法运算；若一个操作数为数值型数据，另一个为非数字字符型数据，则系统会显示出错。例如：

> "123" + 456   '结果为 579
> "邮政编码：" + 150080   '系统会显示出错

3．关系运算符

关系运算符又称为比较运算符，用于比较两个操作数之间的大小关系是否成立，若关系成立，则返回 True，否则返回 False。关系运算的操作数可以是数值型数据、字符型数据和日期型数据。表 2-3 列出了 Visual Basic 提供的关系运算符。

表 2-3　关系运算符

运 算 符	含 义	实 例	结 果
=	等于	"abc"="abd"	False
<>	不等于	"abc"<>"abd"	True
>	大于	"abc" >"abc"	False
>=	大于等于	"abc">="abc"	True
<	小于	"abc"<"abd"	True
<=	小于等于	"abc"<="abd"	True
Like	字符串匹配	"abcde" Like "ab*"	True
Is	对象引用比较		

说明：

1）若两个操作数均为数值型数据，则直接比较其大小。

2）若两个操作数均为字符型数据，则字符按 ASCII 码值、汉字按拼音为序，从左到右依次比较，直到出现不同的字符或汉字为止。

3）若两个操作数均为日期型数据，则 Visual Basic 会自动将其视为 yyyymmdd 格式的 8 位整数，再按照数值比较其大小。

4）对于单精度或双精度进行比较时，由于计算机的计算误差，可能会产生意想不到的结果。因此，应避免直接比较两个浮点数是否相等，而应改成对误差的判断。例如，要判断两个双精度型变量 m 和 n 是否相等，可以将判断条件写成：

Abs(m-n)<1D-6

5）Like 运算符一般与通配符？、*、#、[字符列表]及[！字符列表]结合使用。通常用在数据库的 SQL 语句中，用于模糊查询。其中，？ 表示任意一个字符；*表示任意 0 个或多个连续字符；#表示任意一个 0～9 之间的数字；[字符列表]表示字符列表中的任意一个字符；[！字符列表]表示不在字符列表中的任意一个字符。例如，查找姓名变量中姓"李"的人员，则表达式为：

姓名 Like "李*"

6）Is 运算符用于对两个对象变量进行比较，判断两个对象引用的是否是同一个对象。

7）所有关系运算符具有相同的优先级。所以在运算时将按照从左到右的顺序进行。

4．逻辑运算符

逻辑运算符又称为布尔运算符，用于对操作数进行各种逻辑运算，结果是逻辑值 True 或 False。表 2-4 列出了 Visual Basic 提供的逻辑运算符及其内部优先级。

表 2-4　逻辑运算符

运　算　符	含　　义	优　先　级	说　　　　明
Not	逻辑非	1	当操作数为假时，结果为真；当操作数为真时，结果为假
And	逻辑与	2	当两个操作数均为真时，结果为真；否则为假
Or	逻辑或	3	当两个操作数至少有一个为真时，结果为真；否则为假
Xor	逻辑异或	3	当两个操作数一真一假时，结果为真；否则为假
Eqv	等价	4	当两个操作数均为真或均为假时，结果为真；否则为假
Imp	蕴含	5	当第一个操作数为真而第二个操作数为假时，结果为真；否则为假

其中，Not 运算符为单目运算符，其他运算符为双目运算符。

表 2-5 为逻辑运算的真值表。

表 2-5　逻辑运算真值表

X	Y	Not X	X And Y	X Or Y	X Xor Y	X Eqv Y	X Imp Y
True	True	False	True	True	True	True	False
True	False	False	False	True	False	False	True
False	True	True	False	True	True	False	True
False	False	True	False	False	False	True	False

例如，数学中判断 x 是否在区间[0，1]内，习惯上写成 $0 \leqslant x \leqslant 1$，而在 Visual Basic 中应写成：

    0<=x And x<=1

又如，x 能够被 3 或 5 整除，则可以写成：

    x Mod 3=0 Or x Mod 5=0

2.3.2　表达式

由变量、常量、运算符、函数和圆括号等按照一定规则组成的式子称为表达式。表达式表示了某种求值规则，经过运算之后会产生一个结果，运算结果的类型由运算符和操作数共同决定。

书写 Visual Basic 表达式应注意以下规则：

1）表达式要写在同一基准上。例如，数学表达式 $\dfrac{-b}{2*a}$，应写成(-b)/(2*a)，数学表达式 2^3 应写成 2^3。

2）表达式中的乘号"*"不能省略，也不能用"."代替。例如，4ac 应写成 4*a*c。

3）数学中的有些符号不能出现在 Visual Basic 表达式中，如$\sum$、$\prod$、$\oint$、$\pm$、$\leqslant$、$\geqslant$、$\neq$、$\approx$、$\angle$等。

4）表达式中只能使用圆括号，不能使用中括号和大括号，且圆括号必须成对出现。

当表达式中含有多个运算符时，各运算符要按照一定的优先顺序执行，这种优先顺序称为运算符的优先级。如前所述，各种类型的运算符都有内部的优先级，不同类型的运算符之间也有相互的优先级顺序。当表达式中含有不同类型的运算符时，各种类型运算符的优先级顺序如下：算术运算符>字符运算符>关系运算符>逻辑运算符。

2.4　常用内部函数

在 Visual Basic 中，为编程人员提供了大量使用方便的内部函数。内部函数是 Visual Basic 系统为实现某些特定功能而预先定义的内部过程，编程人员可以在程序中直接调用内部函数。同时，Visual Basic 还允许编程人员根据需要自定义函数来实现特定的功能。

与数学上的函数类似，Visual Basic 函数一般带有一个或几个自变量，称为参数。函数要对这些参数进行特定的计算，并返回一个结果，称为函数值。

调用函数的形式如下：

    <函数名> ([<参数列表>])

其中，[<参数列表>]为可选项，列出了函数计算所需的参数。若有多个参数，在参数之间以逗号分隔；若无参数，则圆括号也不能省略。参数可以是常量、变量或表达式。

Visual Basic 的内部函数大体上可以分为 5 类：数学函数、字符串函数、转换函数、日期时间函数和格式输出函数。

1．数学函数

数学函数提供了各种数学运算功能，常用的数学函数如表 2-6 所示。

表 2-6　常用数学函数

函　数　名	功　　　　能	举　　例	返　回　值
Sin(x)	求弧度 x 的正弦值	Sin(0)	0
Cos(x)	求弧度 x 的余弦值	Cos(0)	1
Tan(x)	求弧度 x 的正切值	Tan(0)	0
Abs(x)	求 x 的绝对值	Abs(-123)	123
Exp(x)	求以 e 为底 x 的指数	Exp(3)	20.086
Log(x)	求以 e 为底 x 的自然对数	Log(10)	2.3
Int(x)	求 x 下取整	Int(1234.5) Int(-1234.5)	1234 -1235
Fix(x)	对 x 用舍尾法取整	Fix(1234.5) Fix(-1234.5)	1234 -1234
Round(x)	对 x 用四舍五入取整	Round(1234.5) Round(-1234.5)	1235 -1235
Sgn(x)	符号函数，x>0，返回 1；x<0，返回-1；x=0，返回 0	Sgn(1234) Sgn(-1234) Sgn(0)	1 -1 0
Sqr(x)	求 x 的平方根	Sqr(100)	10
Rnd(x)	产生区间[0，1）上的随机数	Rnd(x)	[0，1）之间的数

说明：

1）三角函数的使用与在数学上类似，只是函数的参数必须以弧度为单位。例如， 60° 的正弦值，表达式应写成 sin(3.14159/180*60)。

2）Int(x)、Fix(x)和 Round(x)函数都是取整函数，应注意区分其异同。Int(x)函数返回不大于 x 的最大整数；Fix(x)返回 x 的整数部分；而 Round(x) 对 x 用四舍五入取整。

3）Rnd(x)返回区间[0，1）上的随机数。可以利用该函数产生指定范围[下界，上界]内的随机整数。通用表达式为：

    Int(Rnd*<上界-下界+1>+下界)

例如，要产生随机 3 位整数，则上界是 999，下界是 100，表达式应写成：

    Int(Rnd*900+100)

为了保证每次运行时产生不同序列的随机数，需要在调用 Rnd 函数之前先执行 Randomize 语句。形式如下：

    Randomize

2．字符串函数

Visual Basic 提供了大量的字符串函数，具有很强的字符串处理能力。常用的字符串函数如表 2-7 所示（表中用"□"表示一个空格字符）。

表 2-7 常用字符串函数

函数名	功　能	举　例	返回值
Ltrim(s)	去掉字符串 s 左边的空格字符	Ltrim("□□□abcd")	"abcd"
Rtrim(s)	去掉字符串 s 右边的空格字符	Rtrim("abcd□□□")	"abcd"
Trim(s)	去掉字符串 s 两边的空格字符	Trim("□□abcd□□")	"abcd"
Left(s,c)	取字符串 s 左边的 c 个字符	Left("Visual Basic 程序设计",2)	"Visual Basic"
Right(s,c)	取字符串 s 右边的 c 个字符	Right("Visual Basic 程序设计",4)	"程序设计"
Mid(s,c1,[c2])	取字符串 s 中从 c1 开始的 c2 个字符,若省略 c2,则取到 s 结尾	Mid("Visual Basic 程序设计",3,2) Mid("Visual Basic 程序设计",3)	"程序" "程序设计"
Len(s)	返回字符串 s 的长度	Len("Visual Basic 程序设计")	6
LenB(s)	返回字符串 s 所占的字节数	LenB("Visual Basic 程序设计")	12
String(c,s)	返回由字符串 s 的第 1 个字符重复 c 次组成的字符串	String(4, "abcdefg")	"aaaa"
Space(c)	返回由 c 个空格字符组成的字符串	Space(4)	"□□□□"
Instr([c,]s1,s2)	返回 s1 从第 c 个字符开始 s2 出现的位置,若找不到,则返回 0,若省略 c,则从头开始找	Instr(2, "abcdabc","abc") Instr("abcdabc","abc")	4 1
Ucase(s)	将字符串 s 转换成大写字母字符串	Ucase("Abcdefg")	"ABCDEFG"
Lcase(s)	将字符串 s 转换成小写字母字符串	Lcase("Abcdefg")	"abcdefg"

以上函数除了 Len、LenB 和 Instr 函数的返回值为数值型之外,其他函数的返回值均为字符串类型。

3. 转换函数

常用的转换函数如表 2-8 所示。

表 2-8 常用转换函数

函　数　名	功　能	举　例	返　回　值
Asc(C)	字符转换成 ASCII 码值	Asc("a")	97
Chr(N)	ASCII 码值转换成字符	Chr(97)	a
Hex(N)	十进制数转换成十六进制数	Hex(254)	FE
Oct(N)	十进制数转换成八进制数	Oct(254)	376
Lcase(C)	字母转换成小写字母	LCase("Abc")	abc
Ucase(C)	字母转换成大写字母	UCase("Abc")	ABC
Str(N)	数值转换成字符串	Str(123.45) Str(-123.45)	"□123.45" "-123.45"
Val(C)	数字字符串转换成数值	Val("1234abc")	1234

说明:

1) Chr(N)和 Asc(C)函数互为反函数,即 Chr(Asc(C))的返回值为字符 C。例如,Chr(Asc("A"))的返回值为字符"A"; Asc(Chr(N))的返回值为字符的 ASCII 码值 N, 如 Asc(Chr(65))的返回值为字符"A"的 ASCII 码值 65。但需要注意的是, 当 Asc(C)函数的参数为字符串时, 仅返回字符串首字符的 ASCII 码值。例如, Asc("ABCD")的返回值为字符"A"的 ASCII 码值 65。

2) Str(N)函数直接返回对应的字符串, 在转换时将符号位和小数点位转换成一个字符。

例如: Str(123.45)的返回值为"□123.45"，正数省略符号，但要保留一个前导空格；而 Str(-123.45)的返回值为"-123.45"，负数连同负号直接转换。

3）Val(C)函数将含有数字的字符串转换成数值，在转换时会有多种情况，例如：

```
Val("123.45")          '结果为 123.45，字符串全部为数字字符，直接转换
Val("-123.45")         '结果为-123.45，字符串为符号加数字字符，直接转换
Val("123.45A67")       '结果为 123.45，当遇到非数字字符时停止转换，忽略字母后所有内容
Val("A123.45")         '结果为 0，字符串以非数字字符开头，直接转换为 0
```

4. 日期/时间函数

Visual Basic 中常用的日期/时间函数如表 2-9 所示。

表 2-9　常用日期/时间函数

函 数 名	功　能	举　例	返回值
Now[( )]	返回当前系统日期和时间	Now( )	2009-8-10 6:00:00
Date[( )]	返回当前系统日期	Date ( )	2009-8-10
Time[( )]	返回当前系统时间	Time( )	6:00:00
Year(t)	返回表达式 t 的年份（1753～2078）	Year(Year("2009-8-10"))	2009
Month(t)	返回表达式 t 的月份（1～12）	Month("2009,08,10")	8
Day(t)	返回表达式 t 的日期（1～31）	Day("2009/08/10")	10
WeekDay(t)	返回表达式 t 的星期（1～7）	WeekDay("2009/08/10")	2
Hour(t)	返回表达式 t 的小时（0～23）	Hour(#6:10:20AM#)	6
Minute(t)	返回表达式 t 的分钟（0～59）	Minute(#6:10:20AM#)	10
Second(t)	返回表达式 t 的秒（0～59）	Second(#6:10:20AM#)	20
WeekDayName(c)	将星期代号转换成星期名称	WeekDayName(2)	星期一
MonthName (c)	将月份代号转换成月份名称	MonthName (8)	八月

说明：

1）日期/时间函数的参数形式非常简单，若无参数，则返回系统的日期或时间，若有参数，则必须是日期型数据。

2）WeekDay、WeekDayName 函数将星期日作为一个星期的第一天。例如，2009 年 9 月 6 日是星期日，则：

WeekDay(#9/6/2009#)的返回值是 1，而 WeekDayName(1)的返回值是"星期日"。

5. 格式输出函数

使用 Visual Basic 提供的格式输出函数 Format( )，可以使数值、日期或字符串表达式按照指定的格式返回。格式输出函数的形式为：

```
Format(<表达式>[,<"格式字符串">])
```

其中：

<表达式>：要格式化的数值、日期或字符串表达式。

<"格式字符串">：表示按照其指定的格式输出表达式的值。格式字符串有 3 种类型，即

数值格式、日期格式和字符串格式。在格式字符串的两边要加双引号。在 Visual Basic 中，格式字符串最常用的格式化符号有 0 和#，其中，0 是数字占位符，表示显示 1 位数字或 0；#为数字占位符，表示显示 1 位数字或什么都不显示。下面举例说明两者的用法。

```
Print Format(123.456, "0000.0000")        '输出"0123.4560"
Print Format(123.456, "####.####")        '输出"123.456"
Print Format(123.456, "0.0")              '输出"123.5"
Print Format(123.456, "#.#")              '输出"123.5"
Print Format(123.456, "0000.##")          '输出"0123.46"Format(123.456, "0000.0000")
```

6. Shell 函数

在 Visual Basic 中，除了可以调用内部函数之外，还可以调用任何 Windows 下的应用程序。这一功能通过 Shell 函数来实现。Shell 函数的调用形式如下：

Shell(<文件名> [,<窗口样式>])

其中：

<文件名>：要执行的应用程序文件名（包含路径），必须是可执行文件（扩展名为.com、.exe 等）。

<窗口样式>：要执行的应用程序的窗口样式。若省略该参数，则应用程序以一个具有焦点的最小化窗口来执行。<窗口样式>（WindowStyle）参数值如表 2-10 所示。

表 2-10　WindowStyle 参数值

系统定义符号常量	值	意　　义
vbHide	0	隐式窗口（窗口被隐藏，焦点会移到隐式窗口）
vbNormalFocus	1	具有焦点的正常窗口（窗口被还原到原来的位置和大小）
vbMinimizedFocus	2	具有焦点的最小化窗口（默认值）
vbMaximizedFocus	3	具有焦点最大化窗口
vbNormalNoFocus	4	不具有焦点的正常窗口（窗口被还原，但当前活动窗口仍保持活动）
vbMinimizedNoFocus	6	不具有焦点的最小化窗口（当前活动窗口仍保持活动）

Shell 函数成功调用的返回值是一个任务标识 ID，它是运行程序的唯一标识，用于在程序调试时判断执行的应用程序正确与否。

Shell 函数也可以作为语句使用，形式如下：

Shell<文件名> [,<窗口样式>]

语句形式与函数形式的主要区别在于，语句形式只是执行应用程序，没有返回值。

例如，要在运行时单击窗体，打开 Windows 下的记事本应用程序，可以通过如下代码实现：

```
Private Sub Form_Click( )
    i=Shell("c:\Windows\notepad.exe",vbNormalFocus)
End Sub
```

以上程序在运行时，单击窗体，则会打开如图 2-3 所示的记事本应用程序窗口。

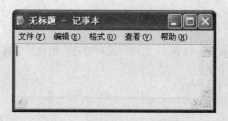

图 2-3　记事本应用程序窗口

2.5　Visual Basic 程序结构和编码规则

2.5.1　Visual Basic 程序结构

Visual Basic 窗体对应的代码窗口分为通用声明段和过程段两部分。最上面的是通用声明段，主要用于书写全局变量和模块变量的声明语句，以及 Option 选项的设置语句等。

过程段用来书写事件过程或自定义过程。各个过程的执行顺序与书写的先后顺序无关。Visual Basic 程序结构如图 2-4 所示。

图 2-4　Visual Basic 程序结构

2.5.2　Visual Basic 编码规则

在 Visual Basic 的代码窗口中书写程序代码，格式比较自由，但也需要遵守一定的书写规则：

1）一般一行书写一条语句，一行中最多书写 255 个字符。

2）在同一行上可以书写多条较短的语句，各条语句间用冒号分隔。例如：

　　Intt=Inta: Inta=Intb: Intb=Intt

相当于：

　　Intt=Inta
　　Inta=Intb
　　Intb=Intt

3）如果一条语句较长，可分若干行书写，但要在续行的行尾加入续行符"_"（空格和下划线）。例如：

> Label1.Caption = InStr("Visual Basic 集成开发环境是一组软件工具。", _
> "软件工具")

相当于：

> Label1.Caption = InStr("Visual Basic 集成开发环境是一组软件工具。","软件工具")

4）Visual Basic 代码不区分字母的大小写。对于用户自定义的常量、变量和过程名，Visual Basic 以第一次定义和使用的格式为准，而以后输入的自动向首次定义的转换。例如，在某过程中用 Dim 语句定义变量：

> Dim MyStr As String

若在过程中再输入 mystr、Mystr、MYSTR 等，Visual Basic 都会认为是同一个变量，并自动将它们转换成 MyStr。

5）对于只包含一个单词的关键字，可以将关键字的首字母转换成大写，将其余字母转换为小写。对于包含多个单词的关键字，可以将每个单词的首字母转换成大写，将其余字母转换为小写。

例如，输入语句：

> command1.enabled=true

Visual Basic 自动转换成以下格式：

> Command1.Enabled = True

即将关键字 Command1、Enabled 和 True 的首字母转换成大写，将其余字母转换为小写。

6）为便于程序的维护和调试，可以在程序中添加注释。注释可以以 Rem 开头或用撇号（'）引导，用 Rem 开头的注释必须与前面的语句以冒号（:）分隔，用撇号引导的注释可以直接出现在语句后面。也可以分别使用"编辑"工具栏中的"设置注释块"和"解除注释块"按钮，使选中的若干行语句（或文字）成为注释或取消注释。例如：

> Command1.Enabled = True   '设置命令按钮 Command1 为有效
> Command2.Enabled = False   '设置命令按钮 Command2 为无效

2.6　综合应用

本章介绍了 Visual Basic 语言的基本知识，主要包括数据类型、常量和变量的声明、Visual Basic 各种类型的运算符与表达式、Visual Basic 提供的常用内部函数及 Visual Basic 的编码规则。下面通过简单的实例来帮助用户理解和掌握这些基本知识。

【例 2-1】　计算圆柱体的表面积和体积，程序的运行界面如图 2-5 所示。

分析：该例是常量、变量和数据类型的综合应用，应声明 4 个单精度类型的变量，分别表示圆柱体的底面半径、高、表面积和体积。求圆柱体的表面积和体积都会用到圆周率 3.14159，因此可以声明常量 PI 表示圆周率。

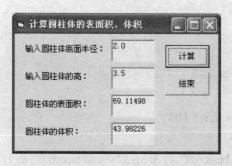

图 2-5　例 2-1 程序的运行界面

控件及相关属性设置如表 2-11 所示。

表 2-11　控件及相关属性设置

控件名称	属性设置	控件名称	属性设置
Form1	Form1.Caption="计算圆柱体的表面积、体积"	Text2	Text2. Text=""
Label1	Label1.Caption="输入圆柱体的底面半径"	Text3	Text3. Text=""
Label2	Label1.Caption="输入圆柱体的高: "	Text4	Text4. Text=""
Label3	Label1.Caption="圆柱体的表面积"	Command1	Command1.Caption="计算"
Label4	Label1.Caption="圆柱体的体积"	Command2	Command1.Caption="结束"
Text1	Text2. Text=""		

程序代码如下:

```
Private Sub Command1_Click()
    Dim r As Single, h As Single        '声明变量 r、h 分别表示圆柱体的底面半径和高
    Dim s As Single, v As Single        '声明变量 s、v 分别表示圆柱体的表面积和体积
    Const PI As Single = 3.14159        '声明常量 PI，表示圆周率 3.14159
    r = Val(Text1.Text)                 '将用户在 Text1 中输入的数值存入变量 r
    h = Val(Text2.Text)                 '将用户在 Text2 中输入的数值存入变量 h
    s = 2 * PI * r * h + 2 * PI * r ^ 2 '计算圆柱体的表面积，赋值给变量 s
    v = PI * r ^ 2 * h                  '计算圆柱体的体积，赋值给变量 v
    Text3.Text = s                      '将计算的表面积输出到 Text3
    Text4.Text = v                      '将计算的体积输出到 Text4
End Sub
Private Sub Command2_Click()
    End                                 '结束程序运行
End Sub
```

2.7　本章小结

本章介绍了 Visual Basic 语言的基本知识,包括数据类型、常量和变量的声明、Visual Basic 中各种类型的运算符与表达式、Visual Basic 提供的常用内部函数及 Visual Basic 的编码规则,这些内容都是编写 Visual Basic 应用程序必须掌握的基本知识。

习题 2

1. 写出下列表达式的值。

（1）Sqr(Sqr(81))

（2）Int(55.5555 * 100 + 0.5) / 100

（3）123 & "123" + 123

（4）UCase(Left("visual basic6.0", 1) & Mid("visual basic6.0", 8, 1) & Right("visual basic6.0", 3))

（5）Len("visual basic6.0 程序设计")

（6）LenB("visual basic6.0 程序设计")

（7）123 Mod 18 \ 4

（8）Val("20 years old")

（9）String(5, "visual basic")

（10）Year(#9/9/2009#)

2. 根据要求写出表达式。

（1）产生一个 3 位随机正整数。

（2）产生一个随机小写英文字母。

（3）表示 x 是 3 或 7 的倍数。

（4）表示任意一个 3 位正整数 x 的逆序数。例如，x=789，则其逆序数为 987。

（5）表示 x 是在[0，100]区间内的数据。

（6）表示 x 大于等于 100 或小于 0。

（7）表示 x 或 y 小于等于 z。

（8）表示 x 和 y 和 z 都大于 z。

（9）取字符串变量 string1 中的前 5 个字符。

（10）从第 5 个字符开始取字符串变量 string2 中的 5 个字符。

（11）取字符串变量 string3 中的后 5 个字符。

（12）取不大于 x 和 y 之和的最大整数。

（13）将数字字符串"-3.14159"转换成数值。

（14）产生由 10 个空格字符组成的字符串。

3. 将下列数学表达式表示为 Visual Basic 表达式。

（1）$\sqrt{a^3 + e^4} + \ln 10$

（2）$\dfrac{-b + \sqrt{b^2 - 4ac}}{2a}$

（3）$|b^2 - 4ac|$

（4）$\dfrac{\sqrt{\sin^2 35^\circ + \cos^2 55^2}}{2}$

（5）$\dfrac{1}{\frac{1}{a} + \frac{1}{b} - \frac{1}{c}}$

（6）$\dfrac{\sqrt{3x + 5y - 4z}}{(xyz)^3}$

4. Visual Basic 提供了哪些基本数据类型？这些标准数据类型的关键字和类型符分别是什么？

5. 如何在 Visual Basic 应用程序中声明符号常量？使用符号常量有什么好处？

6. 如何利用 Shell 函数在 Visual Basic 应用程序中执行计算器程序？

第3章　窗体和基本控件

学习目标

1. 了解对象的基本概念，熟悉对象属性、方法和事件的使用。
2. 熟悉单窗体的基本属性，掌握窗体的使用。
3. 掌握标签、文本框和命令按钮等基本控件的使用。

3.1　面向对象编程基础

1. 对象

对象是面向对象可视化编程中最基本的概念之一，是数据和操作相结合的统一体。类是同类对象的抽象，对象是类的一个实例。在 Visual Basic 中，对象分为系统预定义对象和用户自定义对象。前面介绍的在工具箱中的标准控件、窗体都是系统预定义的对象。工具箱中的控件并不是真正的对象，只有把它们放到具体的窗体上才能成为真正的对象，即把一个控件类进行了实例化才能成为一个对象。在控件类建立了一个具体的对象之后，通常把对象的特征称为属性，把对象的行为称为方法，把对象的动作称为事件。

2. 属性

属性用于描述对象当前状态的特征。例如，汽车是一个对象，那么它便拥有车牌、车型、车主等相关属性。在 Visual Basic 可视化编程中，和汽车的例子一样，每一种对象都有一组特定的属性。例如，把一个文本框放到窗体上，这个文本框就拥有了 Name（名称）、Text（文本内容）、MaxLength（最大字符长度）等属性。设置控件属性一般有两种方法：

1）在属性窗口中进行设置。

2）在代码窗口中用赋值语句进行设置，格式如下：

> 对象名.属性名＝属性值

例如，要设置文本框 Text1 的内容为"Monday"，设置方法如下：

1）在属性窗口中直接将 Text 的属性默认值"Text1"修改为"Monday"，如图 3-1 所示。

2）在代码窗口中进行编写，运行之后即可看到结果，如图 3-2 所示。

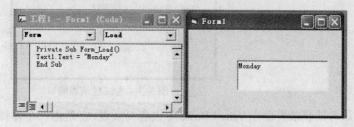

图 3-1　在属性窗口中设置　　　　　　　　图 3-2　在代码窗口中设计及运行结果

3. 事件、事件过程及事件驱动

事件是一种系统预先定义好的特定动作，通常由使用者或系统启动。例如，对于一部照相机来说，"按下快门"是一个预先定义好的动作，当使用者按下快门时便触发了"按下快门"事件。在 Visual Basic 中也一样，每个控件都可以识别一组特定事件，常见的事件有单击（Click）、双击（DblClick）、装载（Load）等。响应事件以后的操作需要通过一段代码来完成，这段代码称作事件过程，事件过程的语法格式如下：

```
Sub 对象名称_事件名( )
    处理事件的程序代码
End Sub
```

在图 3-2 中，窗体响应的是装载（Load）事件。

在传统的面向过程的程序设计中，程序只能从代码的第一行开始执行，程序的具体执行流程由程序员来控制。但 Visual Basic 采用的是面向对象的程序设计，用户自己决定触发什么事件，在程序执行后，系统等待用户触发某个事件，然后去执行这个事件对应的事件过程，待事件过程执行完毕后，系统又处于等待用户触发事件的状态中。

4. 方法

方法是对象所具有的动作和行为。

方法的调用格式为：

[对象名]. 方法名 [参数列表]

若省略对象名，则默认为当前对象，一般指窗体。如下代码：

```
Form1.Cls            '清除窗体上 Form1 的内容
Print "Visual Basic"      '在当前窗体上显示"Visual Basic"
```

3.2 基本控件介绍

3.2.1 引例

【例 3-1】 创建简单的考试登录界面，如图 3-3 所示。

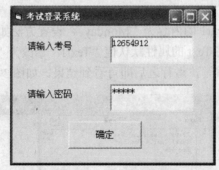

图 3-3 考试登录界面

该考试登录界面在 Visual Basic 中很容易实现，它是由一个窗体（Form），两个标签（Label），两个文本框（Text）和一个命令按钮（Command）组成的。通过 Visual Basic 如何设计该界面？

其中的控件有什么用处？接下来将对此进行详细介绍。

3.2.2　窗体

在程序设计阶段，窗体是程序员的"工作台"，用于建立应用程序界面。窗体除了具有自己的属性、方法外，还像一个容器一样，可以在其上面放置除窗体以外的其他控件，如命令按钮、文本框等。

1. 常用属性

（1）Name（名称）属性

Name 属性是所有控件都具有的属性，它作为控件的唯一标识在程序中被引用，是非常重要的。Name 属性只能通过属性窗口更改，在运行时是只读的，即在程序运行时不能通过程序代码改变其属性值。

（2）Caption（标题）属性

Caption 属性决定了窗体标题栏上显示的内容。在属性窗口中给其属性赋值时，不必在字符串的两边加引号；在程序运行时，可以对其进行相应的修改，不同的控件可以有相同的标题。

（3）Enabled 属性

Enabled 属性决定程序运行时，窗体是否响应用户的鼠标或键盘操作，其属性值有两种。

True：窗体响应用户的操作，为默认设置。

False：窗体不响应用户的操作。当一个控件的 Enabled 属性为 False 时，用户将不能直接通过鼠标或键盘来操作控件，但可以通过程序方式控制该控件。当窗体的 Enabled 属性值为 False 时，窗体上所有的控件均不响应用户的操作。

（4）Left 属性、Top 属性

这两个属性设置窗体在屏幕上的位置，对于控件来说，是控件在窗体中的位置，如图 3-4 所示。

（5）Width 属性、Height 属性

这两个属性设置窗体的大小，对于控件来说，是控件的大小，如图 3-4 所示。

（6）ForeColor 属性

ForeColor 属性用来设置窗体的前景颜色（即正文颜色）。其值是一个十六进制常数，用户也可以在调色板中直接选择所需要的颜色，如图 3-5 所示。

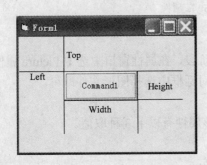

图 3-4　Left 属性、Top 属性、Width 属性和 Height 属性

图 3-5　ForeColor 属性

（7）BackColor 属性

BackColor 属性用来设置窗体上正文以外显示区域的颜色。

（8）AutoRedraw（自动重绘）属性

如果在窗体上已经制作好某个图形，在最小化窗体或改变窗体尺寸之后再恢复原窗体大小，图形将消失。而将该属性设为 True，则会将窗体中的图形保存下来，在恢复窗体大小时重新显示。

（9）Icon（控制图标）属性

Icon 属性用于设置窗体标题栏左侧的控制图标，控制图标也是窗体最小化时的图标。选中属性列表中的 Icon 属性，然后单击右侧的"…"按钮，再从"加载图标"对话框中选择合适的图标文件（扩展名为.icn）即可。也可以在程序中通过代码加载相应的图标文件。

（10）BorderStyle（边界类型）属性

BorderStyle 属性用于设置窗体边界类型，窗体共有 6 种类型。

0－None：无边界，标题栏、控制图标及控制按钮全部消失；

1－Fixed Single：固定单边界，无"最大化"、"最小化"按钮；

2－Sizable：可调尺寸边界，可移动窗体；

3－Fixed Double：固定对话框，不可改变窗体大小，"最大化"、"最小化"按钮均消失；

4－Fixed Tool Window：固定工具窗口，左侧图标和右侧的"最大化"、"最小化"按钮均消失；

5－Sizable Tool Window：可变大小工具窗口，左侧图标和右侧的"最大化"、"最小化"按钮均消失。

在默认情况下，BorderStyle 的属性为第 3 种类型，即可调尺寸边界，如图 3-6 所示。

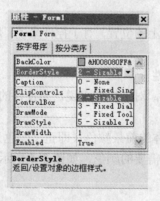

图 3-6　BorderStyle 属性

（11）Picture（加载图形）属性

Picture 属性用于在窗体上加载图形。在设计阶段，在属性窗口中选中 Picture 属性，然后单击右侧的"…"按钮，在弹出的"加载图片"对话框中选择图形文件即可。

（12）WindowState（窗体状态）属性

WindowState 用于设置运行后的窗体状态。该属性有以下 3 种取值。

0－Normal（正常状态）：有窗体边界；

1－MaxButton（最大化状态）：充满整个屏幕；

2－MinButton（最小化状态）：仅显示一个图标。

（13）MaxButton（"最大化"按钮）属性

MaxButton 属性用于决定窗体上是否有"最大化"按钮，该属性有两种取值。

True：窗体右上角会出现"最大化"按钮；

False：窗体右上角不会出现"最大化"按钮。

（14）MinButton（"最小化"按钮）属性

MinButton 属性用于决定窗体上是否有"最小化"按钮，该属性有两种取值。

True：窗体右上角会出现"最小化"按钮；

False：窗体右上角不会出现"最小化"按钮。

（15）ControlBox（控制框）属性

ControlBox 是设置窗体左、右两侧控制框的属性。选择不同的边界类型，也可以设置这些控制图标。ControlBox 的默认值为 True，此时，左侧所带有的控制图标以及右侧的"最大化"、"最小化"和"关闭"按钮都存在；当其值为 False 时，上述图标和按钮都消失。

2．窗体事件

（1）Click（单击）事件

程序运行后，单击窗体的空白部分将触发 Click 事件，若单击窗体上的其他控件将触发其他控件的单击事件。

（2）DblClick（双击）事件

程序运行后，双击窗体的空白部分将触发 DblClick 事件。

（3）Load（装载）事件

Load 是窗体的基本事件，一旦窗体被装载到内存中，系统将自动触发窗体的 Load 事件。

（4）UnLoad（卸载）事件

UnLoad 事件和 Load 事件相对应，是卸载窗体时触发的事件。

（5）Activate（活动）事件

在窗体激活时触发 Active 事件，利用〈Alt + Tab〉组合键可以激活窗体。

（6）Deactivate（非活动）事件

当其他窗体被激活时，本窗体将触发 Deactivate 事件。

（7）Paint（绘画）事件

移动、放大窗体或移走窗体的覆盖使窗体显示出来，可以引发 Paint 事件。

3．窗体方法

（1）Print 方法

Print 方法用于在窗体上显示输出的内容。在一般情况下，每调用一次 Print 方法，都会在窗体上产生新的输出行。如果要在一行中打印多项，可以通过逗号或分号进行分隔。具体的语法格式如下：

[对象名]. Print [Spc(n)|Tab(n) expression charpos]

其中：

对象名：可以是窗体名称、图片框名称或 Printer（打印机），如果省略对象，则指在当前窗体上输出。

Spc(n)：可选项，用来在输出行中插入空格字符，n 为要插入的空格字符数。

Tab(n)：可选项，用来将插入点定位在绝对列号上，n 为列号。如果该行中的指定列已经被其他字符占据，则在下一行的同样位置打印相应信息。

Expreesion（表达式）：可选项，表示要打印的数值表达式或字符串表达式，如果省略，则打印一空行。

Charpos：可选项，指定下一个字符的插入点，可以是分号、逗号，也可以省略。使用分号（;）可直接将插入点定位在上一个被显示字符之后； 使用逗号（,）可将下一个输出字符的插入点定位在制表符（每个制表符占 14 列）上；如果省略 Charpos，则在下一行打印下一个字符。

例如，要在窗体上打印一行文字"哈尔滨学院，我们的家"，各种输出格式的代码如下：

```
Private Sub Form_click()
    Print "哈尔滨学院，我们的家"
    Print
    Print "哈尔滨学院，我们的家"; Spc(10); "哈尔滨学院，我们的家"
    Print
    Print "哈尔滨学院，我们的家"; Tab(10); "哈尔滨学院，我们的家"
    Print
    Print "哈尔滨学院，我们的家"; "哈尔滨学院，我们的家"
    Print
    Print "哈尔滨学院，我们的家", "哈尔滨学院，我们的家"
End Sub
```

运行界面如图 3-7 所示。

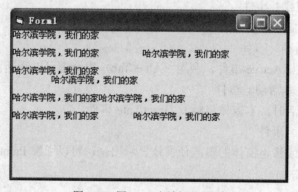

图 3-7　用 Print 方法运行界面

（2）Cls（清屏）方法

Cls 方法用于清除窗体上的所有打印内容。例如，清除窗体 Form1 上的所有打印内容，可以用如下代码：

```
Form1.Cls
```

（3）Move 方法

使用 Move 方法可以移动窗体或控件的位置，也可以改变其大小，语法格式如下：

```
[对象]. Move  Left , [Top，[Width，[Height]]]
```

其中，Left 和 Top 参数用于确定窗体或控件的位置；Width 和 Height 参数用于确定窗体或控件的大小。在 Move 方法中，Left 参数是必选项，其他 3 项是可选项。注意，如果要给出某个参数值，在其前面的所有参数值都必须给出。

例如，要把窗体 Form1 的高度改为 1300，正确的代码如下：

```
Form1.Move 1000, 1000, 1200, 1300
```

而以下代码均为错误的：

```
Form1.Move , 1000, 1200, 1300
Form1.Move 1000, , 1200, 1300
Form1.Move 1000, 1000, , 1300
Form1.Move 1000, , , 1300
```

对于例 3-1，只需要设置窗体（Form1）的 Caption 属性为"考试登录系统"即可。

3.2.3 标签

标签（Label）在工具箱上的图标为 **A**，主要用来显示和输出文本信息，不能用来接收输入信息。即在程序运行后，用户只能通过程序代码来修改其所显示的内容，显示的信息在标签的 Caption 属性中进行设置。

1. 常用属性

（1）Caption 属性

该属性用于设置标签中显示的信息，程序运行后只能在代码中进行修改。

（2）Visible 属性

该属性的值决定了程序运行时控件是否可见，其属性值有两种。

True：程序运行时控件可见，为默认设置；

False：程序运行时控件隐藏。

该属性的设置只有在程序运行时才生效，若将一个 Visible 属性设置为 False 的控件，在设计时仍然可见。

（3）Font 属性

该属性用来改变文本的外观，Font 属性对话框如图 3-8 所示。在代码窗口中字体外观的改变可以通过 FontName、FontSize、FontBold、FontItalic、FontStrikethru 和 FontUnderline 来实现。

FontName（字体名称）属性是字符串类型，FontSize（字体大小）属性是整型，其余属性为逻辑型。当属性值为 True 时，FontBold 为粗体、FontItalic 为斜体、FontStrikethru 为添加删除线、FontUnderline 为添加下划线。

（4）BorderStyle（边框样式）属性

该属性用于确定标签有无边框，其属性值有两种。

0—None：标签无边框，为默认值；

1—Fixed Single：标签有单边框。

其样式如图 3-9 所示。

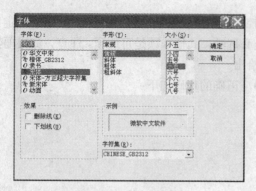

图 3-8   Font 属性

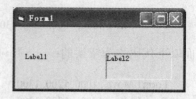

图 3-9   Label 的 BorderStyle 属性

（5）Alignment（文本对齐）属性

该属性用于确定控件上文本的对齐方式，其属性值有 3 种。

0－Left Justify：显示的文本信息左对齐，为默认值；

1－Right Justify：显示的文本信息右对齐；

2－Center：显示的文本信息居中。

具体显示如图 3-10 所示。

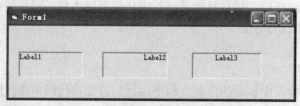

图 3-10   Alignment 属性

（6）BackStyle 属性

该属性用来设置背景样式，其属性值有两种。

0－Transparent：透明显示，即标签背景颜色显示不出来，若标签后面还有其他控件，则这些控件可以显示出来；

1－Opaque：不透明，此时可为标签设置背景颜色，为默认值。

（7）AutoSize 属性

该属性用于设置标签是否能够自动调整大小，其属性值有两种。

True：自动调整大小；

False：保持原来设计时的大小，如果文本太长，则会被自动裁掉，为默认值。

2．标签的方法与事件

标签有 Move 方法，而且可以响应单击（Click）和双击（DblClick）事件。但是由于标签主要用于显示输出信息，一般不必编写事件过程。

在例 3-1 中，将标签 Label1 的 Caption 属性设为"请输入考号"，标签 Label2 的 Caption属性设为"请输入密码"即可。

3.2.4   文本框

文本框（Text）在工具箱上的图标为 ，文本框既能显示，又能编辑所输入的信息，用户可以通过它在程序运行时和程序进行信息交互。

1. 常用属性

（1）Text 属性

标签控件通过 Caption 属性显示信息，而文本框通过 Text 属性显示信息。在程序执行之后，用户通过键盘在文本框中输入信息，信息的编辑也是通过该属性完成的。

（2）MaxLength 属性

该属性用于设置文本框中输入文本的最大长度，默认值为 0，表示可以输入任意长度的文本。

（3）MultiLine 属性

该属性用于设置文本框中的内容是否可以显示多行，该属性值有两种。

True：表示可以显示多行，按〈Enter〉键可以插入一新行；

False：只能在一行中显示，为默认设置。

（4）ScrollBars 属性

该属性用于设置文本框中滚动条的样式，其值有 4 种。

0－None：无任何滚动条，为默认值；

1－Horizontal：水平滚动条；

2－Vertical：垂直滚动条；

3－Both：同时加上水平和垂直滚动条。

当 MultiLine 属性为 True 时，只有将该属性设为 0 以外的值才有效。

（5）PasswordChar 属性

该属性用来设置用什么字符代替显示输入的内容，一般用于显示输入的密码，此属性的默认值为空，表示正常显示所输入的内容。若想用*代替所显示的内容，则只需把此属性设为*（一个字符）即可，此时文本框中的 Text 属性为正常值。

（6）Locked 属性

该属性用于设置文本框中所输入的内容是否可以被编辑，其值有两种。

False：允许被编辑，为默认值；

True：不能被编辑，此时文本框相当于标签的作用，只能显示不能被编辑。

（7）SelStart、SelLength、SelText 属性

当在文本框中对文本进行编辑操作时，这 3 个属性配合使用，可以标识用户选中的文本。

SelStart：选定文本的开始位置，默认值为 0，即从第一个字符开始；

SelLength：选定文本的长度；

SelText：选定文本的内容。

当设定了 SelStart、SelLength 属性后，Visual Basic 会自动将选定的文本送入到 SelText 中。

2. 常用方法

最常用的方法是 SetFocus 方法，该方法把光标移动到选定的文本框上。

其格式为：

对象名. SetFocus

3. 常用事件

文本框除了支持 Click 和 DblClick 事件以外，还支持 Change、KeyPress、KeyDown、KeyUp、LostFocus 和 GotFocus 等事件。

（1）Change 事件

当文本框中的内容发生改变时，会触发此事件。例如，在文本框 Text1 中输入文本，文本框 Text2 中的内容会自动与文本框 Text1 中的内容相同。实现的代码如下：

```
Private Sub Text1_Change()
    Text2.Text = Text1.Text
End Sub
```

运行结果如图 3-11 所示。

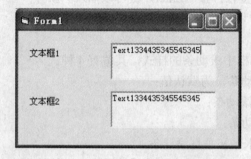

图 3-11　Change 事件的运行结果

（2）KeyPress 事件

当用户在程序运行过程中，按下并且释放键盘上的一个有 ASCII 码的按键时触发此事件。例如，"A"的 ASCII 码是 65、"a"的 ASCII 码是 97、回车的 ASCII 码是 13、换行的 ASCII 码是 10 等。

语法结构为：

```
Private Sub Text1_KeyPress(KeyAscii As Integer)
    '编写的事件过程
End Sub
```

在触发此事件时，用户所按下键值的 ASCII 码会传递给参数 KeyAscii，然后在程序中根据键值来判断接下来要进行的操作。若按下的是回车符，则 KeyAscii＝13，在程序中就可以根据 KeyAscii 的值来判断按下的是哪个键，以及应该进行怎样的操作。例如，在文本框 Text1 中输入英文字母，在 Text2 中会变为大写，其事件代码如下：

```
Private Sub Text1_KeyPress(KeyAscii As Integer)
    If KeyAscii > 64 And KeyAscii < 91 Then          '判断是否是大写字母
        Text2.Text = Text2.Text + Chr(KeyAscii)      '如果是则把字符加到 Text2 中
    Else
        If  KeyAscii > 96 And KeyAscii < 123 Then      '判断是否是小写字母
            Text2.Text = Text2.Text + Chr(KeyAscii - 32)
                                    '如果是则把其变成相应的大写字母，且加到 Text2 中
```

```
        End If
      End If
    End Sub
```

（3）KeyDown、KeyUp 事件

当一个对象具有焦点时，用户按下键盘上的一个按键可以引发 KeyDown 事件，释放键盘上的一个按键可以引发 KeyUp 事件。这两个事件过程的语法结构为：

```
Private Sub 控件名_KeyDown(KeyCode As Integer, Shift As Integer)
End Sub
Private Sub 控件名_KeyUp(KeyCode As Integer, Shift As Integer)
End Sub
```

KeyCode 参数代表按下键的键码。在 Visual Basic 中，每个按键不仅有键码，而且还定义了内部常量。例如，F1 的键码为 112，内部常量为 vbKeyF1。

当按下的是字母键时，不管是大写字母还是小写字母，键码都和大写字母的 ASCII 相同。例如，不论按下的是 "A" 还是 "a"，键码都是 65。

当按下主键盘上的数字键和小键盘上的数字键时，由于所处的位置不同，其键码值并不相同。例如，当按下主键盘上的 "1" 时，键码为 49，当按下小键盘上的 "1" 时，键码为 97。

Shift 参数指在事件发生时是否同时按下了〈Shift〉、〈Alt〉或〈Ctrl〉键，其具体含义如表 3-1 所示。对于字母键，通过对 Shift 参数进行判断，就可以判断出按下的是大写字母键还是小写字母键。

表 3-1　Shift 参数的具体含义

数　　值	含　　义
0	3 个键都没有按下
1	按下〈Shift〉键
2	按下〈Ctrl〉键
3	按下〈Shift+Ctrl〉组合键
4	按下〈Alt〉键
5	按下〈Alt+Shift〉组合键
6	按下〈Alt+Ctrl〉组合键
7	按下〈Alt+Shift+Ctrl〉组合键

例如，在文本框 Text1 中，显示同时使用〈F1〉键和〈Alt〉、〈Shift〉、〈Ctrl〉3 个组合键时出现的各种组合情况，代码如下：

```
Private Sub Text1_KeyDown(KeyCode As Integer, Shift As Integer)
    Dim str1 As String
    If KeyCode = vbKeyF1 Then
    Select Case Shift
    Case 1
    str1 = "Shift+"
    Case 2
```

```
            str1 = "Ctrl+"
            Case 3
            str1 = "Shift+Ctrl+"
            Case 4
            str1 = "Alt+"
            Case 5
            str1 = "Shift+Alt"
            Case 6
            str1 = "Ctrl+Alt"
            Case 7
            str1 = "Shift+Ctrl+Alt+"
            Case Else
            str1 = ""
            End Select
            Text1.Text = "你按了" & str1 & "F1"
        Else
            Text1.Text = ""
        End If
    End Sub
```

运行结果如图 3-12 所示。

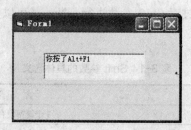

图 3-12　KeyDown 事件的演示运行界面

不仅文本框具有 KeyPress、KeyDown 和 KeyUp 事件，窗体、命令按钮，以及第 7 章中要学习的复选框、单选按钮、列表框、组合框、滚动条和图片框都具有以上事件。

（4）Lost Focus 事件

当按〈Tab〉键使光标离开当前文本框或用鼠标选择窗体的其他对象时触发该事件，称为"失去焦点"。常用于检查文本框中输入的内容是否正确，比 Change 事件更加有效。

（5）Got Focus 事件

与 Lost Focus 相反，当使用〈Tab〉键或用鼠标选择对象或用 Lost Focus 方法使光标落在控件（或窗体）上时触发，称为"获得焦点"。

在例 3-1 中，只需要把文本框 Text1 中的 Text 属性设置为空，把文本框 Text2 中的 Text 属性设置为空，并且把 PasswordChar 属性设置为 "＊" 即可。

3.2.5　命令按钮

命令按钮（Command）在工具箱上的图标为 ⅃ ，它是在程序中最常用的一个控件。

1. 常用属性

（1）Caption 属性

该属性用于设置显示在命令按钮上的文字，若在某个字母前加上&，则&字符并不显示在命令按钮表面，而是把接在它后面的字符定义为该命令按钮的快捷键。程序运行后，使用〈Alt〉键和此字符即可触发该按钮的单击事件。例如，把 Command1 的 Caption 属性设置为如图 3-13 所示，则程序设计界面如图 3-14 所示。

图 3-13　Command1 的 Caption 属性设置

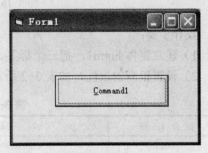

图 3-14　设计界面

（2）Style 属性

该属性用来确定命令按钮的显示类型，有两种属性值。

0—Standard：为默认值，只显示文本；

1—Graphical：允许在按钮上增加图形，具体图形由按钮的 Picture 属性决定。

（3）ToolTipText 属性

该属性与 Picture 属性配合使用，用来给命令按钮做注释，以解释其作用。例如，在命令按钮 Command1 的 Picture 属性中加入一张"剪切"图片，并且在其 ToolTipText 属性中输入注释语"这是一个剪切按钮"，运行结果如图 3-15 所示。

（4）TabIndex 属性

该属性用于决定在按〈Tab〉键时，焦点在各个控件间移动的顺序。在默认情况下，第一个建立的控件的 TabIndex 属性值为 0，第二个为 1，依次类推。

2. 常用事件

命令按钮最常用的是 Click（单击）事件，不支持 DblClick（双击）事件。

在例 3-1 中，将命令按钮的 Caption 属性设置为"确定"即可。

图 3-15　ToolTipText 属性的运行结果

3.3　综合应用

【例 3-2】　计算长方形的周长。用户输入长方形的长和宽，单击"计算"按钮即可给出结果。运行结果如图 3-16 所示。

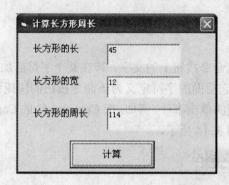

图 3-16 例 3-2 的程序运行界面

设计步骤：

1）建立窗体 Form1，把三个标签、三个文本框和一个命令按钮放到窗体上。

2）设置相应的属性，如表 3-2 所示。

表 3-2 例 3-2 的属性设置

控件名称	属性值	作用
Form1	Caption="计算长方形周长"	标明程序功能
Label1	Caption="长方形的长"	提示输入数据的用途
Label2	Caption="长方形的宽"	提示输入数据的用途
Label3	Caption="长方形周长"	提示结果显示
Text1	Text=""	显示输入的数据
Text2	Text=""	显示输入的数据
Text3	Text=""	显示计算结果
Command1	Caption="计算"	用于计算结果

3）编写程序代码如下：

```
Private Sub Command1_Click()
    Text3.Text = 2 * Text1.Text + 2 * Text2.Text
End Sub
```

【例 3-3】 标签的移动。用户在文本框中输入所要移动的文字，只要不停地输入，标签就不停地运动。运行结果如图 3-17 所示。

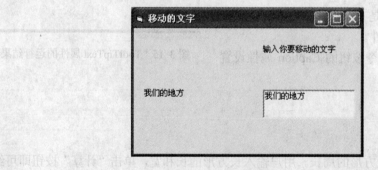

图 3-17 例 3-3 的程序运行界面

设计步骤：

1）建立窗体 Form1，把两个标签和一个文本框放到窗体上。

2）设置相应的属性，如表 3-3 所示。

表 3-3　例 3-3 的属性设置

控 件 名	属 性 值	作 用
Form1	Caption="移动的文字"	标明程序功能
Label1	Caption="移动的文字"	标识移动文字的位置
Label2	Caption="输入你要移动的文字"	提示输入数据的用途
Text1	Text=""	显示输入的数据

3）编写程序代码如下：

```
Private Sub Text1_Change()
    Label1.Caption = Text1.Text
    Label1.Move Label1.Left, Label1.Top + 50
    If Label1.Top > Form1.Height Then Label1.Top = 0
End Sub
```

【例 3-4】　数字判断。在文本框中输入数字，如果是数字则给出"正确"的提示，如果不是则给出"错误，请重新输入！"的提示。运行结果如图 3-18 所示。

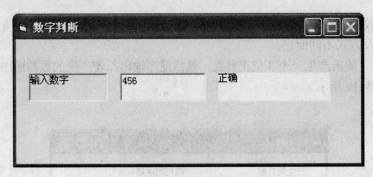

图 3-18　例 3-4 的程序运行结果

设计步骤：

1）建立窗体 Form1，把一个标签和两个文本框放到窗体上。

2）设置相应的属性，如表 3-4 所示。

表 3-4　例 3-4 的属性设置

控 件 名	属 性 值	作 用
Form1	Caption="数字判断"	标明程序功能
Label1	Caption="输入数字" BorderStyle=1	标识文字输入的位置
Text1	Text=""	显示输入的数据
Text2	Text="" BorderStyle=0	显示判断结果，只能显示，不能输入

3）编写程序代码如下：

```
Private Sub Text1_LostFocus()
    If IsNumeric(Text1) Then
        Text2.Text = "正确"
    Else
        Text1.Text = ""
        Text1.SetFocus
        Text2.Text = "错误，请重新输入！"
    End If
End Sub

Private Sub Text1_KeyPress(KeyAscii As Integer)
    If KeyAscii = 13 Then
        If IsNumeric(Text1) Then    ' IsNumeric（）函数判断输入的内容是否为数字
            Text2.Text = "正确"
        Else
            Text1.Text = ""
            Text1.SetFocus
            Text2.Text = "错误，请重新输入！"
        End If
    End If
End Sub
```

在程序中使用 Text1_LostFocus()和 Text1_KeyPress 事件之一都可以完成所要实现的程序功能，只是触发方式不同而已。

【例3-5】 随机产生一个 3 位正整数，然后逆序输出，使产生的数与逆序数同时显示。运行结果如图 3-19 所示。

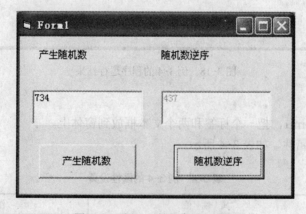

图 3-19   例 3-5 的程序运行界面

设计步骤：

1）建立窗体 Form1，把两个标签、两个文本框、两个按钮放到窗体上。

2）设置相应的属性，如表 3-5 所示。

表 3-5 例 3-5 的属性设计

控 件 名	属 性 值	作 用
Form1	Caption="随机数与逆序"	标明程序功能
Label1	Caption="产生随机数"	标识文字输入的位置
Label2	Caption="随机数逆序"	
Text1	Text=""	显示产生的数据
Text2	Text="" Enabled=false	显示逆序的数据
Command1	Caption="产生随机数"	标识按钮的作用
Command2	Caption="随机数逆序"	

3）编写程序代码如下：

```
Private Sub Command1_Click()    '产生随机数
    Text1.Text = Int(Rnd * 900 + 100)
End Sub


Private Sub Command2_Click()    '产生逆序并显示
    Dim x%, x1%, x2%, x3%
    x = Val(Text1.Text)
    x1 = x Mod 10
    x2 = (x Mod 100) \ 10
    x3 = x \ 100
    Text2.Enabled = True
    Text2.Text = x1 * 100 + x2 * 10 + x3
    Text2.Enabled = False
End Sub
```

3.4 本章小结

传统的结构化程序设计方法采用的是面向过程顺序执行语句的运行机制，其缺点是编写 Windows 环境下程序的工作量较大，Visual Basic 采用的是面向对象、事件驱动的编程机制，提供了易学易用的集成开发环境。本章主要介绍了面向对象编程的基本概念和 Visual Basic 中基本控件的使用，通过本章的学习，将使读者对可视化界面设计有一个基本的了解。

习题 3

1．什么是对象、属性、方法、事件？
2．标签控件和文本框控件的主要区别是什么？
3．在文本框中显示多行文本应该怎样设置？
4．文本框获得焦点的方法有哪些？
5．如果要在例 3-2 的计算按钮中显示图标应怎样设置？
6．窗体的功能及主要属性有哪些？

第 4 章 基本程序结构

学习目标
1. 了解结构化程序设计的基本思想。
2. 掌握结构化程序设计的 3 种基本结构和 Visual Basic 中的相应实现语句。
3. 逐步培养程序设计与调试能力。

4.1 结构化程序设计

利用 Visual Basic 开发应用程序一般包括两个方面：用可视化编程技术设计应用程序界面；用结构化程序设计思想编写事件过程代码。结构化程序设计思想是 Bohm 与 Jacopini 在 1966 年提出的，他们证明了任何单入口、单出口的没有"死循环"的程序都能由 3 种基本控制结构构造出来，这 3 种基本结构是顺序结构、选择结构和循环结构。Visual Basic 采用可视化程序设计，由用户激发某个事件去执行相应的事件处理过程，在这些事件过程之间并不形成特定的执行次序，但对于每一个事件处理过程的内部而言，又总会包含这 3 种基本结构。

结构化程序设计主要遵循以下原则：
1）使用语言中的顺序、选择、循环等有限的基本控制结构表示程序逻辑。
2）选用的控制结构只允许有一个入口和一个出口。
3）用程序语句组成容易识别的块，每个块只有一个入口和一个出口。
4）复杂结构应该通过组合嵌套基本控制结构来实现。
5）尽量少用 GOTO 语句。

采用结构化程序设计思想可以使程序的结构更加良好、易于阅读和调试。通过本章的学习，用户不仅要学习 Visual Basic 中相应的语句，更要培养结构化程序设计思想。下面分别介绍如何在 Visual Basic 中实现这 3 种基本结构语句。

4.2 顺序结构

顺序结构是指程序执行时，根据程序中语句的书写顺序依次执行语句序列，其执行流程是按从前到后的顺序完成操作。顺序结构流程图如图 4-1 所示。前面 3 章所介绍的例题，基本上都是由顺序结构语句组成的事件过程，如例 1-1 中的"出题"代码。

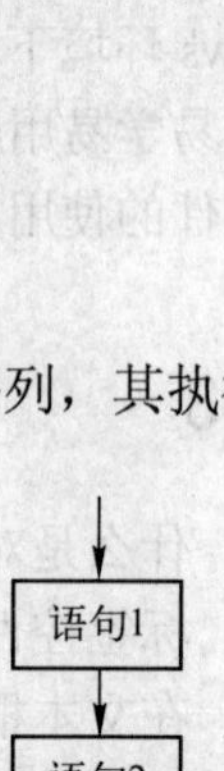

```
Private Sub Command1_Click()
    Text1 = ""
    Num1 = Int(10 * Rnd + 1)
    Num2 = Int(10 * Rnd + 1)
```

图 4-1 顺序结构流程图

```
        Label1.Caption = Num1 & "+" & Num2 & "="
        result = Num1 + Num2
        Text1.SetFocus
    End Sub
```

在一般的程序设计语言中，顺序结构语句主要包括赋值语句（=）、输入/输出语句、注释语句（'或 Rem）等。Visual Basic 中的输入/输出操作可以通过文本框控件、标签控件及 Print 方法来实现，除此之外，还可以用 InputBox 函数、MsgBox 函数和过程。

4.2.1　利用 InputBox 函数产生输入对话框

利用 InputBox 函数可以产生一个对话框，该对话框作为用户输入数据的界面，等待用户输入数据，并返回所输入的内容，函数返回值是字符类型。其具体格式如下：

InputBox（Prompt[,Title][,Default][,Xpos,Ypos]）

各参数的作用如图 4-2 所示，其中：

Prompt：作为对话框提示消息出现的字符串表达式，最大长度不得超过 1024 个字符；若要显示多行，则必须在每行行末加回车 Chr(13)、换行 Chr(10)或者 vbCrLf 符号常数。

例如要在图 4-2 所示对话框中显示：

　　"请输入第一个加数，
　　按回车键确认"

其参数设置如下：

x = InputBox("请输入第一个加数" + Chr(13) + Chr(10) + "按回车键确认", "加法器", 0)

Title：字符串表达式，是对话框标题。若省略，则把应用程序名放入标题栏中。

Default：字符串，如果用户没有输入任何数据，则以该字符串作为默认值输入。如果省略这一参数，则对话框输入区为空白，等待用户输入信息。

Xpos,Ypos：两个整数，分别确定对话框与屏幕左边界的距离（Xpos）和上边界的距离（Ypos），单位为 Twip。这两个参数或者全部给出，或者全部省略。如果省略这一对参数，则对话框显示在屏幕中心线向下约 1/3 处。

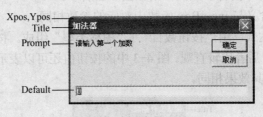

图 4-2　"加法器"对话框

在使用 InputBox 函数时应注意以下几点：

1）InputBox 函数的返回值是一个字符串，当需要用 InputBox 函数输入数值时，可以使用 Val 函数将其转换为相应类型的数据，否则可能会得到不正确的结果。

2）利用 InputBox 函数所产生的对话框中有两个按钮，一个是"确定"，一个是"取消"。在输入数据后，单击"确定"按钮或按〈Enter〉键表示确认，并返回输入数据；如果单击"取消"按钮，则返回一个空字符串。

3）每执行一次 InputBox 函数只能输入一个值，如果需要输入多个数值，则必须多次调用 InputBox 函数。

4）InputBox 函数中的参数次序必须一一对应，除了 Prompt 不能省略外，其余各项均可省略。当省略中间某些参数时，必须加入相应的逗号分隔，例如：

x = InputBox("请输入第一个加数", , 0)

4.2.2 MsgBox 函数和过程

在使用 Windows 时，屏幕上经常会显示一个对话框，等待用户进行选择，然后根据选择确定其后的操作。MsgBox 函数和过程的功能与此相似，其作用是打开一个消息框，等待用户选择一个按钮，作为程序继续执行的依据。

MsgBox 函数形式如下：

MsgBox（Prompt[,Buttons][,Title]）

MsgBox 过程形式如下：

MsgBox   Prompt[,Buttons][,Title]

MsgBox 函数和过程的区别在于：MsgBox 函数只是语句的一个成分，不能独立存在，但能提供一个函数返回值，对程序控制非常有用；MsgBox 过程相当于一个语句，可以独立存在，它根据系统内部常数提供返回值，控制程序运行。例如要实现如图 4-3 所示的对话框，MsgBox 函数和过程的使用方法如下：

```
Private Sub Command1_Click()
x = MsgBox("确认删除"样例"吗？", 36, "确认文件删除")          '函数形式
MsgBox "确认删除"样例"吗？", vbYesNo + vbQuestion, " 确认文件删除"  '过程形式
End Sub
```

MsgBox 函数和过程中的各参数的作用如图 4-3 所示。

Prompt 和 Title 的含义与 InputBox 函数中对应的参数相同。

Buttons 是整型表达式，由"按钮数目"+"图标类型"组成。按钮值和内部常数都可以使用，前者的输入简单，后者比较直观。图 4-3 中的按钮值还可以表示成 4+32、vbYesNo +32、4+ vbQuestion 等形式，其效果相同。

图 4-3   MsgBox 对话框

"按钮数目"代码含义如表 4-1 所示。

表 4-1 按钮数目的代码含义

代　码	代 码 含 义	对应的内部常数
0	只显示"确定"按钮	vbOkOnly
1	显示"确定"和"取消"按钮	vbOkCancel
2	显示"终止"、"重试"和"忽略"按钮	vbAboutRetryIgnore
3	显示"是"、"否"和"取消"按钮	vbYesNoCancel
4	显示"是"和"否"按钮	vbYesNo
5	显示"重试"和"取消"按钮	vbRetryCancel

"图标类型"代码含义如表 4-2 所示。

表 4-2 图标类型的代码含义

代　码	代 码 含 义	对应的内部常数
16	停止图标	vbCritical
32	问号图标	vbQuestion
48	感叹号图标	vbExclamation
64	信息图标	vbInformation

MsgBox 函数按钮的返回值如表 4-3 所示。

表 4-3 对话框中按钮的返回值

代　码	按 钮 名 称	对应的内部常数
1	"确定"按钮	vbOk
2	"取消"按钮	vbCancel
3	"终止"按钮	vbAbout
4	"重试"按钮	vbRetry
5	"忽略"按钮	vbIgnore
6	"是"按钮	vbYes
7	"否"按钮	vbNo

4.3 选择结构

在实际应用中，经常会遇到这样一类问题，即某些运算和操作的执行取决于某些条件是否成立。例如，数学中的符号函数：

$$y = \begin{cases} 1 & x \geqslant 0 \\ -1 & x < 0 \end{cases}$$

此类问题需要对条件进行判断，进而选择执行不同的程序语句。此时，仅使用顺序结构语句是不能完成的，而使用 Visual Basic 中的选择结构语句可以解决有关分类、判断和选择的问题。

4.3.1 If 条件语句

If 语句又称分支语句，分为单分支、双分支和多分支等形式。

1. 单分支结构

格式一：

```
If  <表达式>  Then
    <语句块>
End  If
```

格式二：

```
If  <表达式>  Then  <语句>
```

该语句的作用是当表达式的值为 True 时，执行 Then 后面的语句块（或语句），否则，直接执行 If 语句后面的语句，其流程如图 4-4 所示。

需要说明的是：

1）表达式一般为关系表达式、逻辑表达式，也可以为算术表达式。在 Visual Basic 中，将非零值解释为 True，将零解释为 False。

2）语句块可以是一条或多条语句。

3）格式一是块结构，If-Then-End If 必须配对使用；格式二是单行结构，在 Then 后面只能有一条语句，或多个语句间用冒号分隔，但必须写在一行上。

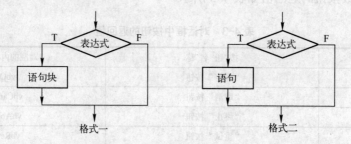

图 4-4 单分支 If 语句流程图

【例 4-1】 给定三角形的三条边长，计算三角形的面积。

分析：从几何学可知，三角形的两边之和大于第三边，当输入的数据能构成三角形时，则求面积并输出；当不能构成三角形，则给出错误信息。

```
Private Sub Command1_Click()
    Dim a, b, c, s, t As Single
    a = Val(InputBox("请输入 A 边边长"))
    b = Val(InputBox("请输入 B 边边长"))
    c = Val(InputBox("请输入 C 边边长"))
    If a + b < c Or a + c < b Or b + c < a Then
        Print "所输入的值"; a; b; c; "不能构成三角形"
    End If
    If a + b > c And a + c > b And b + c > a Then
```

```
            s = (a + b + c) / 2
            t = Sqr(s * (s - a) * (s - b) * (s - c))
            Print "三条边长分别为: "; a; b; c
            Print "三角形面积是: "; t
        End If
    End Sub
```

例 4-1 的运行结果如图 4-5 所示。

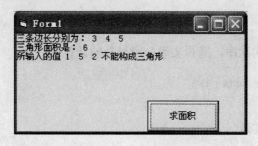

图 4-5 例 4-1 的运行界面

2．双分支结构

格式一：

```
    If  <表达式> Then
        <语句块 1>
    Else
        <语句块 2>
    End  If
```

格式二：

```
    If  <表达式>  Then  <语句 1>  Else  <语句 2>
```

该语句的作用是当表达式的值为 True 时，执行 Then 后面的语句块 1（或语句 1），否则，执行 Else 后面的语句块 2（或语句 2），其流程如图 4-6 所示。

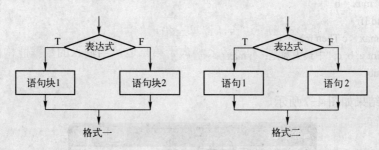

图 4-6 双分支 If 语句流程图

【例 4-2】 用 If 语句表示如下分段函数：

$$f(x)=\begin{cases} x^2+3, x<1 \\ \sqrt{x+1}, x>=1 \end{cases}$$

（1）用单分支结构实现

用两条单分支语句：

If x < 1   Then y = x * x + 3
If x >= 1 Then y = Sqr(x + 1)

也可以用一条单分支语句：

y = x * x + 3
If x >= 1 Then y = Sqr(x + 1)

考虑若改变两条语句次序，能否实现分段函数的计算？

If x >= 1 Then y = Sqr(x + 1)
y = x * x + 3

（2）用双分支结构实现

If x < 1   Then
    y = x * x + 3
Else
    y = Sqr(x + 1)
End If

【例4-3】 求 3 个数中的最大值。

```
Private Sub Form_Click()
    Dim a%, b%, c%, max%
    a = Val(InputBox("input a"))
    b = Val(InputBox("input b"))
    c = Val(InputBox("input c"))
    If a > b Then
        max = a
    Else
        max = b
    End If
    If max < c Then max = c
    Print a; b; c; "中最大数是："; max
End Sub
```

程序运行结果如图 4-7 所示。

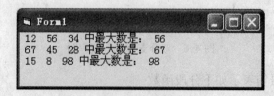

图 4-7 例 4-3 的运行界面

3. 多分支结构

格式：

```
If  <表达式 1>  Then
   <语句块 1>
ElseIf  <表达式 2>  Then
   <语句块 2>
   …
[ Else
   <语句块 n+1> ]
End   If
```

该语句的作用是：顺序测试表达式 1、表达式 2、…，一旦遇到表达式值为 True（或非零），则执行该条件下的语句块，然后执行 End If 后面的语句。其流程如图 4-8 所示。

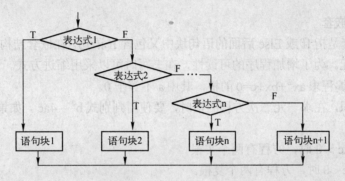

图 4-8   多分支 If 语句流程图

注意：

1）无论有多少个分支，程序在执行一个分支后，对其余分支不再执行。

2）ElseIf 不能写成 Else If。

3）当分支中有多个表达式同时满足时，只执行第一个与之匹配的语句块。因此，要注意多分支表达式的书写顺序，防止某些值的过滤。

【例 4-4】 税务部门征收个人所得税，规定如下：

1）个人所得税的起征点为 2000 元，收入在 2000 元以内，免征。

2）收入在 2500 元内，超过 2000 元的部分纳税 5%。

3）收入超过 2500 元的，超过 2500 元的部分，纳税 10%。

```
Private Sub Form_Click()
    Dim r!, tax!
    r = Val(InputBox("请输入您的收入:"))
    If r <= 2000 Then
        tax = 0
    ElseIf r <= 2500 Then
        tax = (r − 2000) * 0.05
    Else
```

```
        tax = (r − 2500) * 0.1
    End If
    Print "收入"; r; "应纳税"; tax; "元"
End Sub
```

程序运行结果如图 4-9 所示。

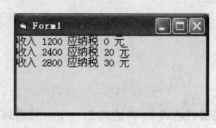

图 4-9 例 4-4 的运行界面

4. If 语句的嵌套

If 语句的嵌套是指 If 或 Else 后面的语句块中又包含 If 语句。在嵌套结构中，每个 If 语句必须与 End If 匹配。为了增加程序的可读性，在书写时可以采用缩进方式。请看下面例题。

【例 4-5】   编程求 $ax^2+bx+c=0$ 的根，其中 a 不等于 0。

根据数学知识，在求一元二次方程的根时，要使用判别式 $b^2 − 4ac$。如果 a 不等于 0，则有如下 3 种情况：

- 当 $b^2 − 4ac > 0$ 时，方程有两个实根。
- 当 $b^2 − 4ac < 0$ 时，方程有两个复根。
- 当 $b^2 − 4ac = 0$ 时，方程有两个相等的实根。

程序如下：

```
Private Sub Command1_Click()
    Dim a%, b%, c%, d!
    Dim x1, x2
    Dim p, q, r
    a = InputBox("请输入 a 的值")
    b = InputBox("请输入 b 的值")
    c = InputBox("请输入 c 的值")
    d = b * b − 4 * a * c
    p = −b / (2 * a)
    If d >= 0 Then
        If d > 0 Then
            r = Sqr(d) / (2 * a)
            x1 = p + r
            x2 = p − r
        Else
            x1 = p
            x2 = p
        End If
        Print "方程有两个实根："
```

56

```
            Print "x1="; x1, "x2="; x2
        Else
            q = Sqr(-d) / (2 * a)
            Print "方程有两个复根："
            Print "x1="; p; "+"; q; "i"
            Print "x2="; p; "-"; q; "i"
        End If
    End Sub
```

程序运行结果如图 4-10 所示。

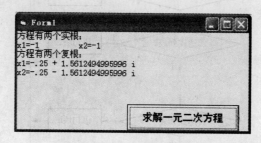

图 4-10　例 4-5 的运行界面

5．IIf 函数

Visual Basic 提供的 IIf 函数可以看做是 If-Then-Else 双分支结构的简洁表示。其形式如下：

　　IIf（表达式 1，表达式 2，表达式 3）

此时，系统首先判断表达式 1 的值，当为 True 时，返回表达式 2 的值，否则返回表达式 3 的值。

例如，前面提到的符号函数，利用 IIf 函数表示如下：

　　y = IIf(x >= 0, 1, -1)

相当于双分支语句：

　　If x >= 0 Then y = 1 Else y = -1

4.3.2　Select Case 语句

Select Case 语句又称多路分支语句或情况语句，是多分支结构的另一种表示形式，它是根据多个表达式的值，选择多个操作中的一个对应操作来执行。其语句格式如下：

```
    Select Case <变量或表达式>
        Case <表达式列表 1>
            <语句块 1>
        Case <表达式列表 2>
            …
        [Case   Else
            <语句块 n+1>]
    End Select
```

该语句在执行时，根据变量或表达式的值，从上到下依次检测表达式的列表值，如果有一个与变量或表达式的值相匹配，就选择执行对应的语句块；若所有的表达式列表值均匹配不成功，如果有 Case Else 项，则执行语句块 n+1，再执行 End Select 后面的语句，否则直接执行 End Select 后面的语句。情况语句的流程如图 4-11 所示。

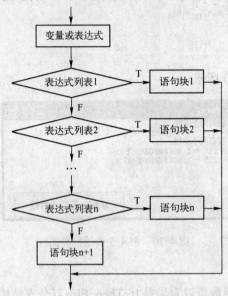

图 4-11　多分支 Select Case 语句流程图

【例 4-6】　编写程序，输入圆的半径 R 和运算标志，然后按照运算标志进行运算：

标志	运算
A（Area）	面积
C（Circle）	周长
B（Both）	面积、周长两者都计算

程序代码如下：

```
Private Sub Command1_Click()
    Dim r%, flag As String * 1, s!, c!
    r = InputBox("请输入圆的半径")
    flag = UCase(InputBox("请输入运算标志"))
    Select Case flag
    Case "A"
        s = 3.14 * r * r
        Print "半径是"; r; "圆的面积是："; s
    Case "C"
        c = 2 * 3.14 * r
        Print "半径是"; r; "圆的周长是："; c
    Case "B"
        s = 3.14 * r * r
        c = 2 * 3.14 * r
        Print "半径是"; r; "圆的面积是："; s; "圆的周长是："; c
    End Select
```

```
End Sub
```

程序运行结果如图 4-12 所示。

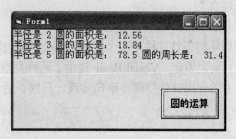

图 4-12　例 4-6 的运行界面

4.4　循环结构

为了解决某一问题或求取一个计算结果，往往需要反复地按某一模式进行操作。例如，计算 2^n，可以用乘法器 s：

$$s=1$$
$$\left. \begin{array}{l} s=s*2 \\ s=s*2 \\ \cdots \\ s=s*2 \end{array} \right\} 执行 n 次$$

又如：在键盘上输入一串字符，以"？"结束，分别统计输入串中字母、数字的个数。

在问题 1 中，反复执行的语句是："s=s*2"，一共要做 n 次。图 4-13 所示为程序流程图，计数器 i 用于记录执行次数，所以每执行一次语句 s=s*2，应对 i 加 1，直到 i=n 为止。

在问题 2 中，反复执行的语句是：从键盘接收一个字符，判断是字母还是数字，结束条件是输入字符为"？"，其程序流程如图 4-14 所示。

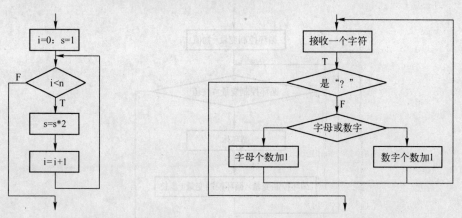

图 4-13　问题 1 的程序流程图　　　　　图 4-14　问题 2 的程序流程图

上述问题可以利用循环结构实现。从控制流程来看，如果一个程序模块的出口具有返回入口的流程线，则构成了循环。重复执行的语句序列称为循环体，进入循环的条件称为循环条件。循环体不能无休止地进行下去，因此必须有循环结束条件。即循环结构要解决：

1）循环体的算法是什么？

2）进入循环的条件是什么？

3）结束循环的条件是什么？

进入循环的条件和结束循环的条件往往是一个问题的两个方面，也可能重复执行某一程序段，直到某一事件（如单击鼠标）发生为止。Visual Basic 提供了两种类型的循环语句：计数型循环语句和条件型循环语句。问题 1 适合用计数型循环语句实现；问题 2 适合用条件型循环语句实现。

4.4.1 For…Next 语句

For…Next 语句是计数型循环语句，用于控制循环次数预知的循环结构。

语句格式如下：

```
For 循环控制变量 = 初值  To  终值  [Step  步长]
        循环体
Next 循环变量
```

其中：

1）循环控制变量必须为数值型变量。

2）"初值"、"终值"、"步长"均为数值表达式，其值可以是整数或实数。当循环控制变量为整型变量而它们为实数时，Visual Basic 将对其舍入取整。

3）当步长大于 0 时，循环控制变量作递增循环；当步长小于 0 时，作递减循环；当步长等于 1 时，可省略 Step 子句；当步长为 0 时，作"死循环"。

4）"循环体"由 Visual Basic 语句序列构成，可以是一条或多条语句。

5）循环次数：$n = \mathrm{int}\left(\dfrac{终值 - 初值}{步长} + 1\right)$

该语句的执行过程如图 4-15 所示。

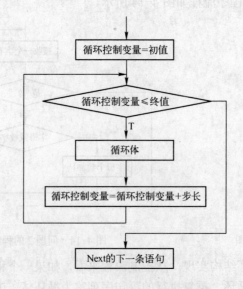

图 4-15　For…Next 语句的流程图

1）循环控制变量被赋初值。

2）判断循环控制变量的值是否超过终值。若未超过终值，则执行循环体；否则，结束循环，执行 Next 的下一条语句。

3）循环控制变量加步长，转 2），然后继续循环。

【例 4-7】 计算 5 的 n 次方。

分析：反复执行的循环体语句是：s = s * 5，循环执行的次数为 n，适合用 For…Next 语句实现。程序代码如下：

```
Private Sub Form_Click()
    Dim n As Integer, s As Long
    n = InputBox(" Input n ")
    s = 1
    For i = 1 To n
      s = s * 5
    Next i
    Print "5 的"; n; "次方是:"; s
End Sub
```

程序运行结果如图 4-16 所示。

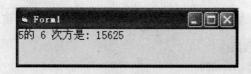

图 4-16　例 4-7 的运行结果

4.4.2　Do…Loop 语句

Do…Loop 语句是根据条件决定循环的语句，通常用于控制循环次数未知的循环结构。该语句有两类语法形式。

1．先判断条件形式

```
Do    [While | Until <条件>]
    循环体
Loop
```

2．后判断条件形式

```
Do
    循环体
Loop    [While | Until <条件>]
```

其中：

1）关键字 While 用于指定条件为 True 时执行循环体中的语句，是循环体执行条件。

2）关键字 Until 用于指定条件为 True 时结束循环，是循环结束条件。

3）先判断条件形式的 Do…Loop 语句，当指定条件为 True 或直到指定的循环结束条件变为 True 之前重复执行循环体语句。当然，有可能一次也不执行循环体语句。

4）后判断条件形式的 Do...Loop 语句，首先执行循环体，然后测试循环条件或循环终止条件决定是否继续执行循环。所以，该种结构的语句无论条件是否成立至少要执行一次循环体。

5）若省略"While | Until <条件>"子句，表示无条件循环，此时在循环体内应该有 Exit Do（或 Goto）语句，否则为死循环。

6）Exit Do 语句表示退出循环，执行 Loop 后面的语句。

两种形式的流程图分别如图 4-17 和图 4-18 所示。

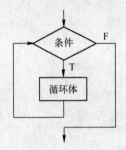

图 4-17　Do While...Loop 语句

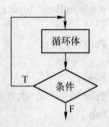

图 4-18　Do...Loop While 语句

【例 4-8】　在键盘上输入一串字符，以"？"结束，分别统计输入串中字母、数字的个数。

```
Private Sub Form_Click()
    Dim ch$, num1%, num2%
    ch = InputBox("Enter a character")
    Do While ch <> "?"
        If UCase(ch) >= "A" And UCase(ch) <= "Z" Then
            num1 = num1 + 1
        ElseIf ch >= "0" And ch <= "9" Then
            num2 = num2 + 1
        End If
        ch = InputBox("Enter a character")
    Loop
    Print "输入字母："; num1; "个"
    Print "输入数字："; num2; "个"
End Sub
```

程序运行结果如图 4-19 所示。

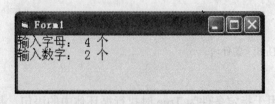

图 4-19　例 4-8 的程序运行结果

4.4.3 循环的嵌套

在一个循环体内又包含了一个循环结构称为循环的嵌套，也称为多重循环。下面，以一个简单的二重循环来分析多重循环结构的执行情况。

【例4-9】 二重循环。

```
Private Sub Command1_Click()
Dim i%, j%
 For i = 1 To 3
   For j = 1 To 2
     Print i, j
   Next j
 Next i
 End Sub
```

单击命令按钮后，屏幕显示如图 4-20 所示。

图 4-20 例 4-9 的程序运行界面

在本例中，整个内循环都是外循环的循环体。从运行结果可以看出，外循环的控制变量每改变一次，内循环的循环体就执行两次循环体语句：

```
Print i, j
```

所以，内循环体语句共执行了 3×2 次，才完成整个循环过程。

【例4-10】 求 1!+2!+3!+4!+5!，并将结果输出到窗体上。

```
Private Sub Form_Click()
    Dim s As Integer
    Dim i%, j%, t    As Integer
    For i = 1 To 5
        t = 1
        Print i
        For j = 1 To i
        t = t * j
        Print j;
        Next j
        s = s + t
        Print
    Next i
```

```
        Print s
    End Sub
```

程序运行结果如图 4-21 所示。

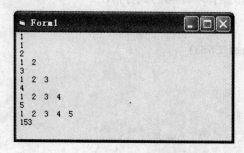

图 4-21　例 4-10 的程序运行结果

在例 4-10 中，外循环执行一次，内循环对应的执行次数分别是 1、2、3、4、5，所以内循环共执行 15 次。

各种形式的循环语句都能够相互嵌套，且 Visual Basic 中没有规定具体的嵌套层数。嵌套的原则是，外层循环与内层循环必须层层嵌套，且循环体之间不能交叉。

正确的嵌套形式可以有：

```
For  i=k1 to k2            For  i=k1 to k2
  For j=k3 to k4             Do While b1
  …                          …
  Next j                     Loop
Next i                     Next i


Do  While  b1             Do  While  b1
  For j=k1 to k2             Do  While  b2
  …                          …
  Next i                     Loop
Loop                       Loop
```

下面是错误的嵌套形式：

```
For  i=k1 to k2            For  i=k1 to k2
  For j=k3 to k4             Do While b1
  …                          
  Next i                     Next i
Next j                     Loop
```

For...Next 语句嵌套的基本要求是：每个循环必须有唯一的控制变量；内层循环的 Next 语句必须放在外层循环的 Next 语句之前，且内、外循环不能相互交叉。For...Next 循环语句嵌套通常有 3 种形式：

形式一：

```
For  i=…
```

```
            For    j=...
            ...
            Next    j
        ...
        Next    i
```

形式二：省略后面的 i、j。

```
        For    i=...
            For    j=...
            ...
            Next
        ...
        Next
```

形式三：当内外循环有相同的终点时，可以共用一个 Next 语句，此时，循环控制变量不能省略。

```
        For    i=...
            For    j=...
            ...
            Next    j, i
```

4.5 辅助控制语句

4.5.1 GoTo 语句

GoTo 语句的作用是无条件地跳转到行号或标号指定的语句。在早期的 Basic 语言中，GoTo 语句的使用频率很高，程序结构不清晰，可读性差。在结构化程序设计中，要求尽量少用或不用 GoTo 语句，而用选择结构或循环结构来代替。在 Visual Basic 中保留了 GoTo 语句，通常用来提前退出循环结构。GoTo 语句的形式如下：

```
        GoTo  行号|标号
```

其中，行号是一个数字序列；标号是一个字符序列，首字符必须是字母。GoTo 语句只能转移到同一过程的行号或标号处。

【例 4-11】 从键盘接收一个数字，判断所输入的数是否是素数。

素数是指除了 1 和本身以外，不能被其他任何整数整除的数。据此判断一个数 m 是否是素数，最简单的方法是依次用 2～m-1 去除 m，只要有一个数能整除 m，则 m 就不是素数，否则是素数。程序代码如下：

```
Private Sub Command1_Click()
    Dim i%, m%
    m = Val(Text1)
    For i = 2 To m - 1
        If (m Mod i) = 0 Then GoTo notM
```

```
        Next i
        Label3.Caption = m & "是素数"
        notM:
    End Sub
```

程序运行结果如图 4-22 所示。

图 4-22　例 4-11 的程序运行结果

4.5.2　Exit 语句

Exit 语句用于退出某种控制结构的执行。例如，退出循环结构 Exit For、Exit Do，退出过程 Exit Sub、Exit Function 等。Exit 语句通常和 If 语句配合使用，作为循环结构的出口。Exit 语句显式地标识了循环的结束点，没有破坏程序的结构，有时还能简化程序的编写，提高程序的可读性，避免使用 GoTo 语句。

【例 4-12】　利用 Exit 语句改写例 4-11。

```
    Private Sub Command1_Click()
        Dim i%, m%, flag As Boolean
        m = Val(Text1)
        flag = True
        For i = 2 To m - 1
            If (m Mod i) = 0 Then flag = False: Exit For
        Next i
        If flag Then
            Label3.Caption = m & "是素数"
        Else
            Label3.Caption = m & "不是素数"
        End If
    End Sub
```

程序运行结果如图 4-23 所示。

图 4-23　例 4-12 的程序运行结果

4.5.3 End 语句

End 语句用于结束一个程序的运行，可放到任何一个事件过程中。形式如下：

    End

在 Visual Basic 中，有多种形式的 End 语句，用于结束一个过程或语句块。End 语句的多种形式包括 End if、End Select、End With、End Type、End Sub 和 End Function 等，其与相应的语句配对使用。

4.6 综合应用

1. 累加和连乘问题

累加和连乘是程序设计中的两个重要运算。累加是在原有和（初值为 0）的基础上逐次添加一个数；连乘则是在原有积（初值为 1）的基础上逐次乘以一个数。

【例 4-13】 用以下公式计算 $\sin(x)$ 的值。当最后一项的绝对值小于 10^{-6} 时，停止计算。

$$\sin(x) = x - \frac{x^3}{3!} + \frac{x^5}{5!} - \frac{x^7}{7!} + \cdots + (-1)^{n-2} \frac{x^{2n-3}}{(2n-3)!} + (-1)^{n-1} \frac{x^{2n-1}}{(2n-1)!}$$

分析：设变量 t 用于存放中间项的计算结果，当第 n 项值 $<10^{-6}$ 时结束计算，即循环结束的条件为 t 的绝对值小于 10^{-6}，其算法描述为：

    t=第一项的值：s=t： n=1
    Do   Until   Abs（t）<1E-6
     n=n+1
     t=第 n 项的值
     s=s+t
    Loop

由公式可知：

    t₁=x
    tₙ=tₙ₋₁*（-x*x）/((2*n-2)*(2*n-1))

由此，可以使用循环语句计算各项的值并累计。程序代码如下：

```
Private Sub Form_Click()
    Dim x!, t!, n%, s!
    Const eps = 0.000001
    x = Val(InputBox("input x:"))
    t = x
    s = x
    n = 1
    Do Until Abs(t) < eps
      n = n + 1
      t = t * (-x * x) / ((2 * n - 2) * (2 * n - 1))
      s = s + t
```

```
        Loop
        Print "sin("; x; ")="; s
    End Sub
```

程序运行结果如图 4-24 所示。

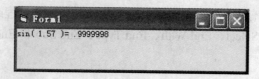

图 4-24　例 4-13 的程序运行结果

2. 穷举法

穷举法也称枚举法或试凑法，是将可能出现的情况逐一罗列，判断其是否满足条件。通常采用循环结构来实现。

【例 4-14】　把一元钞票换成一分、二分和五分的硬币（每种至少有一枚），求一共有多少种换法。

分析：每种硬币可能出现的数量分别是，一分：1～100、二分：1～50、五分：1～20，利用三重循环很容易解决该问题。程序代码如下：

```
    Private Sub Form_DblClick()
        Dim n As Integer
        Dim i%, j%, k%
        For i = 1 To 100
          For j = 1 To 50
            For k = 1 To 20
              If i + j * 2 + k * 5 = 100 Then
                n = n + 1
              End If
            Next k
          Next j
        Next i
        Print "共有"; n; "种换法"
    End Sub
```

程序运行结果如图 4-25 所示。

图 4-25　例 4-14 的程序运行结果

思考：该问题是否可以利用二重循环实现？

3. 打印图形问题

【例 4-15】　打印图 4-26 所示的图形。

分析：该图形每行均由空格和"*"组成，图形上半部分的"*"的个数分别为 1、3、5、

7，"*"前的空格数分别为 3、2、1、0；下半部分的"*"的个数分别为 5、3、1，"*"前的空格数分别为 1、2、3，利用 spc( )产生空格，利用 string( ) 产生"*"，即可解决该类问题。

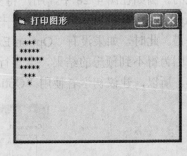

```
Private Sub Form_Click()
    Dim i%, j%
    For i = 1 To 4
        Print Spc(4 – i); String(2 * i – 1, "*")
    Next i
    For j = 3 To 1 Step –1
        Print Spc(4 – j); String(2 * j – 1, "*")
    Next j
End Sub
```

图 4-26　打印图形

4.7　程序调试

4.7.1　错误类型

随着编写的程序越来越复杂，程序中的错误也随之而来。通常会遇到 3 类错误：语法错误、运行错误和逻辑错误。

1．语法错误

语法错误是初学者最容易犯的错误，也是 3 类错误中最容易纠正的错误，它是在程序编辑和编译时，因违反 Visual Basic 的有关语法规则而产生的错误。

（1）程序编辑

当用户在代码窗口编辑代码时，Visual Basic 会对程序直接进行语法检查，以发现程序中的语法错误。主要包括使用中文标点、关键字输入错误、语句没输完等错误。此时，Visual Basic 会弹出一个对话框，显示出错信息，并将出错行以红色显示，提示用户进行修改。

例如，图 4-27 所示的 Inputbox( )函数中的括号、双引号为中文标点，系统提示为"无效字符"。此时，用户必须单击"确定"按钮，关闭出错提示对话框，对出错行进行修改。

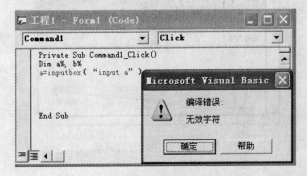

图 4-27　程序编辑时的语法错误

（2）程序编译

Visual Basic 在开始运行程序前，先编译程序，若有错误则显示相关的出错信息，且出错行被高亮显示，同时停止编译。此类错误一般是由于用户未定义变量、遗漏关键字等原因产生的。例如在图4-28中，用户将变量名"tag"误输入成了"tog"，而在过程前使用"Option Explicit"语句强制显式声明程序中的所有变量，系统在编译时发现变量"tog"没有定义提示出错。此时，如果没有"Option Explicit"语句，系统将不会提示出错，用户可能在程序运行后因为得不到预想的结果，会逐行查找变量是否引用出错，从而会给程序调试带来一定的困难。所以，建议初学者使用"Option Explicit"语句，以避免此类错误的发生。

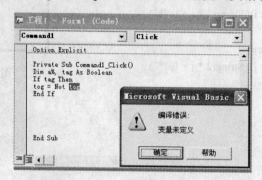

图4-28 程序运行前的编译语法错误

2. 运行时的错误

运行时的错误是指程序代码在编译通过后，运行代码时发生的错误。此类错误往往是由于指令代码执行非法操作引起的。例如，除数为0、数据类型不匹配、数组下标越界、打开不存在的文件、路径信息错误等。当程序中出现此类错误，程序会自动中断，并给出有关的错误提示信息。

例如在图4-29中，为变量a赋值的表达式中的除数为0，系统会给出错误提示，当用户单击"调试"按钮时，系统进入中断模式，光标停留在出错行，等待用户修改代码。

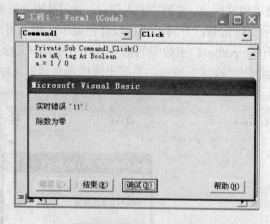

图4-29 程序运行时错误

3. 逻辑错误

如果在程序运行后，得不到预期结果，则说明程序中存在逻辑错误。此类错误通常和运算符使用不正确、语句次序不对、循环语句的初始值或终值不正确等有关。逻辑错误一般不会提示出错信息，故错误较难排查。需要用户仔细阅读分析程序，在可疑处插入断点和进行逐条语句跟踪，检查相关变量的值，分析错误产生的原因。

4.7.2 调试和排错

1. 插入断点和逐语句跟踪

在代码窗口中选择怀疑存在问题的地方作为断点，按〈F9〉键设置断点，则程序在运行到断点语句时停下，进入中断模式，此前所设置的变量、属性、表达式的值通过鼠标都可以查看，如图4-30所示。若要继续跟踪断点以后的语句，按〈F8〉键或选择"调试"→"逐语句"命令即可。

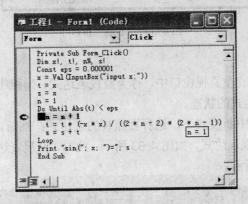

图4-30 插入断点和逐语句跟踪

2. 调试窗口

在中断模式下，除了用鼠标观察变量值以外，还可以通过"立即"窗口、"本地"窗口、"监视"窗口查看变量的值。通过"视图"菜单即可打开这些窗口。

（1）"立即"窗口

"立即"窗口在第1章中已经介绍过，用户可以在程序代码中利用Debug.Print方法，把结果输出到"立即"窗口中，也可以直接在该窗口中使用Print语句或"？"显示变量的值，如图4-31所示。

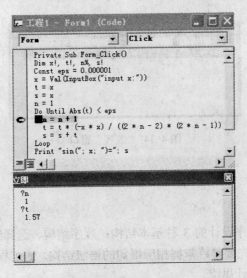

图4-31 "立即"窗口

（2）"本地"窗口

"本地"窗口显示当前过程中所有变量的值，如图 4-32 所示。

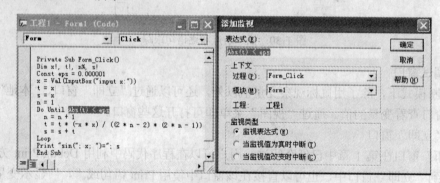

图 4-32　"本地"窗口

（3）"监视"窗口

把某些变量或表达式放在监视窗口中，称为监视表达式。当程序进入中断模式时，Visual Basic 将显示这些监视表达式的状态。

首先，在设计模式或中断模式下，选择要监视的表达式；然后，选择"调试"→"添加监视"命令，即可添加监视表达式，如图 4-33 所示。此时，监视表达式的内容将会在"监视"窗口中显示，如图 4-34 所示。

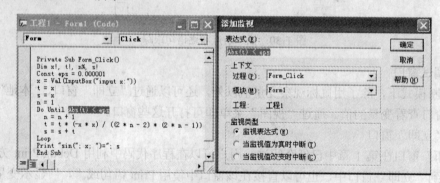

图 4-33　添加监视表达式

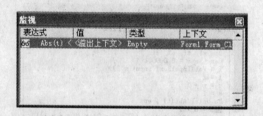

图 4-34　"监视"窗口

4.8　本章小结

本章介绍了结构化程序设计的 3 种基本结构：顺序结构、选择结构和循环结构，它们是程序设计的基础。读者首先要熟练掌握相应语句的语法结构，通过程序流程理解语句的含义，并逐步培养结构化程序设计思维。

习题 4

1. 结构化程序设计的 3 种基本结构是什么？
2. 条件表达式可以是算术、字符、关系、逻辑表达式中的哪些？
3. 如果事先不知道循环次数，可以采用哪种结构的循环语句实现？
4. 编写循环结构嵌套应注意哪些问题？
5. 如果程序通过了编译，但运行结果和预期结果不符，可能发生了什么错误？

第5章 数　　组

学习目标

1. 理解数组的维数，以及下标的上界和下界的概念。
2. 掌握静态数组、动态数据与自定义数据类型的声明方法。
3. 熟练地使用循环语句对数组进行操作。

在前面各章中使用的数据，例如字符串、数值型、逻辑型等都是简单类型的数据。存放这些简单类型的数据变量称为简单变量。每个变量都有一个独立的名称，系统给它们分配一个存储单元，以便用户通过变量名来实现数据的存取。然而在实际的应用中，经常需要处理具有某种关联的成批数据，因此，Visual Basic 提供了数组和用户自定义数据类型来解决该问题。

5.1　数组概述

1. 引例

【例 5-1】　统计某班 30 名同学的计算机课程的平均成绩及高于平均分的人数。

计算平均成绩可以使用简单变量和循环结构来完成，程序代码如下：

```
Dim aver As Single
Dim mark As Integer, i As Integer, sum As Integer
sum = 0
For i = 1 To 30
    mark = Val(InputBox("输入" & i & "位学生的成绩"))
    sum = sum + mark
Next i
aver = sum / 30
```

但若要统计高出平均成绩的人数，则无法实现。因为存放学生成绩的变量名 mark 是一个简单变量，只能存放一个学生的成绩。在循环体结束后，mark 变量中存放的是最后一个学生的成绩。若要统计高于平均分的成绩，则必须再次输入一遍 30 个学生的成绩。

若要保存 30 个学生的成绩，可以定义变量 mark1，mark2，mark3，…，mark30 来存放；若要输入 30 个学生的成绩，则需要使用 30 个输入语句。显然，这样做不利于对数据进行处理，程序代码比较烦琐，有没有更加有效的办法来解决这个问题呢？

采用数组能帮助用户很好地解决该类问题。引入数组，可以始终存储所输入的数据，且可一次输入，多次使用。

用数组解决求 30 人的平均分和高于平均分的人数，程序代码如下：

```
Private Sub Form_Click()
    Dim mark(1 To 30) As Integer          '数组声明，mark 数组有 30 个元素
```

```
Dim aver As Single, i As Integer, sum As Integer
sum = 0
For i = 1 To 30                          '本循环结构输入成绩，求分数和
    mark(i) = Val(InputBox("输入" & i & "位学生的成绩"))
    sum = sum + mark(i)
Next i
aver = sum / 30                          '求 30 个学生的平均分
n = 0
For i = 1 To 30                          '本循环结构统计高于平均分的人数
    If mark(i) > aver Then n = n + 1
Next i
Print "平均分：", aver, "高于平均分的人数:", n
End Sub
```

说明：

在程序中使用数组的最大好处是用一个数组名代表逻辑上相关的一批数据，用下标表示数组中的各个元素，与循环语句结合使用，可以使程序书写简洁、结构清晰。

语句 mark(i) = Val(InputBox("输入" & i & "位学生的成绩"))在运行时，界面显示如图 5-1 所示。虽然只有一条语句，但在循环体内，执行了 30 次，在运行时要输入 30 个成绩，比较花费时间。对于大量数据的输入，根据题目的要求，也可通过随机函数来产生一定范围内的数据，可参见之前所讲的 Rnd 函数。程序运行结果如图 5-2 所示。

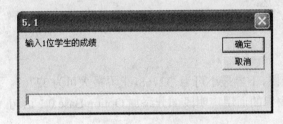

图 5-1　程序输入界面　　　　　　　　　图 5-2　例 5-1 的运行结果

2．数组的概念

数组并不是一种数据类型，而是一组相同类型变量的集合。作为同一数组中的数据，它们使用一个统一的名称来表示，称为数组名。例如，100 个学生计算机课程的成绩，可以统一取名为 mark。数组名的命名规则与简单变量的命名规则相同。数组中的每一个变量称为数组元素。对于数组中的每一个元素，需要用索引号来区别，该索引号称为下标。数组中的每一个元素可以用数组名和下标唯一标识。例如，mark(1)、mark(5)、mark(8)都是 mark 数组中的数组元素。每一个数组元素像普通变量一样使用，在内存中独占一个内存单元。

使用数组时，必须对数组进行"声明"，即先声明后使用。所谓"声明"，就是对数组名、数组元素的数据类型、数组元素的个数进行定义。数组声明后，在内存中可分配一块连续的区域。

使用数组时需要注意：

1）数组中的下标有上界和下界，数组的元素在上、下界内是连续的，下标的上、下界决定了该数组中所包含的元素个数（即数组的大小）。

2）一个数组中的所有元素具有相同的数据类型。

3）根据数组中下标的个数，可以将数组分为一维数组和多维数组。

4）根据数组中元素的个数是否可以改变，将数组分为静态数组和动态数组。

5.2 静态数组

在声明时确定了数组元素个数的数组，称为静态数组。Visual Basic 编译程序在编译时为它们分配了相应的存储空间，并且在应用程序运行期间，它们所占用的存储空间大小固定不变（即静态数组的大小不能改变）。

根据数组的维数（即下标的个数）不同，可以将它们分为一维数组和多维数组。

5.2.1 一维数组

只有一个下标变量的数组，称为一维数组。

1. 一维数组的声明

声明形式如下：

Dim 数组名(下标) [As 类型]

其中：

1）数组名：命名要符合变量名命名规则。

2）下标：必须为常数，不可以为变量或表达式。

下标的形式为：

[下界 To] 上界

下界和上界定义了数组元素下标的取值范围，下界最小可为-32768，上界最大可为32767。若省略下界，系统默认下界为 0。也可在代码窗口的通用声明段部分添加 Option Base 0|1 语句声明数组下界的默认值。

例如：Option Base 1   '将数组的下界设为 1

3）数组元素的个数为上界–下界+1。

4）[As 类型]：用来声明数组元素的数据类型。如果省略，则与变量的声明一样，默认是变体型数组。

例如：

Dim a(10) As Single

该语句声明了一维数组 a 具有 11 个数据元素，数组元素的数据类型为单精度型，等价于Dim a!(10)。数组中各元素在内存中占用连续的存储空间，存放的顺序是下标大小的顺序，其逻辑结构排列如表 5-1 所示。

表 5-1 一维数组中各元素的排列

a(0)	a(1)	a(2)	…	a(10)

Dim sno(-2 to 4) As String

该语句声明了一维数组 sno 具有 7 个数据元素，数组元素的数据类型为字符型。

注意：

声明数组时，应注意其合法性。例如，设 n 为变量，下面的声明是非法的：

  n = Val(InputBox("输入 n"))
  Dim x(n) As Single

2．一维数组元素的引用

声明后对数组进行操作时，一般是针对某个数组元素进行的，而数组元素通过下标来区别。引用数组元素，要指定数组名和相应的下标值。在程序中，数组与简单变量的使用方式相同，既可参与运算，也可被赋值。

数组元素的引用形式：

  数组名（下标）

其中：

下标是整型的常量、变量或表达式。

例如，声明了数组 a，即 Dim a(10) As Integer，则下面使用数组元素的语句是正确的。

  a(10) = 8   '下标是常量，对 a(10)这个数组元素赋值
  a(i) = a(i) + 3   '下标是变量
  a(i + 3) = 2   '下标是表达式

注意：

1）在引用数组元素之前，必须先对数组进行定义。

2）在引用数组元素时，下标不能超过数组声明时的上、下界范围，否则会出现"下标越界"的运行错误。同时，数组名、类型及维数要与声明时一致。

3）要注意区分数组声明中的下标和数组引用中的下标。在数组声明中的下标说明了数组的整体，即数组的大小；而在程序其他地方出现的下标表示引用数组中的一个元素。

4）一个数组元素实质上就是一个变量名，代表内存中的一个存储单元；而一个数组，代表了内存中的一串连续的存储单元。

5.2.2　多维数组

由两个以上下标的数组元素所组成的数组，称为多维数组。

二维数组通常指由两个下标的数组元素所组成的数组。一个二维表格就是一个二维数组。数学上，形如矩阵 $\{a_{ij}\}$ 的数据均可用二维数组来处理。几何上，立体坐标可以用三维数组来表示。

1．多维数组的声明

声明形式如下：

  Dim　数组名(下标 1[,下标 2…]) [As 类型]

其中：

1）下标个数：几个下标为几维数组，最多 60 维。

2）数组元素的个数：数组每一维的元素个数，也就是数组每一维的大小是"上界-下界+1"；而整个数组的元素个数，是每一维元素个数的乘积。

例如：

Dim b(0 To 3, 0 To 4) As Long

等价于：

Dim b(3, 4) As Long

该语句声明了一个名为 b 的二维数组，包括 4 行 5 列共 20 个长整型数组元素，各元素在内存中的存放顺序是"先行后列"，其逻辑结构排列如表 5-2 所示。

表 5-2 二维数组中各元素的排列

b(0,0)	b(0,1)	b(0,2)	b(0,3)	b(0,4)
b(1,0)	b(1,1)	b(1,2)	b(1,3)	b(1,4)
b(2,0)	b(2,1)	b(2,2)	b(2,3)	b(2,4)
b(3,0)	b(3,1)	b(3,2)	b(3,3)	b(3,4)

Dim c(2, 1 To 3, 4) As Single

该语句声明了一个三维数组 c，包括 45 个单精度型的数组元素。

2．多维数组元素的引用

与一维数组一样，多维数组也要先声明才能使用。

数组元素的引用形式：

数组名（下标 1[,下标 2…]）

例如：

a(2, 3) = 10
a(i + 1, j) = a(2, 3) + 3

5.2.3 LBound 函数和 UBound 函数

UBound()函数和 LBound()函数分别用来返回数组指定维的上界值和下界值。
UBound()函数的格式如下：

UBound(数组名[, N])

功能：返回数组指定维的下标上界。
LBound()函数的格式如下：

LBound(数组名 [, N])

功能：返回数组指定维的下标下界。
其中：
数组名：是必选项，表示数组变量的名称。

N：是可选项，一般是整型常量或变量。用于指定返回哪一维的下标上界（下界）。1 表示第一维，2 表示第二维，依此类推。如果省略 N，则返回第一维的上界（下界）。

例如：

```
Dim a(5) As Integer, b(1 To 3, 2) As String '声明数组
Print LBound(a), UBound(a)        '输出一维数组 a 的下界和上界
Print LBound(b, 2), UBound(b)     '输出二维数组 b 的第二维的下界，及第一维的上界
Print LBound(b), UBound(b, 2)     '输出二维数组 b 的第一维的下界，及第二维的上界
```

运行结果如图 5-3 所示。

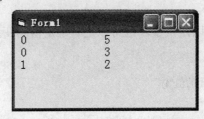

图 5-3 LBound 函数和 UBound 函数的运行结果

5.3 动态数组

前面所介绍的数组，其数组大小都是预知的，这时创建的数组是定长的，系统为其提供固定的内存空间。然而，有时数组大小是无法预知的。如例 5-1 中，需输入成绩计算平均分，在数组开始使用前，如果事先无法知道学生的人数，则很难准确定义一个静态数组去存储，因为并不能确定需要多大的数组才能够满足实际需要。当然，也可以把数组的大小定义到足够大来满足实际应用需要，但该种方法效率很低，会大量浪费内存空间。所以，希望用户能够在运行时根据实际情况来改变数组的大小，并且可以在不需要时，清除数组所占的存储空间。Visual Basic 提供的动态数组正好能做到这一点，它提供了一种灵活有效的管理内存机制，能够在程序运行的任何时候改变数组的大小。

在程序的执行过程中，数组元素个数可以改变的数组，称为动态数组。动态数组在声明数组时未给出数组的大小（省略括号中的下标），当要使用它时，可随时用 ReDim 语句重新给出数组大小。

建立动态数组分为两个步骤：

1）用 Dim 声明一个括号内为空的数组（括号不能省略）。

格式如下：

```
Dim  数组名() [As 类型]
```

2）用 ReDim 语句声明数组的大小。

ReDim 语句的作用是重新给出数组的大小，它是在程序执行到 ReDim 语句时才分配存储空间。

格式如下：

```
ReDim [Preserve]  数组名(下标 1[，下标 2…]) [As 类型]
```

例如：

```
Sub Form_Click()
Dim a() As Single
    …
ReDim a(2, 3)
    …
End Sub
```

该例声明了一个动态数组 a，然后根据需要，利用 ReDim 指定了二维数组的大小为 12。其中：

1）ReDim 语句的下标可以是常量，也可以是有确定值的变量或表达式。

例如：

```
n = Val(InputBox("输入 n 的值"))
ReDim arr(n)
```

2）ReDim 语句中的类型可以省略，若不省略，必须与 Dim 中的声明语句保持一致。

例如：下面的语句是错误的。

```
Dim a() As Single
    …
ReDim a(2, 3) As Integer
```

3）ReDim 语句中的 Preserve 的作用是：在重新定义数组之后，保留原来就有的数组元素值。如果省略关键字 Preserve，则在执行 ReDim 语句时，数组中原来存放的值将全部丢失，从而使用默认值来填充（数值元素的值被置为 0，字符串元素的值被置为空字符串）。

例如：

```
Option Base 1
Private Sub Form_Click()
    Dim x() As Integer, n%, m%
    n = 4
    ReDim x(n) As Integer        '定义数组 x 具有 4 个元素
    Print "动态数组第一次声明后的值"
    For i = 1 To n               '输入 4 个元素的值，并且输出相应的元素值
      x(i) = 1
      Print x(i);
    Next i
    Print                        '换行
    Print "动态数组第二次声明后的值"
    n = 8
    ReDim x(n)                   '第二次声明数组 x 包含的元素个数
    For i = 1 To n               '输出数组 x 的值
      Print x(i);
    Next i
End Sub
```

运行结果如图 5-4 所示，由于程序中在第二次使用 ReDim 语句为动态数组 x 重新分配存储空间时，使数组 x 原来的值丢失，因此输出全为 0。

若将 ReDim x(n)改为 ReDim Preserve x(n)，则运行结果如图 5-5 所示。因为加入关键字 Preserve 后，可保留数组 x 已有的前 4 个值，所以只有扩充后的 4 个元素值为 0。

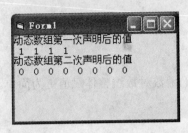

图 5-4　不带 Preserve 的 ReDim 声明运行结果　　　图 5-5　带 Preserve 的 ReDim 声明运行结果

注意：

使用 Preserve 关键字后，只能改变最后一维的大小，不能改变前几维的大小。例如，如果数组是一维的，则可以重新定义该维的大小，因为它是最后一维。对于二维或更多维，只能改变其最后一维才能同时保留数组中的内容。

例如：对下面的二维动态数组增加第二维大小，同时保留其中所含的任何数据。

```
ReDim a(2,2)
    …
ReDim Preserve a(2, 4)
```

说明：

1）静态数组是在程序编译时分配存储空间，而动态数组是在程序执行时分配存储空间。

2）Dim 变量声明语句是说明性语句，可出现在过程内或通用声明段；ReDim 语句是执行语句，只能出现在过程内。

3）在过程中可以多次使用 ReDim 来改变数组的大小，也可以改变数组的维数，但不能改变数组元素的类型。

5.4　数组的基本操作

数组名通常是整个数组的标识，对数组的操作实际上是对数组元素的操作。基本操作一般是指对数组元素所进行的引用、输入和输出，也就是如何给数组元素赋值，以及如何将数组元素的值显示在窗体上或控件上。

1. 数组的赋值

（1）给少数元素赋值

可采用赋值语句，与简单变量的使用一样。

例如：

```
Dim a(10) As Integer
a(1) = 5: a(6) = 9
```

（2）给数组中的所有元素赋值

例如：给数组 a 中的元素赋初值 1。

```
Dim a%(1 To 10), i%
For i = 1 To 10
    a(i) = 1
Next i
```

（3）利用 Array()函数对数组赋值

对于数据类型声明为 Variant 的数组，使用 Array()函数对数组整体赋值更为简单。
Array()函数的格式如下：

数组变量名=Array(数组元素值)

功能：将括号中的数据依次赋给数组中的各元素，并定义数组的大小。

说明：

1）Array()函数只适用于一维数组，其中的"数组元素值"参数是一个用逗号隔开的常量值表。

2）在利用 Array()函数对数组各元素赋值时，所声明的数组是动态数组或连圆括号都可以省略的数组，并且其类型只能是变体类型 Variant。

3）所建立的数组的元素个数不能预先指定，一定要注意下标的上、下界。在一般情况下，默认的下界为 0，也可以由 LBound()函数获得；上界由 Array()函数括号内的参数个数决定，也可以通过 UBound()函数获得。

例如：

```
Dim a()
Dim b
a = Array(2, 11, -4, 8, 6, 25)
b = Array(10, 20, 30, 40)
```

上面两个语句相当于：

```
a(0)=2: a(1)=11: a(2)=-4: a(3)=8: a(4)=6: a(5)=25
b(0)=10: b(1)=20: b(2)=30: b(3)=40
```

（4）用数组名直接赋值（数组的复制）

在 Visual Basic 中，可以将一个已赋值的数组元素复制给另一个相同数据类型的数组元素，也可以将一个已赋值的数组对应地赋值给同数据类型的另一个动态数组。

例如：

```
Option Base 1
Private Sub Form_Click()
    Dim a(), i%
    Dim b()                         '动态数组 b
    a() = Array(2, 11, -4, 8, 6, 25)    '给数组 a 赋值
    For i = 1 To UBound(a)
```

```
        Print "a("; i; ")="; a(i);                    '显示赋值后的数组 a 的值
    Next i
    b = a                                             '数组 a 赋值给数组 b
    Print                                             '换行
    For i = 1 To UBound(a)                            '显示赋值后的数组 b 的值
    Print "b("; i; ")="; b(i);
    Next i
End Sub
```

其中，b = a 语句相当于执行了以下代码：

```
ReDim b(UBound(a))
For i = 1 To UBound(a)
    b(i) = a(i)
Next i
```

运行结果如图 5-6 所示。

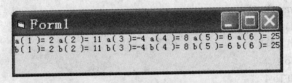

图 5-6　数组复制的运行结果

注意：

通过数组名给数组赋值的条件是：两个数组的类型相同，且赋值号左边为动态数组，右边为静态数组。

2. 数组的输入

输入数组元素值有多种方法。例如，可以使用赋值语句、文本框、InputBox()函数与 For 循环。

多维数组的输入通过多重循环来实现，一般每一重循环控制每一维的下标，但要注意下标的取值范围和位置。

例如：使用 InputBox()函数输入二维数组的元素值。

```
Dim s(2, 3) As Integer, i As Integer, j As Integer
For i = 0 To 2
    For j = 0 To 3
        s(i, j) = Val(InputBox("输入 s(" & i & "," & j & ")的值"))
    Next j
Next i
```

说明：

二维数组输入用两重循环实现。在循环体内，用循环控制变量 i 作为数组元素的第一维下标，用循环控制变量 j 作为数组元素的第二维下标。i, j 的值不同表示数组元素不同，从而在循环体内得到二维数组的所有元素。

3. 数组的输出

从上面的例题中可以看出，数组输出就是分别输出数组中的每个元素。可以利用 For 循环语句，调用 Print 方法实现将数组元素输出到窗体或图片框中，也可以使用控件输出数组元素，如使用标签、文本框等。

例如：一维数组输出。

```
Dim a As Variant
a = Array("school", "class", "student")
For i = 0 To UBound(a)
    Print a(i); " ";
Next i
```

为了使数组输出的数据层次清晰，在输出时可以采用 Tab()函数或使用其他方法控制输出格式，从而实现行定位输出和换行输出。

例如：利用二维数组输出矩阵（或方阵）。

```
Private Sub Form_Click()
    Dim a(4, 4) As Integer
    Print "输出方阵"
    For i = 0 To 4
      For j = 0 To 4
        a(i, j) = Int(Rnd * 50 + 1)
        Print Tab(j * 5); a(i, j);        '使用 Tab()函数进行行定位
      Next j
      Print                                '换行
    Next i
End Sub
```

说明：

二维数组输出用两重循环实现。用外层循环变量控制数组元素的行下标，用内层循环变量控制数组元素的列下标。在上述程序中，print 方法后使用了 Tab()函数，实现了行定位输出和换行输出。但要注意，Tab()函数的参数及分号的作用。

思考：如何输出方阵的上三角和下三角，如图 5-7 所示。

提示：

1）要显示上三角，规律是每一行的起始列与行号相同，只要控制内循环的初值即可。

2）要显示下三角，规律是每一行的列数与行号相同，只要控制内循环的终值即可。

图 5-7　上三角与下三角的显示

5.5 数组的应用举例

应用数组可以解决批量数据的处理问题，从而提高程序的编程效率。尤其是将数组与循环控制结构结合起来使用，可以实现一些复杂问题的求解，但必须要注意数组的下标与循环控制变量之间的关系。

下面通过数组编程中的一些综合应用的例子，来巩固所学的知识。

1. 分类统计

分类统计是编程中经常遇到的问题，是将一批数据按分类的条件统计每一类中包含的个数。例如，统计各个分数段的学生人数，统计不同专业的学生人数等。对于该类问题一般要根据分类的条件，使用计数器变量进行相应的计数。对于分类较多的情况，可以使用数组作为计数器。

【例5-2】 在文本框中输入一串字符，当单击"统计"按钮时，统计各英文字母出现的次数，不区分字母大小写，并在图形框中输出。程序运行界面如图5-8所示。

分析：

1）统计26个英文字母出现的个数，先声明一个具有26个元素的数组，用来存放不同英文字母出现的次数。每个元素的下标表示对应的字母，元素的值表示对应字母出现的次数。例如，第1个数组元素存放字母A出现的次数，第2个数组元素存放字母B出现的次数，…，第26个数组元素存放字母Z出现的次数。字母与数组下标的关系如图5-9所示。

图5-8 统计字母运行界面

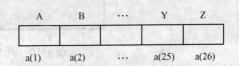

图5-9 字母与数组下标的关系

2）从输入的字符串中逐一取出字符，转换成大写字符（使得大小写不区分），进行判断。

3）将A～Z之间的大写字母用Asc()函数转换成ASCII码值，然后根据ASCII码值对相应的数组元素计数。

4）在输出统计结果时，利用循环变量及Chr()函数产生需要输出结果的字母。

程序代码如下：

```
Private Sub Command1_Click()
    Dim a(1 To 26) As Integer, c As String * 1
    le = Len(Text1)                          '求字符串的长度
    For i = 1 To le
        c = UCase(Mid(Text1, i, 1))          '取出每一个字符，转换成大写字符
```

```vb
    If c >= "A" And c <= "Z" Then
        j = Asc(c) - 65 + 1                           '将 A~Z 大写字母转换成 1~26 的下标
        a(j) = a(j) + 1                               '对应数组元素加 1
    End If
Next i
For i = 1 To 26                                       '输出字母及其出现的次数
    If a(i) > 0 Then
        Picture1.Print Chr$(i + 64); "="; a(i);       '利用 Chr 函数将循环变量加上 64 并转换成字母
        n = n + 1
        If n Mod 6 = 0 Then Picture1.Print            '每行统计 6 个字母出现的次数
    End If
Next i
End Sub
```

2. 求最大值及其位置

【例 5-3】 生成一个一维数组 15、23、72、43、96、23、3、65、88、17,编写程序求出数组中的最大值及其相应的位置序号,并输出到窗体上。

分析:

求若干个数的最大值及位置的方法,一般是先假设一个较大的数为最大值的初值,如果无法估计,则取第一个元素为最大值的初值并存入 max 变量中,将其对应的位置存入变量 imax 中,然后依次将其他的数组元素与最大值进行比较,如果该数大于最大值,则将该数替换为最大值,注意相应的位置数也要替换。

程序运行界面如图 5-10 所示。

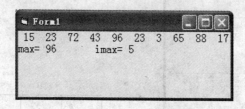

图 5-10 例 5-3 的运行界面

程序代码如下:

```vb
Option Base 1
Private Sub Form_Click()
    Dim max%, imax%
    Dim a As Variant, i As Integer
    a = Array(15, 23, 72, 43, 96, 23, 3, 65, 88, 17)
    n = UBound(a)              '获得数组的下标上界
    max = a(1)                 '假定 a(1)元素为最大值
    imax = 1
    For i = 2 To n
        If max < a(i) Then
            max = a(i)
            imax = i
```

86

```
        End If
    Next i
    For i = 1 To n
        Print a(i);
    Next i
    Print
    Print "max="; max, "imax="; imax
End Sub
```

思考：如果求数组中元素的最小值及其位置，上述程序应如何修改？

3．排序

排序是将一组数按递增或递减的次序排列。例如，对某个班的学生成绩排序、对某单位的职工工资排序等。排序的方法很多，常用的方法有选择法、冒泡法、插入法和合并法等。本章主要介绍选择法和冒泡法排序。

（1）选择法排序（升序）

已知存放在数组中的 n 个数，用选择法对 n 个数从小到大进行排序。其基本思路：

1）从 n 个数的序列中选出最小数及其位置，并将最小数与第 1 个数交换位置，这样就可以将 n 个数中的最小数放在数组中的第 1 个数位置上了。

2）除第 1 个数外，从其余 n-1 个数中选出次小的数，与第 2 个数交换位置。

3）依次类推，选择了 n-1 次后，最后构成递增序列。

由此可见，数组排序需要两重循环实现，内循环选择最小数，找到该数在数组中的有序位置，外循环控制比较的轮数（n 个数需要比较 n-1 轮）。

【例 5-4】　用选择法排序，将 8、15、6、21、9、2 按照由小到大的顺序递增排列。

分析：选择法排序进行的交换过程如图 5-11 所示。

原始数据	8	15	6	21	9	2
第1轮交换后	**2**	15	6	21	9	8
第2轮交换后	2	**6**	15	21	9	8
第3轮交换后	2	6	**8**	21	9	15
第4轮交换后	2	6	8	**9**	21	15
第5轮交换后	2	6	8	9	**15**	21

图 5-11　选择法排序过程示意图

程序代码如下：

```
Option Base 1
Private Sub Command1_Click()
    Dim a, imin%, n%, i%, j%, t%
    a = Array(8, 15, 6, 21, 9, 2)
    n = UBound(a)                    '获得数组的下标上界
    Print "排序前"
    For i = 1 To n
        Print a(i);
    Next i
```

```
        For i = 1 To n − 1                    '进行 n−1 轮比较
          imin = i                            '对第 i 轮比较时, 初始假定第 i 个元素最小
          For j = i + 1 To n                  '在数组的 i+1～n 个元素中选最小元素的下标
            If a(j) < a(imin) Then imin = j
          Next j
          t = a(i)                            '在 i+1～n 个元素中选出最小元素与第 i 个元素交换
          a(i) = a(imin)
          a(imin) = t
        Next i
        Print
        Print "排序后"
        For i = 1 To n
          Print a(i);
        Next i
      End Sub
```

（2）冒泡法排序（升序）

采用"冒泡法"对包含 n 个数据的数组按升序排列。其基本思路是：将相邻的两个数比较，使小的交换到前面。

1）从第一个元素开始，第一轮将相邻的两个数比较，把小的调到前面，即如果 a(1)>a(2)，则交换它们的值；然后比较 a(2)、a(3)，依次类推，直至比较到最后一个数为止，第一轮扫描结束。这样经 n−1 次两两相邻比较后，最大的数已"沉底"，放在最后一个位置，小数上升"浮起"。

2）第二轮对余下的 n−1 个数（最大的数已"沉底"）按上述方法比较，经 n−2 次两两相邻比较后得到次大的数，放到倒数第二个位置。

3）依次类推，n 个数共进行 n−1 轮比较，在第 i 轮中要进行 n−i 次两两比较。

由此可见，两重循环中由外循环控制轮数，内循环控制每一轮中的比较次数。

【例 5-5】 对例 5-4 的问题，用冒泡法排序来实现。

分析：冒泡法排序进行的交换过程如图 5-12 所示。

原始数据	8	15	6	21	9	2
第1轮交换后	8	6	15	9	2	**21**
第2轮交换后	6	8	9	2	**15**	21
第3轮交换后	6	8	2	**9**	15	21
第4轮交换后	6	2	**8**	9	15	21
第5轮交换后	2	**6**	8	9	15	21

图 5-12　冒泡法排序过程示意图

程序代码如下：

```
Option Base 1
Private Sub Command1_Click()
    Dim a, imin%, n%, i%, j%, t%
    a = Array(8, 15, 6, 21, 9, 2)
```

```
            n = UBound(a)                    '获得数组的下标上界
            Print "排序前"
            For i = 1 To n
                Print a(i);
            Next i
            For i = 1 To n - 1               '有 n 个数，进行 n-1 轮比较
                For j = 1 To n - i           '在每一轮中对 1～n-i 的元素两两比较，大数"沉底"
                    If a(j) > a(j + 1) Then
                        t = a(j): a(j) = a(j + 1): a(j + 1) = t    '次序不对交换
                    End If
                Next j
            Next i
            Print
            Print "排序后"
            For i = 1 To n
                Print a(i);
            Next i
        End Sub
```

4．矩阵问题

数学中矩阵的各个元素要用行、列的位置来标识，类似这种数据结构，可以使用二维数组直观地表示矩阵中的每一个元素。例如，用二维数组 A 表示矩阵，第一个下标表示矩阵中数据的行号，第二个下标表示列号，因此，矩阵中的第 i 行第 j 列元素表示为 A(i,j)。

【例 5-6】 已知两个 4×4 的矩阵 A 和 B（利用随机数生成两个矩阵，A 为 10～30 范围，B 为 30～50 范围），求将两个矩阵相加放入 C 矩阵，并将 A 矩阵转置。

程序代码如下：

```
        Option Base 1
        Private Sub Form_Click()
            Dim a%(4, 4), b%(4, 4), c%(4, 4)
            Print "输出矩阵 A"
            For i = 1 To 4                    '控制行数
                For j = 1 To 4               '控制列数
                    a(i, j) = Int(Rnd * 21 + 10)    '利用随机数生成 A 矩阵，并输出
                    Print a(i, j);
                Next j
                Print
            Next i
            Print
            Print "输出矩阵 B"
            For i = 1 To 4
                For j = 1 To 4
                    b(i, j) = Int(Rnd * 21 + 30)     '利用随机数生成 B 矩阵，并输出
                    Print b(i, j);
                Next j
                Print
```

89

```
        Next i
        Print
        Print "输出矩阵 C"
        For i = 1 To 4                      '将 A，B 相加放入 C 中，并输出矩阵 C
          For j = 1 To 4
            c(i, j) = a(i, j) + b(i, j)
            Print c(i, j);
          Next j
          Print
        Next i
        Print
        For i = 1 To 4                      '将 A 转置
          For j = 1 To i
            t = a(i, j)                     '将 A 的行、列互换
            a(i, j) = a(j, i)
            a(j, i) = t
          Next j
        Next i
        Print "输出 A 的转置矩阵"
        For i = 1 To 4
          For j = 1 To 4
            Print a(i, j);
          Next j
          Print
        Next i
    End Sub
```

说明：

关于矩阵转置的问题，如果不是方阵，则要定义另一个数组。设 A 是 m×n 的矩阵，要重新定义一个 n×m 的二维数组 B，将 A 转置得到 B，其程序代码如下：

```
    For i = 1 To m                         '将 A 转置
      For j = 1 To n
        d(j, i) = a(i, j)                  '将 A 的行、列互换
      Next j
    Next i
```

5. 插入数据

把一个数插到一组有序数列中，插入后数列仍然有序。

设要在一个具有 n 个升序排列元素的一维数组中插入一个新的元素 x，使原数组仍然是有序的。在数组中插入元素的基本思路如下：

1）找位置：输入欲插入的数据项 x；从第 1 个元素开始逐个与 x 比较，确定欲插入数据 x 在数组中的位置 k。

2）移位：从数组的最后一个元素开始到下标 k 依次往后移，空出 k 位置。

3）插入：将 x 放入位置 k 处，完成插入操作。

【例 5-7】 在有序数组 a 中插入数值 x（x 通过文本框输入，假设值为 16），其插入过程如图 5-13 所示。

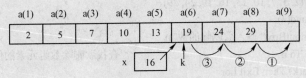

图 5-13　插入元素示意图

```
Option Base 1
Private Sub Command1_Click()
    Dim a, i%, k%, x%, n%
    a = Array(2, 5, 7, 10, 13, 19, 24, 29)
    n = UBound(a)
    x = Val(Text1.Text)                    '输入欲插入的数据
    For k = 1 To n                         '查找欲插入的数在数组中的位置
        If x < a(k) Then Exit For
    Next k
    ReDim Preserve a(n + 1)                '数组增加一个元素
    For i = n To k Step -1                 '数组元素后移一位，空出位置
        a(i + 1) = a(i)
    Next i
    a(k) = x                               '数 x 插入到对应的位置，使数组保持有序
    For i = 1 To n + 1                     '显示插入后的数组元素
        Print a(i);
    Next i
End Sub
```

为了提高程序的执行效率，可以改进数据插入的算法，其思路为从后比较、大数后移，即找位置与移位同时实现。将欲插入数据 x 从最后一个元素开始逐个向前比较，如果 x 小于数组中的元素，则将该元素后移一位，直到找到欲插入位置，将数据 x 插入数组。

思考：根据此算法思路应该如何编写程序代码。

6．删除数据

在数组中删除元素的基本思路：首先找到欲删除元素的位置 k；然后从 k+1 到 n 个位置开始向前移动，覆盖要删除的数据；最后将数组元素个数减 1，完成删除操作。

【例 5-8】 删除数组 a 中与 x 变量（假设值为 10）相同的数组元素，其删除过程如图 5-14 所示。

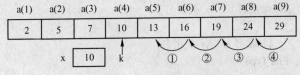

图 5-14　删除元素示意图

程序代码如下：

Option Base 1

```
Private Sub Form_Click()
    Dim a, i%, k%, x%, n%
    a = Array(2, 5, 7, 10, 13, 16, 19, 24, 29)
    n = UBound(a)
    x = Val(InputBox("输入欲删除的数"))
    For k = 1 To n                           '查找欲删除数组元素的位置
        If x = a(k) Then Exit For
    Next k
    If k > n Then
    MsgBox "没有找到此数据"
    Exit Sub                                 '退出窗体事件过程
    End If
    For i = k + 1 To n                       '将 x 后的数据元素逐一向前移动
        a(i - 1) = a(i)
    Next i
    n = n - 1                                '数组元素个数减 1
    ReDim Preserve a(n)
    For i = 1 To n                           '显示删除后的数组元素
        Print a(i);
    Next i
End Sub
```

5.6 用户自定义数据类型

在 Visual Basic 中，使用系统提供的标准数据类型定义变量，可以存放相互独立的数据，而使用数组可以存放一组性质相同的数据，即数组是相同数据类型变量的集合。在实际应用中，有时需要存放一组不同类型变量的数据。例如，要表示学生的一些基本信息，如学生的学号、姓名、性别、出生日期、某门课程的成绩等数据项，由于每项信息的意义不同，数据类型也不同，但还要同时作为一个整体来描述和处理，对于该类问题可以使用 Visual Basic 提供的用户自定义数据类型来解决。自定义类型一般和数组结合使用，可以简化程序的编写。

5.6.1 自定义类型的定义

自定义类型可以包含一个或多个任意数据类型的元素。通常，使用 Type 关键字来定义自定义数据类型。要定义自定义数据类型，必须在模块的声明段中进行。形式如下：

```
[Public|Private] Type 自定义类型名
            元素名 1   As 类型名
            …
            [元素名 n   As 类型名]
        End Type
```

其中：

1）Public 和 Private 说明该种类型的使用范围。自定义类型一般在标准模块（.BAS）中定义，使用 Public 关键字定义的类型可在程序的所有模块中使用，若省略，系统默认为 Public。

使用 Private 关键字定义的类型只能在本模块中使用，若在窗体模块的通用声明中定义类型则必须使用关键字 Private。注意，自定义类型不能在过程内定义。

2）自定义类型名：表示用户将要定义的数据类型名，其命名规则与变量的命名规则相同。

3）元素名：表示自定义数据类型的一个成员，可以是一个简单变量，也可以是一个数组。其命名规则与变量命名规则相同。

4）类型名：可以是任何基本数据类型，也可以是已定义的其他自定义类型。如果是字符串，则必须使用定长字符串。如果是变体类型，则必须使用"As Variant"显式定义。

例如：以下定义了一个有关学生信息的自定义类型：

```
Type StudType                    'StudType 为自定义类型名
    sno As String * 6            '学号
    sname As String * 10         '姓名
    sex As String * 1            '性别
    mark(1 To 3) As Single       '3 门课程成绩，用数组存放各门课程成绩
    total As Single              '总分
End Type
```

5.6.2　自定义类型变量的声明和使用

1．自定义类型变量的声明

在定义了自定义数据类型以后，即可使用与基本数据类型一样的语法格式来声明自定义类型的变量。形式如下：

Dim 变量名 As 自定义类型名

例如：

Dim student1 As StudType, student2 As StudType

声明了两个 StudType 类型的变量。当输入完关键字 as 后输入数据类型时，便可以在"成员列表"下拉列表框中选择 StudType，如图 5-15 所示。

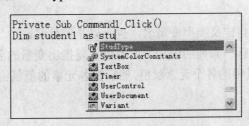

图 5-15　使用自定义类型声明变量

例如：

Dim score(1 To 30) As StudType

声明了一个具有 StudType 类型的数组，用来保存 30 个学生的信息。其中，每一个学生的信息都是 StudType 类型。

注意：

不要混淆自定义类型名和该类型的变量名，前者表示了 Integer、String 等基本数据类型名，而后者是根据变量的类型分配所需的内存空间，用于存储各个数据元素。

2. 自定义类型变量的引用

在声明自定义类型变量以后，可以引用自定义类型变量中的某个元素，形式如下（类似于访问对象的属性）：

　　　　自定义类型变量名.元素名

例如，要表示 student1 变量中的姓名以及第 2 门课程的成绩，则代码如下：

　　　　student1.sname，student1.mark (2)

例如，要表示一维数组 score 中的某个数组元素，则代码如下：

　　　　score(1) .sname，score(1) .sex 或 score(2) .sname，score(2) .sex

3. 为自定义类型变量赋值

为自定义类型变量赋值有两种方法：

（1）逐一给各个元素赋值

　　　　自定义类型变量名.元素名=表达式

例如，对 student1 变量中的姓名以及第 2 门课程的成绩赋值：

```
student1.sname = "李明"
student1.mark(2) = 85
```

（2）With 语句

为了简化自定义类型变量中逐一元素赋值的表示，可以利用 With 语句。形式如下：

```
With 变量名
    语句块
End With
```

其中，变量名一般为自定义类型变量名，也可以是控件名。

作用：对某个变量执行一系列的语句，而不用重复指出变量的名称。

例如，对 student1 变量中的各个元素赋值，然后把各元素的值赋给同类型的 student2 变量，代码如下：

```
With student1

    .sno = "950107"
    .sname = "王林"
    .sex = "男"
    For i = 1 To 3
        .mark(i) = Int(Rnd * 101)
    Next i
    .total = 0
```

```
End With
    student2 = student1    '相同类型的变量直接赋值
```

通过以上代码可以看出：

1）在 With 变量名和 End With 之间，可以省略变量名，仅用点"."和元素名表示，这样即省略了同一变量名的重复书写。

2）可以对相同的自定义类型变量直接赋值，其相当于将一个变量中各元素的值对应的赋值给另一个变量中的元素。

5.6.3 自定义类型数组及应用

【例 5-9】 利用自定义类型数组，编写一个类似数据管理（输入、显示、查询）的程序。要求具有如下功能：

1）单击"输入"按钮，输入一个学生的学号、姓名、性别、3 科成绩。

2）单击"显示"按钮，显示已输入学生的全部信息，并计算学生 3 门课程的总分。

3）单击"查找"按钮，根据学生的学号查找某个学生的总分成绩。

根据要求，窗体界面设计如图 5-16 所示。即添加 6 个标签、6 个对应的文本框来输入学生的信息；添加两个图片框来显示学生的相关信息；添加三个按钮来执行相应的事件。

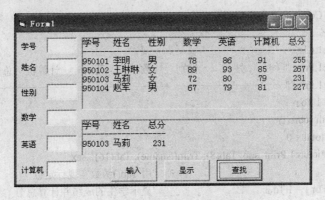

图 5-16 例 5-9 的运行界面

在标准模块中定义自定义类型（用来描述学生的相关信息）：

```
Type StudType                    'StudType 为自定义类型名
    sno As String * 6            '学号
    sname As String * 10         '姓名
    sex As String * 1            '性别
    mark(1 To 3) As Single       '3 门课程成绩，用数组存放各门课程成绩
    total As Single              '总分
End Type
```

在窗体模块的通用声明段中声明该类型的数组（用来存放多个学生的信息）和变量 n：

```
Dim score(1 To 30) As StudType           '假设输入某班 30 个学生的基本信息
Dim n%                                   '存放当前已输入的学生人数
```

程序代码如下：

```
Private Sub Command1_Click()                '输入学生的各项信息
    If n > 30 Then                          '最多可接受 30 个学生
        MsgBox ("输入人数超过数组声明的个数")
    Else
        n = n + 1                           '用来统计人数
        With score(n)                       '使用 With 语句实现元素赋值
            .sno = Text1
            .sname = Text2
            .sex = Text3
            .mark(1) = Val(Text4)
            .mark(2) = Val(Text5)
            .mark(3) = Val(Text6)
        End With
        Text1 = "": Text2 = "": Text3 = ""  '清空文本框
        Text4 = "": Text5 = "": Text6 = ""
    End If
    Picture1.Print n
End Sub
Private Sub Command2_Click()                '显示已输入学生的各项信息
    Dim i%
    Picture1.Cls
    Picture1.Print "学号    姓名    性别    数学    英语    计算机    总分"
    Picture1.Print "——————————————————————————————————————————————————————"
    For i = 1 To n
        With score(i)
            .total = 0
            Picture1.Print .sno; Tab(8); Trim(.sname); Tab(16); .sex;
                                            '用 Tab()函数实现行定位
            For j = 1 To 3                  '显示学生的成绩并计算总分
                Picture1.Print Tab(24 + (j - 1) * 8); .mark(j);
                .total = .total + .mark(j)
            Next j
            Picture1.Print Tab(24 + (j - 1) * 8); .total
        End With
    Next i
End Sub
Private Sub Command3_Click()                '查询某个学生的总分
    Dim number As String, i%
    Picture2.Cls
    number = InputBox("请输入欲查询的学号")
    Picture2.Print "学号    姓名    总分"
    Picture2.Print "————————————————————"
    For i = 1 To n
        If Trim(score(i).sno) = Trim(number) Then
            Picture2.Print score(i).sno; Tab(8); Trim(score(i).sname); Tab(16); score(i).total
```

```
            End If
        Next i
    End Sub
```

5.7 本章小结

本章介绍了数组、用户自定义数据类型的基本概念和使用。在程序设计中，数组用来处理具有相同类型并具有内在联系的一批数据。数组可分为一维数组和多维数组，数组的大小可以是固定的，也可以是动态变化的。用户自定义类型用于处理不同性质、不同类型的数据。在引入数组、自定义类型后，可以解决批量数据的处理问题，从而更加方便、灵活地组织和使用数据，特别是将数组与循环结构结合在一起，可以编写出功能强大的程序。

习题 5

1．在 Visual Basic 中，数组的下界默认为 0，用什么语句可以重新定义数组的默认下界？
2．LBound()函数和 UBound()函数的作用？
3．静态数组和动态数组的区别是什么？在声明静态数组、重定义动态数组时，下标都可以用变量来表示吗？
4．简述建立动态数组的步骤。
5．在 ReDim 语句中加入 Preserve 关键字，对重定义数组有何作用及限制？
6．简述自定义类型和自定义变量的区别。
7．自定义类型和数组有哪些异同点？

第6章 过　　程

学习目标

1. 掌握 Visual Basic 函数过程和子过程的定义和调用方法。
2. 掌握按值传递和按地址传递的参数传递方法。
3. 掌握过程的嵌套和递归调用。
4. 理解过程和变量的作用域，以及变量生存期的概念。

Visual Basic 采用的是事件驱动的工作方式，其每一个窗体和控件都有一个预定义的事件集，如果某事件发生且在相关的事件过程中存在代码，则 Visual Basic 执行该代码，从而实现相应的功能。

但是，如果把功能都集中在事件过程中实现，则会导致过程过于冗长，且不便阅读和调试。另外，若在多个事件过程中需要实现相同或相似的功能，则会造成相同或相似代码的重复编写。在实际应用中，经常将实现某个特定功能的代码段或重复次数较多的代码段独立出来作为通用过程单独编写，在使用该代码段的位置使用语句调用通用过程并指定参数来实现相应的功能。过程可以使程序结构更加清晰，更便于阅读和调试，并减少了代码的重复编写。

在 Visual Basic 中，通用过程被分为两种类型：子过程（又称 Sub 过程）和函数过程（又称 Function 过程）。

6.1　函数过程的定义和调用

前面已经介绍过，Visual Basic 提供了丰富的内部函数，用户在编程时不需要定义，就可以直接调用。但是，当用户所要处理的某个函数关系没有现成的内部函数可以使用时，Visual Basic 支持用户自己定义 Function 过程来实现相应的函数功能。

6.1.1　引例

【例 6-1】 编写一个程序，根据三角形的 3 条边的长度，求三角形的面积，程序运行界面如图 6-1 所示。

分析：

根据三角形 3 条边的长度计算三角形的面积，可以使用如下的公式：

$$S=\sqrt{c(c-x)(c-y)(c-z)}\ ,\ c=\frac{1}{2}(x+y+z)$$

其中，x、y、z 代表三角形的 3 条边长，c 是三角形周长的一半。

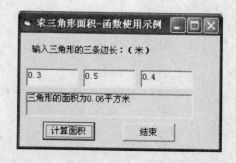

图 6-1　例 6-1 的程序运行界面图

该程序在运行时根据输入的边长求三角形的面积。用户还可以自己定义一个计算三角形面积的函数过程，这样，在程序中就可以像调用内部函数一样来调用自定义的函数过程了。

（1）界面设计

控件及相关属性设置如表 6-1 所示。

表 6-1　控件及相关属性设置

控件名称	属性设置	作用
Form1	Caption="求三角形面积-函数使用示例"	用于显示程序功能
Label1	Caption="输入三角形的三条边长：（米）"	用于显示提示信息
Text1	Text=""	用于输入三角形的三条边长
Text2	Text=""	
Text3	Text=""	
Label2	Caption=""，BorderStyle=1	用于输出运行结果
Command1	Caption="计算面积"	用于实现求三角形面积的功能
Command2	Caption="结束"	用于实现退出程序的功能

（2）编写程序

程序代码如下：

```
'在事件过程中输入数据，然后调用函数过程 Area 计算三角形的面积，最后显示三角形面积
Private Sub Command1_Click()
    Dim a As Single, b As Single, c As Single
    a = Val(Text1.Text)
    b = Val(Text2.Text)
    c = Val(Text3.Text)
    Label2.Caption = "三角形的面积为" & Format(Area(a, b, c), "0.###") & "平方米"
End Sub
'定义计算三角形面积的函数过程 Area，x 、y 、z 是形式参数，代表三角形 3 条边的边长
Private Function Area(x As Single, y As Single, z As Single) As Single
    Dim n As Single
    n = (x + y + z) / 2
    Area = Sqr(n * (n - x) * (n - y) * (n - z))
End Function
'退出程序
Private Sub Command2_Click()
    End
End Sub
```

从例 6-1 可以看出，如果需要对数据进行某种处理并返回一个计算结果，可以自定义一个函数过程，供其他过程调用。

6.1.2　函数过程的定义

定义函数过程有两种方法。

1．利用"工具"菜单中的"添加过程"命令

具体步骤如下：

1）在 Visual Basic 的设计工作模式下，激活代码窗口。

2）在"工具"菜单中选择"添加过程"命令，系统会弹出如图 6-2 所示的"添加过程"对话框。

3）在"名称"文本框中输入函数过程的名称。

4）在"类型"选项组中选择"函数"单选按钮。

5）在"范围"选项组中选择"公有的"或"私有的"单选按钮。

6）若需在调用期间保留函数过程中局部变量的值，则选中"所有本地变量为静态变量"复选框。

7）输入函数过程名并完成以上所有选择，然后单击"确定"按钮。

例如，若在对话框中给函数过程输入名称"MyFunction"，在"类型"选项组中选择"函数"单选按钮，在"范围"选项组中选择"公有的"单选按钮，则单击"确定"按钮后，在代码窗口中将出现函数过程的结构语句，如图 6-3 所示。接下来，用户只需在两行结构语句之间编写函数过程体所包含的语句即可。

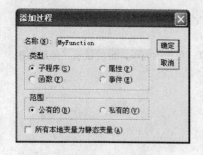

图 6-2 "添加过程"对话框

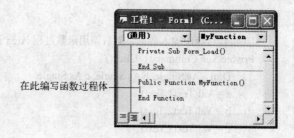

图 6-3 函数过程的结构语句

2．在代码窗口中直接定义

打开代码窗口，把光标移到现存所有过程之外，即可直接输入函数过程定义所对应的结构语句。

定义函数过程的语法格式如下：

[Static][Public|Private] Function <函数过程名>（[<参数列表>]）[As <类型>]
　常数和局部变量定义 ⎫
　语句块　　　　　　　⎬ 函数过程体
　函数名=返回值　　　⎭
　End Function

其中：

1）Static：可选项。表示在调用期间保留函数过程中局部变量的值。其含义将在 6.5.4 节详细介绍。

2）Public 和 Private：可选项，任选其一。其含义将在 6.5.3 节详细介绍。

3）<函数过程名>：函数过程名与变量的命名规则相同，注意不能与同一级别的变量重名。

4）<参数列表>：可选项。根据函数需要而定，包含调用函数需提供的参数，当有多个参数时，在各个参数之间用逗号分隔。每个参数的形式如下：

[ByVal|ByRef]<变量名>[()][As <类型>][, [ByVal|ByRef]<变量名>[()][As <类型>]…]

参数列表中的参数可以是变量或数组，若是数组，则其后必须加一对空括号。其中，As <类型>表示参数的类型。该选项也可以使用<类型说明符号>代替；[ByVal|ByRef]用来说明参数的传递方式，其含义将在 6.3 节详细介绍。

5）As<类型>：可选项，表示函数返回值的类型，若省略，则默认为变体类型。该选项也可以使用<类型说明符>代替，但是<类型说明符>要直接写在函数过程名的后面。

6）在函数体内，至少要对函数名赋值一次。即：

函数名=表达式

7）Exit Function：表示退出函数过程。

6.1.3 函数过程的调用

Function 过程的调用形式与 Visual Basic 提供的内部函数的调用形式相同，由于函数过程名返回一个值，故函数过程不能作为单独的语句进行调用，而必须作为表达式中的一部分，再配以其他的语法成分构成语句。

形式如下：

<函数过程名>([<实参列表>])

其中，<实参列表>是传递给过程的变量或表达式。它必须与形参保持个数相同，且位置与类型一一对应。实参可以是同类型的常数、变量、数组元素、表达式。

图 6-4　例 6-2 的程序运行界面

【例 6-2】 编写用于实现计算两个整数的最大公约数的函数过程，程序运行界面如图 6-4 所示。

（1）界面设计
控件及相关属性设置如表 6-2 所示。

表 6-2　控件及相关属性设置

控件名称	属 性 设 置	作 用
Form1	Caption="求最大公约数-函数使用示例"	用于显示程序功能
Label1	Caption="输入 a: "	用于显示提示信息
Label2	Caption="输入 b: "	用于显示提示信息
Text1	Text=""	用于输入 a
Text2	Text=""	用于输入 b
List1	Text=""	用于输出运行结果
Command1	Caption="求最大公约数"	用于实现求最大公约数的功能

（2）编写程序
程序代码如下：

'定义函数过程，计算两个整数的最大公约数

```
Public Function gcd(ByVal m As Integer, ByVal n As Integer) As Integer
        If m < n Then
            t = m
            m = n
            n = t
        End If
        '以下循环用辗转相除法计算 m 和 n 的最大公约数
        r = m Mod n
        Do While (r <> 0)
            m = n
            n = r
            r = m Mod n
        Loop
        gcd = n    '给函数名赋值，作为函数返回值
End Function
'在事件过程中输入数据，然后调用函数过程求最大公约数，最后输出计算结果
Private Sub Command1_Click()
        Dim a As Integer, b As Integer, c As Integer
        a = Val(Text1.Text)        '输入数据
        b = Val(Text2.Text)        '输入数据
        c = gcd(a, b)              '调用函数计算最大公约数
        List1.AddItem a & Space(3) & b & Space(3) & c    '输出结果
        Text1.Text = ""           '清空文本框
        Text2.Text = ""           '清空文本框
End Sub
'在窗体的加载事件过程中添加列表框中加入输出数据的列标题
Private Sub Form_Load()
        List1.AddItem "a" & Space(3) & "b" & Space(3) & "最大公约数"
End Sub
```

6.2 子过程的定义和调用

函数过程虽然给编程带来了很多方便，但它也有缺陷。若编写过程不是为了获得某个返回值，而是为了某种功能的处理，例如，使用过程打印一个图形；或者需要过程返回多个值，例如，对一组数的排序、求一组数的最大和最小值等，在这些情况下，则需要使用子过程。子过程比函数过程更加灵活。

6.2.1 引例

【例 6-3】 编写程序，产生 10 个 0~100 之间的随机整数，打印随机数并根据随机数的大小打印一行星号"★"。一个"★"表示数字里包含 1 个 10。例如：若产生的随机数为 54，则打印 5 个"★"。程序的运行界面如图 6-5 所示。

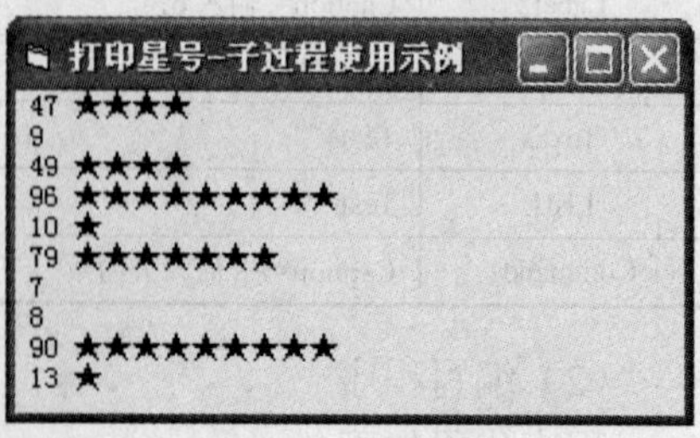

图 6-5 例 6-3 的程序运行界面

程序代码如下：

```
'定义子过程计算应打印星号的个数，并打印数字与星号
Public Sub MyPrint(m As Integer)
    Dim i As Integer
    i = m \ 10                      '计算应打印的星号个数
    Print m; String(i, "★")         '打印一行星号
 End Sub
'事件过程产生随机数，然后调用子过程打印星号
Private Sub Form_Click()
    Dim n As Integer, i As Integer
    Randomize
    For i = 1 To 10
        n = Int(Rnd * 101)          '产生随机数
        Call MyPrint(n)             '调用子过程
    Next i
End Sub
```

从例 6-3 可以看出，自定义一个子过程可以实现某种特定功能，以供其他过程调用。

6.2.2 子过程的定义

定义子过程也有两种方法。

1．利用"工具菜单"中的"添加过程"命令

除了在"添加过程"对话框的"类型"选项组中选择"子过程"之外，与添加函数过程的操作基本相同。

2．在代码窗口中直接定义

定义子过程的语法格式如下：

```
[Static][Public][Private]Sub <子过程名>[(<参数列表>)]
局部变量或常数定义
语句块
[Exit Sub]
End Sub
```

说明：

1）格式中的大部分选项与函数过程相同。若没有参数列表，括号应省略不写。

2）Exit Sub 表示退出子过程。

6.2.3 子过程的调用

子过程的调用是通过一条独立的调用语句来实现的，子过程的调用语句有两种语法形式。

格式 1：

```
Call <子过程名>[(<实参列表>)]
```

格式 2：

> <子过程名>[(<实参列表>)]

说明：

1）用 Call 关键字时，若有实参，则实参必须加括号；若无实参，圆括号可以省略。

2）无 Call 关键字时，圆括号可以有，也可以省略。

3）若实参要获得子过程的返回值，则实参只能是变量，不能是常量、表达式，也不能是控件名。

【例 6-4】 编写一个子过程，将字符串 s1 中出现的子字符串 s2 删除，结果仍保存在 s1 中。例如 s1="123abc1234defg123ABC"，s2="23"，删除后的结果为 s1="1abc14defg1ABC"。程序的运行界面如图 6-6 所示。

（1）界面设计

控件及相关属性设置如表 6-3 所示。

图 6-6　例 6-4 的程序运行界面

表 6-3　控件及相关属性设置

控件名称	属性设置	作用
Form1	Caption="子程序使用示例"	用于显示程序功能
Label1	Caption="删除子串前："	用于显示提示信息
Label2	Caption="要删除的子串："	用于显示提示信息
Label3	Caption="删除子串后："	用于显示提示信息
Text1	Text=""	用于输入字符串
Text2	Text=""	用于输入要删除的子串
Text3	Text=""	用于输出删除子串后的字符串
Command1	Caption="删除子串"	用于实现删除子串的功能

（2）编写程序

程序代码如下：

```
'在事件过程中输入数据，并调用自定义子过程删除子串
Private Sub Command1_Click()
    Dim MyStr As String, SubStr As String
    MyStr = Text1.Text
    SubStr = Text2.Text
    Call delestr(MyStr, SubStr)      '调用 delestr 子过程
    Text3.Text = MyStr
End Sub
'定义子过程 delestr 删除子串
Private Sub delestr(s1 As String, s2 As String)
    Dim i As Integer
    i = InStr(s1, s2)                '在 s1 串中找到第一个 s2 子串的位置
    ls2 = Len(s2)
    Do While i > 0
```

104

```
            ls1 = Len(s1)
            s1 = Left(s1, i - 1) + Mid(s1, i + ls2)        '在 s1 串中删除一个 s2 子串
            i = InStr(s1, s2)                              '在 s1 串中找到下一个 s2 子串的位置
        Loop
    End Sub
```

6.2.4　函数过程与子过程的区别

把某功能定义为函数过程还是子过程，没有严格的规定，只要是能用函数过程定义的，肯定能用子过程定义，反之不一定。当过程有一个返回值时，使用函数过程较直观；当过程有多个返回值时，一般使用子过程。

函数过程有返回值，过程名也有类型，并且，在函数过程体内必须对函数过程名赋值。若子过程名没有值，过程名也就没有类型，不能在子过程体内对子过程名赋值。

【例 6-5】　分别编写函数过程与子过程，计算级数的部分和。公式如下：

$$S = 1 + x + x^2/2! + \cdots + x^n/n! + \cdots, \quad |x^n/n!| < exp$$

其中，exp 为精度要求。程序的运行界面如图 6-7 所示。

图 6-7　例 6-5 的程序运行界面

（1）界面设计

控件及相关属性设置如表 6-4 所示。

表 6-4　控件及相关属性设置

控件名称	属性设置	作　用
Form1	Caption="利用两种过程求部分级数的和"	用于显示程序功能
Label1	Caption="请输入精度要求 exp: "	用于显示提示信息
Label2	Caption="f1="	用于显示提示信息
Label3	Caption="f2="	用于显示提示信息
Label4	Caption="x="	用于显示提示信息
Label5	Caption="n="	用于显示提示信息
Text1	Text=""	用于输入精度要求
Text2	Text=""	用于输出函数过程的计算结果
Text3	Text=""	用于输入子过程的计算结果
Text4	Text=""	用于输入 x
Text5	Text=""	用于输入 n
Command1	Caption=" 用函数过程计算"	用于实现用函数过程计算级数的功能
Command2	Caption="用子过程计算"	用于实现用子过程计算级数的功能

（2）编写程序

程序代码如下：

```
Private Sub Command1_Click()        '调用函数过程求部分级数和
    Dim f1 As Double
    f1 = jishu1(Text2.Text, Text1.Text)
    Text3.Text = f1
End Sub
Private Sub Command2_Click()        '调用子过程求部分级数和
    Dim f2 As Double, n As Integer
    Call jishu2(f2, Text2.Text, Text1.Text, n)
    Text4.Text = f2
    Text5.Text = n
End Sub
Function jishu1(x As Single, exp As Double) As Double     '调用函数过程求部分级数和
    Dim n As Integer, t As Double, s As Double
    n = 1
    s = 0
    t = 1
    Do While (Abs(t) >= exp)
        s = s + t
        t = t * x / n
        n = n + 1
    Loop
    jishu1 = s
End Function
Sub jishu2(s As Double, x As Single, exp As Double, n As Integer)     '调用子过程求部分级数和
    Dim t As Double
    n = 1
    s = 0
    t = 1
    Do While (Abs(t) >= exp)
        s = s + t
        t = t * x / n
        n = n + 1
    Loop
End Sub
```

6.3 参数传递

参数是调用程序与被调用程序之间的接口。在 Visual Basic 中，函数过程和子过程定义的参数称为形式参数（简称形参），在调用函数过程或子过程时，在过程名后的括号中提供的参数称为实际参数（简称实参）。在调用一个过程时，必须把实参传递给形参，完成形参与实参的结合，然后执行被调用的过程。在 Visual Basic 中，形参和实参的结合有两种方式：按值传

递（简称传值）和按地址传递（简称传址，又称为引用）。其中，传址是默认的参数传递方式。在过程定义中，若某个形参前有"ByVal"关键字，则为值传递；若某个形参前加有"ByRef"关键字或没有"ByVal"和"ByRef"关键字，则为地址传递。例如：

```
Private Sub MySub(ByVal a%, b%, ByRef c%)
    …
End Sub
```

其中，形参 a 是按值传递，b、c 是按地址传递。

6.3.1　按值传递

按值传递是指将实参的值传递给形参。在过程被调用时，系统会给形参分配临时存储单元，然后将实参的值复制到临时单元中，完成实参与形参的结合，即实参和形参使用不同的存储单元，当过程调用结束时，这些形参所占用的存储单元被释放，因此，被调用过程对形参的操作不会影响到实参。按值传递只能实现数据从调用过程到被调用过程数据的单向传递。

【例 6-6】　按值传递示例程序。

程序代码如下：

```
Private Sub MySub1(ByVal a%, ByVal b%)
    a = a + 10: b = b + 20
End Sub
Private Sub Form_Click()
    Dim m%, n%
    m = 5: n = 10
    Print "调用前", m, n
    Call MySub1(m, n)
    Print "调用后", m, n
End Sub
```

在程序运行时单击窗体，结果如图 6-8 所示。

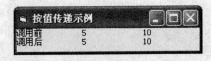

图 6-8　按值传递示例的程序运行结果

运行结果表明：在按值传递方式中，被调用过程对形参 a 和 b 的操作不会影响到实参 m 和 n。

在实际应用中，若不希望过程修改实参的值，则应选用按值传递，这样可以增加程序的可靠性且便于调试，减少各过程间的关联。

6.3.2　按地址传递

按地址传递是指将实参的地址传递给形参。在过程被调用时，系统会将实参的地址传递给形参作为地址，完成实参与形参的结合，即实参和形参共用相同的存储单元。若被调用过程对形参的任何操作都变成了对实参的操作，实参的值就会被调用过程对形参的改变而改变。按地址传递可以实现调用过程和子过程之间数据的双向传递，但按地址传递要求实参必须是变量名或数组。

【例6-7】 按地址传递示例程序。

程序代码如下：

```
Private Sub MySub2(ByRef a%, ByRef b%)
    a = a + 10: b = b + 20
End Sub
Private Sub Form_Click()
    Dim m%, n%
    m = 5: n = 10
    Print "调用前", m, n
    Call MySub2(m, n)
    Print "调用后", m, n
End Sub
```

在程序运行时单击窗体，结果如图6-9所示。

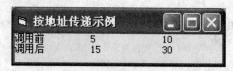

图6-9 按地址传递示例的程序运行结果

运行结果表明：在按地址传递方式中，实参 m、n 的值随被调用过程对形参 a、b 值的改变而改变。

在实际应用中，若需要将过程中的结果返回给主程序，则形参必须是传址方式，并且实参与形参必须是同类型的变量，不能是常量或表达式。

需要注意的是：当实参是常量或表达式时，不论过程定义中形参的传递方式是定义成按值传递还是按地址传递，都只能采用按值传递方式。例如：

```
'子过程代码：
Private Sub MySub(a%, b%)
    ...
End Sub
'调用过程代码：
Private Sub Form_Click()
    ...
    Call MySub(10, 20)      '第1次调用
    m%=5:n%=15
    Call MySub(m,n)         '第2次调用
    ...
End Sub
```

过程定义形参 a 和 b 都是按地址传递，但是在第 1 次调用子过程时，实参 10 和 20 是常

量，只能按值传递，即实参 10 将值传递给形参 a，实参 20 将值传递给形参 b。

而在第 2 次调用子过程时，实参 m 和 n 是变量，根据子过程定义的按地址传递方式，实参 m 和形参 a 共用一个存储单元，实参 n 和形参 b 共用一个存储单元。

6.3.3 数组参数的传递

在函数过程和子过程的定义中，可以使用数组作为形式参数。当数组做参数时，要在数组名后带上一对空括号"（ ）"。并且，数组做参数只能采用按地址传递方式。

【例 6-8】 编写一函数过程，求任意一数组中各元素的积。

程序代码如下：

```
'在事件过程中产生随机数数组，调用函数过程求数组中各元素的乘积，并输出结果
Private Sub Form_Click()
        Dim a(1 To 5) As Integer, t As Double, i As Integer
        Randomize
        For i = 1 To 5
                a(i) = Int(Rnd() * 10 + 1)
        Next i
        For i = 1 To 5
                t = Mul(a())
        Next i
        Print "t="; t
End Sub
'函数过程，计算数组各元素的乘积
Public Function Mul(m () As Integer) As Double
        Dim n As Double, i As Integer
        n = 1
        For i = LBound(m) To UBound(m)
                n = n *m (i)
        Next i
        Mul = n
End Function
```

程序的运行结果如图 6-10 所示。

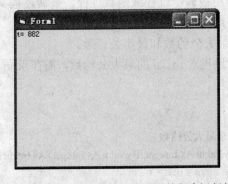

图 6-10 例 6-8 数组参数传递示例的程序运行结果

说明：

1）数组做参数，在形参列表中数组不指明维数和上、下界，但括号不能省略。如本例中的 m（）。

2）对应的实参，也不指明维数和上、下界，但括号可以省略。如本例中的 t = Mul(a())也可以写作 t = Mul(a)。

3）在过程中用 LBound 和 UBound 函数获得数组的上界和下界。如本例中的 LBound(m)和 UBound(m)。

4）数组做参数只能采用按地址传递方式。如本例中在过程调用时，系统会将实参数组 a的起始地址传递给形参数组 m，使形参数组 m 和实参数组 a 具有相同的起始地址，其对应的各元素共享同一个存储单元，当在过程中改变形参数组元素的值时，也就改变了实参数组中对应元素的值。假设事件过程中随机产生的数组元素分别为 7、10、8、6、10，则在调用过程后，在形参数组改变前、后，形参数组和实参数组的存储情况如图 6-11 所示。

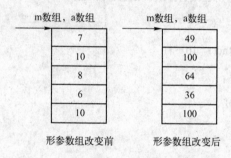

图 6-11 形参数组改变前、后，形参数组和实参数组的存储情况

6.4 过程的嵌套和递归

6.4.1 过程的嵌套调用

Visual Basic 中的过程定义都是互相平行、独立的。也就是说，在定义过程时一个过程中不可以包含另外一个过程的定义，即过程不能嵌套定义。但是过程可以嵌套调用，也就是主过程可以作为调用过程去调用被调子过程或函数过程，被调过程又可以作为调用过程去调用其他的被调过程，这种程序结构称为过程的嵌套调用。

【例 6-9】 求 m、n 的最大公约数和最小公倍数。

分析：可以自定义函数过程求 m、n 的最大公约数，而在求 m、n 的最小公倍数时，可以调用求最大公约数的函数过程。

程序代码如下：

```
'函数过程 gys，用于求最大公约数
Public Function gys(ByVal m As Integer, ByVal n As Integer) As Integer
    If m < n Then   t = m: m = n: n = t
    r = m Mod n
    Do While (r <> 0)
```

```
            m = n: n = r: r = m Mod n
        Loop
    gys = n
End Function
'函数过程 gbs，用于求最小公倍数
Public Function gbs(ByVal a As Integer, ByVal b As Integer) As Integer
    gbs = a * b / gys(a, b)          '嵌套调用，在 gbs( )函数中调用 gys( )函数
End Function
'事件过程，用于输入输出及调用函数求最大公约数和最小公倍数
Private Sub Form_Click()
    Dim x As Integer, y As Integer
    x = Val(InputBox("请输入第一个数："))
    y = Val(InputBox("请输入第二个数："))
    Print x; "和"; y; "的最大公约数为"; gys(x, y)      '调用函数 gys(x, y)求最大公约数
    Print x; "和"; y; "的最小公倍数为"; gbs(x, y)      '调用函数 gbs(x, y)求最小公倍数
End Sub
```

程序的运行结果如图 6-12 所示。

6.4.2 过程的递归调用

图 6-12 函数的嵌套调用示例的程序运行结果

在 Visual Basic 中，允许在自定义子过程或函数过程的过程体中直接或间接地调用该自定义过程本身，这样的子过程或函数过程称为递归子过程或递归函数过程。递归调用的基本思想比较简单，许多数学问题都可以通过递归调用来解决。

【例 6-10】 用递归方法求 n!。

根据阶乘的定义 n!=n(n-1)!，写成如下的函数形式：

$$fac(n) = \begin{cases} 1 & n = 1 \\ n * fac(n-1) & n > 1 \end{cases}$$

程序代码如下：

```
'函数过程计算 n!
Function fac(n As Integer) As Long
    If n = 1 Then
        fac = 1
    Else
        fac = n * fac(n - 1)      '递归调用
    End If
End Function
'在事件过程中调用函数过程
Private Sub Form_Click()
    Dim m As Integer, f As Long
    m = Val(InputBox("请输入一个整数："))
    f = fac(m)
    Print m; "的阶乘值为："; f
End Sub
```

程序的运行结果如图 6-13 所示。

【例 6-11】 用递归方法求 Fibonacci 数列的第 n 个数。

根据 Fibonacci 数列的定义 fib(n)= fib(n-1)+ fib(n-2)，写成如下的函数形式：

$$
fib(n) = \begin{cases} 1 & n = 1 \\ 1 & n = 2 \\ fib(n-1) + fib(n-2) & n > 2 \end{cases}
$$

程序代码如下：

```
'函数过程计算 fib (n)
Function fib(n As Integer) As Long
        If n = 1 Or n = 2 Then
                fib = 1
        Else
                fib = fib(n - 1) + fib(n - 2)          '递归调用
        End If
End Function
'事件过程调用函数过程
Private Sub Form_Click()
        Dim m As Integer, i As Integer, f() As Long
        m = Val(InputBox("请输入一个整数："))
        ReDim f(1 To m)
        Print "fibonacci 数列的前"; m; "个数为："
        For i = 1 To m
                f(i) = fib(i)
                Print f(i);
        Next i
End Sub
```

程序的运行结果如图 6-14 所示。

图 6-13　函数的递归调用示例的程序运行结果　　　　图 6-14　函数的递归调用示例的程序运行结果

6.5　过程和变量的作用域

6.5.1　Visual Basic 的工程结构

每个 Visual Basic 应用程序对应一个工程文件（扩展名为.vbp），由 3 种模块组成，即窗体模块、标准模块和类模块（本书不作详细介绍）。这些模块保存在特定类型的文件中，其中窗体模块保存在扩展名为.frm 的文件中，标准模块保存在扩展名为.bas 的文件中，类模块保存在扩展名为.cls 的文件中。每个模块又可以包含若干个过程。Visual Basic 的工程结构如图 6-15 所示。

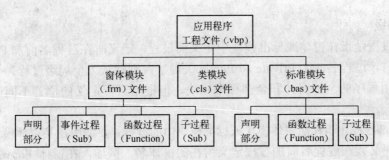

图 6-15　Visual Basic 的工程结构

1. 窗体模块

应用程序的每个窗体对应一个窗体模块，在窗体模块中包含窗体及其控件的属性设置、窗体局部变量的声明、窗体级全局变量的声明，以及事件过程、函数过程和子过程等。

2. 标准模块

当一个应用程序中含有多个窗体时，可能其中的几个窗体都要调用某段公共代码，如果在每个窗体中都包含这些代码，则必然会产生大量的冗余代码。这就需要建立标准模块，并在标准模块中建立包含公共代码的通用过程，从而实现代码的共享。此外，在标准模块中还可以包含公有或模块级变量、常量、类型、外部过程和全局过程等的声明或模块级声明。注意：在标准模块中只能定义通用过程，不能定义事件过程。

在工程中添加标准模块的步骤如下：

1）选择"工程"→"添加模块"命令，将弹出的"添加模块"对话框"新建"选项卡。

2）双击其中的"模块"图标或选择"模块"图标，然后单击"打开"按钮，即可建立一个标准模块，并打开标准模块代码窗口。

3. 类模块

所谓类，是指具有相同属性和方法的一组对象的集合。而对象是类的实例。

在 Visual Basic 中，每种控件都对应着一个类，它们是 Visual Basic 为用户预先定义好的类，用户可以使用它们来建立相应的对象，但不能修改。但是，有时用户希望创建新的类来实现特定的功能，Visual Basic 支持用户通过在类模块中编写代码来建立新类。

在此，对类模块不做更深入的讨论。

6.5.2　过程的作用域

Visual Basic 的应用程序由窗体模块和标准模块等组成，而模块又由若干过程组成。如果过程所定义的位置以及定义过程所使用的关键字不同，其可被访问的范围就不同，该范围称为过程的作用域。过程的作用域分为窗体/模块级和全局级。

1. 窗体/模块级

窗体/模块级过程是指在窗体或标准模块中定义的过程，定义时在过程名前加 Private 关键字。窗体/模块级过程只能被与其同在一个窗体或标准模块中的过程调用。在 Visual Basic 中，窗体模块中所有控件对象的事件过程都是窗体/模块级过程。

2．全局级

全局级过程是指在窗体或标准模块中定义的过程，定义时在过程名前加 Public 关键字。若过程定义时，过程名前无 Private 和 Public 关键字，则默认为全局级过程。全局级过程的作用域为应用程序的全部窗体和全部标准模块，但根据过程定义的位置不同，调用方式有所不同。

1）当外部过程（即其他窗体模块或标准模块中的过程）要调用在某窗体模块中定义的全局级过程时，必须在过程名前加过程定义所在的窗体名。例如，在窗体 Form1 中调用窗体 Form2 中定义的全局过程 MySub1，使用如下语句：

    Call Form2.MySub1(参数列表)

2）当外部过程要调用在标准模块中定义的全局过程时，只需保证过程名的唯一性即可，否则必须在过程名前加标准模块名。例如，在窗体 Form1 中调用标准模块 Module1 中定义的全局过程 MySub1，使用如下语句：

    Call MySub1(参数列表)

若在 Form1 中定义了窗体/模块级过程 MySub1，则在窗体 Form1 中调用标准模块 Module1 中定义的全局过程 MySub1 时，应使用如下语句：

    Call Module1.MySub1(参数列表)

表 6-5 列出了窗体/模块级过程和全局级过程的声明及使用规则。

表6-5　窗体/模块级过程和全局级过程的声明及使用规则

作　用　域	窗体/模块级		全　局　级	
	窗体模块	标准模块	窗体模块	标准模块
定义方式	过程名前加 Private 关键字		过程名前加 Public 关键字，或无 Private 和 Public 关键字	
能否被本模块其他过程调用	能	能	能	能
能否被本应用程序其他模块调用	否	否	能，但必须在过程名前加窗体名	能，但过程名必须唯一

6.5.3　变量的作用域

变量同过程类似，根据定义的位置和定义使用的关键字不同，其可被访问的范围也不同，这称为变量的作用域。变量的作用域分为局部变量、模块级变量和全局变量。

1．局部变量

局部变量是指在过程中用 Dim 语句声明的动态变量或使用 Static 语句声明的静态变量（动态变量和静态变量将在 6.5.4 节详细介绍），或者未声明而直接使用的变量。局部变量的作用域为其声明语句所在的过程，只能在本过程中使用，不能被其他过程访问。不同的过程可以有相同名称的局部变量，彼此互不相干。

除了用 Static 声明变量外，局部变量在其所在的过程每次运行时都要重新被分配存储单元和初始化，一旦过程结束，变量释放占用的存储单元，其内容自动消失。局部变量通常用于保存临时数据。

2．模块级变量

模块级变量是指在窗体模块或标准模块的通用声明段中用 Dim 语句或 Private 语句声明的变量。模块级变量的作用域为其声明语句所在的模块，可以被本模块中的所有过程访问。模块级变量在其所在的模块运行时被分配存储单元和初始化。

3．全局变量

全局变量是指在窗体模块或标准模块的通用声明段中用 Public 语句声明的变量。全局变量的作用域为整个应用程序，可以被应用程序中的任何过程访问。全局变量在应用程序运行时分配存储单元和初始化，其值在整个应用程序运行期间始终不会消失和重新初始化，只有当整个应用程序结束时，才释放占用的存储单元。

表 6-6 列出了局部变量、模块级变量和全局变量的声明及使用规则。

表 6-6　局部变量、模块级变量和全局变量的声明及使用规则

作 用 范 围	局 部 变 量	窗体/模块级变量	全 局 变 量	
			窗体模块	标准模块
声明语句	Dim、Static 或隐式声明	Dim、Private	Public	
声明位置	过程中	窗体/模块的通用声明段	窗体/模块的通用声明段	
能否被本模块其他过程存取	否	能	能	
能否被本应用程序其他模块存取	否	否	能，但在变量前加窗体名	能

说明：

1）作用域不同的变量允许使用相同的变量名，当全局变量、模块级变量和全局变量同名时，优先级最高的是局部变量，其次是模块级变量，最低的是全局变量。

2）作用域相同的变量不允许同名，即在一个过程中不能定义同名的局部变量，在一个窗体或一个标准模块中不能定义同名的模块级变量，在一个应用程序中不能定义同名的全局变量。

【例 6-12】 变量的作用域示例程序。

程序代码如下：

```
Dim a As Integer                      '声明窗体/模块级变量
Private Sub Command1_Click()
    Dim a As Integer, b As Integer    '声明局部变量
    a = 10
    b = 20
    Print a, b
    Call MySub
    Print a, b
End Sub
Private Sub MySub()
    a = a + 100
    b = b + 200
    Print a, b
End Sub
```

程序的运行结果如图 6-16 所示。

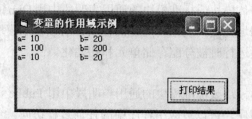

图 6-16　变量的作用域示例的程序运行结果

6.5.4　变量的生存期

当一个过程被调用时，系统将给该过程中的变量分配存储单元，当该过程结束时，是释放还是保留变量的存储单元变量，则是变量的生存期问题。根据变量的生存期，可以将变量分为动态变量和静态变量。

1. 动态变量

如果变量不是使用 Static 语句声明的，则属于动态变量。

在过程中用 Dim 语句声明或隐式声明的局部变量属于动态变量，当其所在的过程被调用时，由系统为其分配存储单元，并进行变量的初始化，当该过程结束时，释放所占用的存储单元；窗体/模块级动态变量，在其所在的模块运行时分配存储单元和初始化，在退出该模块时，释放所占用的存储单元；而全局级变量在应用程序运行时分配存储单元和初始化，在退出应用程序时释放所占用的存储单元。

2. 静态变量

如果变量是使用 Static 语句声明的，则属于静态变量。静态变量在应用程序运行期间，仅当其所在的过程第一次被调用时，由系统为其分配一次存储单元，并进行变量的初始化，而在过程结束时，保留所占用的存储单元。所以，静态变量在应用程序运行期间能够保留其值。只有当整个应用程序退出时，静态变量才释放所占用的存储单元。

在自定义函数过程或子过程的定义语句中，加上 Static 关键字，表明在该过程中所用的局部变量均为静态变量。

【例 6-13】　静态变量使用示例程序。设计一个优秀班级选举程序，统计每个候选班级的得票数，程序界面如图 6-17 所示。

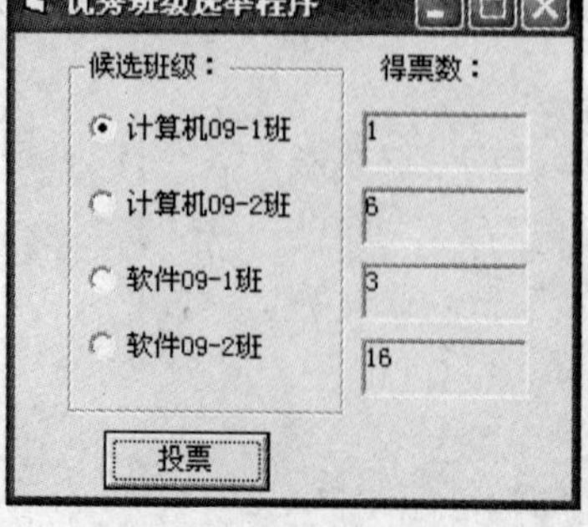

图 6-17　静态变量使用示例的程序运行界面

（1）界面设计

控件及相关属性设置如表 6-7 所示。

表 6-7 控件及相关属性设置

控件名称	属性设置	作用
Form1	Caption="优秀班级选举程序"	用于显示程序功能
Frame1	Caption="候选班级："	用于显示提示信息
Opton1	Caption="计算机 09-1 班"	用于显示选项信息
Opton2	Caption="计算机 09-2 班"	用于显示选项信息
Opton3	Caption="软件 09-1 班"	用于显示选项信息
Opton4	Caption="软件 09-2 班"	用于显示选项信息
Label1	Caption="得票数："	用于显示提示信息
Label2	Caption=""，BorderStyle=1	用于显示得票数信息
Label3	Caption=""，BorderStyle=1	用于显示得票数信息
Label4	Caption=""，BorderStyle=1	用于显示得票数信息
Label5	Caption=""，BorderStyle=1	用于显示得票数信息
Command1	Caption="投票"	用于实现投票功能

（2）编写程序

程序代码如下：

```
Private Sub Command1_Click()
    Static jsj091 As Integer, jsj092 As Integer, rj091 As Integer, rj092 As Integer
    If Option1.Value = True Then
        jsj091 = jsj091 + 1
    ElseIf Option2.Value = True Then
        jsj092 = jsj092 + 1
    ElseIf Option3.Value = True Then
        rj091 = rj091 + 1
    Else
        rj092 = rj092 + 1
    End If
    Label2.Caption = jsj091
    Label3.Caption = jsj092
    Label4.Caption = rj091
    Label5.Caption = rj092
End Sub
```

6.6 过程应用举例

在前面几节中，介绍了 Visual Basic 函数过程和子过程的使用方法、参数的传递方法、过程的嵌套和递归调用方法，以及过程的作用域、变量的作用域和变量生存期等概念。本章内容为整门课程学习的难点，下面给出一些使用过程的应用程序实例，希望读者可以通过这些实例进一步体会本章的基本概念和过程的编程方法。

1. 利用过程实现数组的查找和删除操作

在第 5 章，学习了数组的概念和数组的基本操作。例如，数组的建立、插入、查找与删除等。下面来说明如何利用自定义过程实现查找操作，以及在删除特定数组元素时调用查找函数。要注意，如何使用数组做参数来进行过程间的数据传递。

【例6-14】 编写程序，利用过程实现数组的基本操作，其中，查找指定元素操作用自定义函数过程实现。程序的运行界面如图6-18所示。

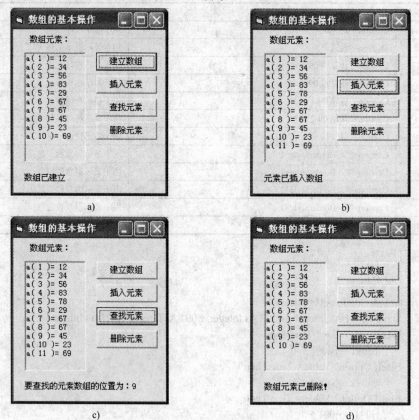

图6-18 例6-14程序运行界面

a) 建立数组 b) 在位置5插入指定元素78 c) 在数组中查找元素45 d) 在数组中删除指定元素29

（1）界面设计

控件及相关属性设置如表6-8所示。

表6-8 控件及相关属性设置

控 件 名 称	属 性 设 置	作 用
Form1	Caption="数组的基本操作"	用于显示程序功能
Label1	Caption="数组元素："	用于显示提示信息
Label2	Caption=""	用于显示当前操作状态
Picture1	默认值	用于显示数组元素的值
Command1	Caption="建立数组"	用于实现建立数组功能
Command2	Caption="插入元素"	用于实现插入元素功能
Command3	Caption="查找元素"	用于实现查找元素功能
Command4	Caption="删除元素"	用于实现删除元素功能

118

（2）编写程序

程序代码如下：

```
Dim a() As Integer
'事件过程，用来建立数组
Private Sub Command1_Click()
    ReDim a(1 To 10)
    Randomize
    Picture1.Cls
    For i = 1 To 10
        a(i) = Int(Rnd() * 100)
        Picture1.Print "a("; i; ")="; a(i)
    Next i
    Label2.Caption = "数组已建立"
    Command2.Enabled = True
    Command3.Enabled = True
    Command4.Enabled = True
End Sub
'事件过程，用来在指定位置插入指定的数组元素
Private Sub Command2_Click()
    ReDim Preserve a(1 To UBound(a) + 1)
    m = Val(InputBox("请输入要插入的数组元素："))
    k = Val(InputBox("请输入要插入的位置："))
    For i = UBound(a) To k + 1 Step -1
        a(i) = a(i - 1)
    Next i
    a(k) = m
    Picture1.Cls
    For i = 1 To UBound(a)
        Picture1.Print "a("; i; ")="; a(i)
    Next i
    Label2.Caption = "元素已插入数组"
End Sub
'事件过程，用来查找指定的数组元素
Private Sub Command3_Click()
    Dim m As Integer
    m = Val(InputBox("请输入要查找的数组元素："))
    k = search(a(), m)
    If k > 0 Then
        Label2.Caption = "要查找的数组元素的位置为：" & k
    Else
        Label2.Caption = "数组中无此元素！"
    End If
End Sub
'自定义函数过程，用来返回数组中指定元素的位置
Private Function search(a() As Integer, p As Integer) As Integer
```

```
                search = 0
                For i = 1 To UBound(a)
                        If a(i) = p Then search = i: Exit For
                Next i
        End Function
        '事件过程，用来删除指定的数组元素
        Private Sub Command4_Click()
                Dim m As Integer
                m = Val(InputBox("请输入要删除的数组元素："))
                k = search(a(), m)
                If k > 0 Then
                        For i = k To UBound(a) - 1
                                a(i) = a(i + 1)
                        Next i
                        ReDim Preserve a(1 To UBound(a) - 1)
                        Picture1.Cls
                        For i = 1 To UBound(a)
                                Picture1.Print "a("; i; ")="; a(i)
                        Next i
                        Label2.Caption = "数组元素已删除！"
                Else
                        Label2.Caption = "数组中无此元素！"
                End If
        End Sub
        '窗体加载时间过程，用来进行初始化设置
        Private Sub Form_Load()
                Command2.Enabled = False
                Command3.Enabled = False
                Command4.Enabled = False
        End Sub
```

　　思考：数组基本操作中的建立数组、插入元素、删除元素等操作，能否用自定义过程实现？

2．分数的四则运算

　　在实际应用中，经常会用到分数的四则运算，但在 Visual Basic 中，并无表示分数的数据类型和相应的运算符，此时，可以用两个整型变量分别表示分数的分子和分母，用数值型运算符来实现分数的运算。由于分数的加、减运算在运算前要对两个操作数进行通分，而且这 4 种运算都要对运算结果进行约分，所以，在程序中要多次求两个整数的最大公约数和最小公倍数，这两个功能可以用自定义函数实现，要注意函数过程的嵌套调用。下面例题给出了实现分数四则运算的方法。

　　【例 6-15】　编写程序实现分数的四则运算。

　　（1）界面设计

　　控件及相关属性设置如表 6-9 所示。

表 6-9　控件及相关属性设置

控 件 名 称	属 性 设 置	作 用
Form1	Caption="分数四则运算"	用于显示程序功能
Text1	Text=""	用于输入第一个分数的分子
Text2	Text=""	用于输入第一个分数的分母
Text3	Text=""	用于输入第二个分数的分子
Text4	Text=""	用于输入第二个分数的分母
Label1	Caption=""，BorderStyle=1	用于显示运算结果的分子
Label2	Caption=""，BorderStyle=1	用于显示运算结果的分母
Combo1	List= "＋" 　　　"－" 　　　"×" 　　　"÷"	用于选择某种运算
Command1	Caption="="	用于实现分数运算功能

（2）编写程序

程序代码如下：

```
Private Sub Command1_Click()
    Dim m1 As Integer, n1 As Integer
    Dim m2 As Integer, n2 As Integer
    Dim m3 As Integer, n3 As Integer
    m1 = Val(Text1.Text)
    m2 = Val(Text2.Text)
    n1 = Val(Text3.Text)
    n2 = Val(Text4.Text)
    Select Case Combo1.Text
        Case "＋"
            add m1, m2, n1, n2
        Case "－"
            sbb m1, m2, n1, n2
        Case "×"
            mul m1, m2, n1, n2
        Case "÷"
            div m1, m2, n1, n2
    End Select
End Sub
'自定义子过程，用于进行加法计算
Private Sub add(a1 As Integer, a2 As Integer, b1 As Integer, b2 As Integer)
    Dim c1 As Integer, c2 As Integer
    c2 = gbs(a2, b2)
    a1 = a1 * c2 / a2
    b1 = b1 * c2 / b2
    c1 = a1 + b1
    t = gys(c1, c2)
    c1 = c1 / t
```

```
        c2 = c2 / t
        Label1.Caption = c1
        Label2.Caption = c2
End Sub
'自定义子过程，用于进行减法计算
Private Sub sbb(a1 As Integer, a2 As Integer, b1 As Integer, b2 As Integer)
        Dim c1 As Integer, c2 As Integer
        c2 = gbs(a2, b2)
        a1 = a1 * c2 / a2
        b1 = b1 * c2 / b2
        c1 = a1 − b1
        t = gys(c1, c2)
        c1 = c1 / t
        c2 = c2 / t
        Label1.Caption = c1
        Label2.Caption = c2
End Sub
'自定义子过程，用于进行乘法计算
Private Sub mul(a1 As Integer, a2 As Integer, b1 As Integer, b2 As Integer)
Dim c1 As Integer, c2 As Integer
        c1 = a1 * b1
        c2 = a2 * b2
        t = gys(c1, c2)
        c1 = c1 / t
        c2 = c2 / t
        Label1.Caption = c1
        Label2.Caption = c2
End Sub
'自定义子过程，用于进行除法计算
Private Sub div(a1 As Integer, a2 As Integer, b1 As Integer, b2 As Integer)
        Dim c1 As Integer, c2 As Integer
        c1 = a1 * b2
        c2 = a2 * b1
        t = gys(c1, c2)
        c1 = c1 / t
        c2 = c2 / t
        Label1.Caption = c1
        Label2.Caption = c2
End Sub
'自定义函数过程，用于求最大公约数
Public Function gys(ByVal m As Integer, ByVal n As Integer) As Integer
        If m < n Then t = m: m = n: n = t
        r = m Mod n
        Do While (r <> 0)
            m = n: n = r: r = m Mod n
        Loop
```

```
        gys = n
    End Function
    '自定义函数过程，用于求最小公倍数
    Public Function gbs(ByVal a As Integer, ByVal b As Integer) As Integer
        gbs = a * b / gys(a, b)    '嵌套调用，在 gbs( )函数中调用 gys( )函数
    End Function
```

程序运行结果如图 6-19 所示。

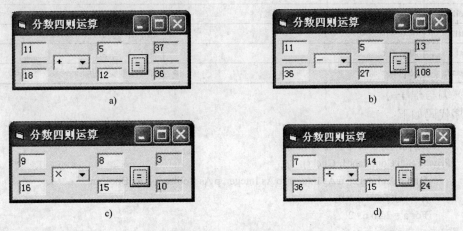

a)

b)

c)

d)

图 6-19   例 6-15 的程序运行界面

a) 加法运算；b) 减法运算；c) 乘法运算；d) 除法运算

3. 验证哥德巴赫猜想

【例 6-16】   编写程序，验证哥德巴赫猜想。程序运行界面如图 6-20 所示。

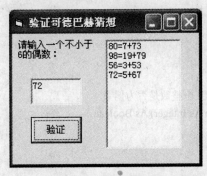

图 6-20   例 6-16 的程序运行界面

哥德巴赫猜想的内容为：任何一个大于等于 6 的偶数都可以表示为两个素数之和。例如，6=3+3，8=3+5、10=3+7，…。

分析：

1）首先要编写一个函数过程 prime(m)，用来判断 m 是否为素数，若 m 是素数，则返回 True，否则返回 False。

2）在主调程序中，对于任何给定的大于 6 的偶数 n，将其分解成两个整数：a 和 n-a，a 依次取 2～n-2，先判断 a 是否为素数，若 a 是素数，再判断 n-a 是否为素数，若 n-a 也是素

123

数，则可以将 n 分解成 a 和 n-a。若 a 或 n-a 不是素数，则 a 取下一个值，重复上述步骤。

（1）界面设计

控件及相关属性设置如表 6-10 所示。

表 6-10　控件及相关属性设置

控 件 名 称	属 性 设 置	作 用
Form1	Caption="验证哥德巴赫猜想"	用于显示程序功能
Label1	Caption="请输入一个不小于 6 的偶数："	用于显示提示信息
Text1	Text=""	用于输入不小于 6 的偶数
List1	默认值	用于显示结果
Command1	Caption="验证"	用于实现验证功能

（2）编写程序

程序代码如下：

```
'主调过程，验证哥德巴赫猜想
Private Sub Command1_Click()
    Dim n As Integer, a As Integer, b As Integer, p As Boolean, q As Boolean
    n = Val(Text1.Text)
    For a = 2 To n / 2
        p = prime(a)
        If p Then
            b = n - a
            q = prime(b)
            If q Then
                List1.AddItem n & "=" & a & "+" & (n - a)
                n = n + 1
            End If
        End If
    Next a
End Sub
'自定义函数过程，判断某个整数是否为偶数
Private Function prime(m As Integer) As Boolean
    Dim i As Integer
    prime = True
    For i = 2 To m - 1
        If m Mod i = 0 Then
            prime = False
            Exit Function
        End If
    Next i
End Function
```

4．N 阶 Hanoi 塔问题

【例 6-17】　编写递归程序实现 N 阶 Hanoi 塔问题。程序运行界面如图 6-21 所示。

图 6-21　例 6-17 的程序运行界面

N 阶 Hanoi 塔问题的描述如下：设有 3 个分别命名为 A、B 和 C 的塔座，在塔座 A 上从上到下放有 n 个直径各不相同、编号为 1~n 的圆盘（直径大的圆盘在上，直径小的圆盘在下），现要求将塔座 A 上的圆盘移动到塔座 C 上，并仍按同样的顺序叠放，且移动圆盘时必须遵守以下规则：

1）每次只能移动一个圆盘。

2）圆盘可以放在塔座 A、B 和 C 中的任何一个上。

3）任何时候都不能将一个大的圆盘压在一个小的圆盘之上。

分析：

设塔座 A 上最初的圆盘总数为 n，如果 n=1，则将该圆盘直接从塔座 A 移动到塔座 C 上。若 n>1，则执行以下步骤：

1）用塔座 C 做过渡将塔座 A 上的 n-1 个圆盘移动到塔座 B 上。

2）将塔座 A 上的最后一个圆盘移动到塔座 C 上。

3）用塔座 A 做过渡，将塔座 B 上的 n-1 个圆盘移动到塔座 C 上。

由以上分析可知：移动 n 个圆盘的 Hanoi 塔问题可归结为移动 n-1 个圆盘的 Hanoi 塔问题，移动 n-1 个圆盘的 Hanoi 塔问题可归结为移动 n-2 个圆盘的 Hanoi 塔问题，……，移动 2 个圆盘的 Hanoi 塔问题可归结为移动 1 个圆盘的 Hanoi 塔问题。

（1）界面设计

控件及相关属性设置如表 6-11 所示。

表 6-11　控件及相关属性设置

控 件 名 称	属 性 设 置	作　　用
Form1	Caption=" Hanoi 塔问题"	用于显示程序功能
Label1	Caption="圆盘个数："	用于显示提示信息
Label2	Caption="移动过程："	用于显示提示信息
Label3	Caption="移动次数"	用于显示提示信息
Label4	Caption=""	用于显示圆盘移动次数
Picture1	默认值	用于显示圆盘移动过程
Text1	Text=""	用于输入圆盘数
Command1	Caption="移动"	用于实现圆盘移动功能

（2）编写程序

程序代码如下：

```
Dim n As Integer, t As Integer          '存放圆盘的个数和移动次数
'事件过程，实现输入、输出和过程的调用
Private Sub Command1_Click()
    Picture1.Cls
    t = 0
    n = Val(Text1.Text)
    moveplate n, 1, 2, 3
    Label4.Caption = t
End Sub
'自定义过程，实现圆盘的移动
Private Sub moveplate(m As Integer, a As Integer, b As Integer, c As Integer)
    If m = 1 Then
        Picture1.Print a; "->"; c,
        t = t + 1
        If t Mod 5 = 0 Then Picture1.Print
    Else
        moveplate m - 1, a, c, b        '用塔座 C 做过渡将塔座 A 上的 n-1 个圆盘移动到塔座 B 上
        Picture1.Print a; "->"; c,
        t = t + 1
        If t Mod 5 = 0 Then Picture1.Print    '用塔座 A 做过渡将塔座 B 上的 n-1 个圆盘移动到塔座 C 上
        moveplate m - 1, b, a, c
    End If
End Sub
```

6.7 本章小结

本章主要介绍了 Visual Basic 函数过程和子过程的使用方法，包括两种过程的定义和调用方法、按值传递和按地址传递的参数传递方法、过程的嵌套和递归调用方法，以及过程的作用域、变量的作用域和变量生存期等概念。本章涉及的概念比较多，用户要重点掌握以下几个问题：

1）要编写程序实现一个比较复杂的问题，往往会使人感到无从下手和难于控制。这时可以采用"化整为零，各个击破"的策略，即将一个复杂问题分解成若干个简单的小问题，对每个小问题就可以编写一个过程来实现。再通过过程调用的方法将分别编写的过程组织起来，形成一个完整的应用程序，从而实现相对较复杂的问题。

2）函数过程和子过程的区别是：函数过程有返回值，所以在函数过程体中必须对函数名至少赋值一次，子过程没有返回值，所以不能对子过程名赋值。在编写程序时，某个功能使用函数过程还是使用子过程来实现，主要看过程是否有返回值，当过程有一个返回值时，使用函数过程比较直观；当过程无返回值或有多个返回值时，通常使用子过程。

3）在调用过程时，主调过程与被调过程之间要进行参数传递。参数传递有按值传递和按

地址传递两种方式。按值传递方式在调用过程时，实参将其值传递给形参，在被调过程执行过程中，若形参的值改变，则不影响实参。而按地址传递方式在调用过程时，实参将其地址传递给形参，在被调过程执行过程中，若形参的值改变，则实参的值也要随之改变。在编写过程时，若要通过形参返回结果，则应使用传地址方式，否则应使用传值方式，以减少程序间的相互关联，便于调试程序。需要注意的是：在使用数组、用户自定义变量和对象变量做参数时，只能使用传地址方式。

习题 6

1. 自定义子过程和自定义函数过程有哪些异同点？
2. 什么是形参？什么是实参？两者有几种结合方式？
3. 若使用数组做参数，有哪些注意事项？
4. 简述过程和变量的作用域。
5. 什么是变量的生存期？在什么情况下，需要将变量定义成静态变量？
6. 什么是过程的嵌套？什么是过程的递归？

第7章　常用控件

学习目标

1. 熟悉常用控件的属性、事件和方法。
2. 学习控件数组的使用方法。
3. 能够利用所学知识编写简单的程序。

7.1　常用控件

在第 3 章介绍了 Visual Basic 中的基本控件(标签、文本框和命令按钮),本章将介绍 Visual Basic 工具箱上的其他常用控件的使用方法。

7.1.1　单选按钮

1. 引例

图 7-1 是 Windows 操作系统中的"文件夹选项"对话框,在每个选项组中只能选择其中的一种,该功能的实现是由单选按钮来完成的。单选按钮(OptionButton)在工具箱上的图标为 ⊙ ,单选按钮,顾名思义,指在同一组选项中有且只有一个能被选中,当某一单选按钮处于选中状态时,在其前面的图标中会有一个小黑点。

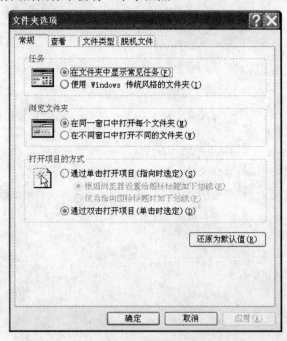

图 7-1　"文件夹选项"对话框

2. 常用属性

（1）Alignment 属性

该属性决定控件和标题的位置关系，其值有两种。

0－Left Justify：控件标识在左，标题在右，为默认设置。

1－Right Justify：控件标识在右，标题在左。

其形式如图 7-2 所示。

（2）Value 属性

该属性决定单选按钮是否处于选中状态，其值有两种。

True：选中状态，其前面有一个小黑点；

False：未被选中状态，默认值。

（3）Style 属性

该属性决定单选按钮的显示方式，其值有两种。

0－显示控件和标题，默认值；

1－用图形方式显示，外观与命令按钮相似。

显示方式如图 7-3 所示。

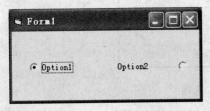
图 7-2　Alignment 属性比较

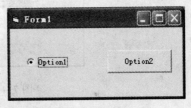
图 7-3　Style 属性显示

（4）Caption 属性

用于设置控件上显示的文字。

（5）Font 属性

用于设置控件上文字的字体、字号等。

3. 常用事件

单选按钮常用的事件为 Click 事件。

7.1.2　复选框

1. 引例

在"文件夹选项"对话框的"脱机文件"选项卡上可以同时选中其中的几项，如图 7-4 所示，该功能用 Visual Basic 中的复选框就可以实现。复选框在工具栏上的图标为 ☑，它和单选按钮的意义不同，在同一组复选框中可以有一个或多个复选框同时处于选中状态。当某一复选框处于选中状态时，其前面的图标会有一个对号。

2. 常用属性

（1）Alignment 属性和 Style 属性

复选框的 Alignment 属性和 Style 属性与单选按钮相同，在此不再叙述。

（2）Value 属性

该属性决定复选框是否处于选中状态，其值有以下几种：

0—Unchecked：未被选中状态，为默认值；

1—Checked：选中状态；

2—Grayed：禁止用户选择状态。

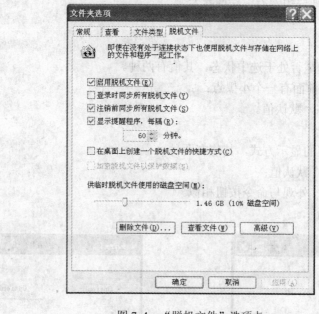

图 7-4　"脱机文件"选项卡

各种状态如图 7-5 所示。

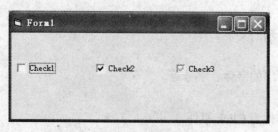

图 7-5　复选框的 Value 属性值比较

（3）Caption 属性和 Font 属性

复选框的 Caption 属性和 Font 属性与单选按钮的相同，在此不再叙述。

3. 常用事件

和单选按钮一样能够响应 Click 事件。

7.1.3　框架

在图 7-1 中把各个选项按类分开的矩形框就是框架，框架在工具箱上的图标为▔。作为控件的容器，在框架上可以放置其他控件，把控件进行视觉上的分组。其常用的属性是 Caption，用于标识分组的标题。在图 7-1 中把各个项目分成了 3 组："任务"、"浏览文件夹"和"打开项目的方式"，设置的都是框架的 Caption 属性。

框架的另一个重要属性是 Enabled 属性，用于设置框架是否处于活动状态。其中，True 表示框架处于活动状态，这是默认值；False 表示框架为屏蔽状态，此时框架中的标题部分将变成灰色显示，同时框架中的所有控件都被屏蔽，处于不可用状态。

作为控件的容器，把控件放到框架上的步骤如下：

1）把框架拖放到窗体上；

2）在框架被选中的状态下，把工具栏上的控件拖放到框架上。

【例 7-1】 文字美化。利用字形框架中的复选框和颜色框架中的单选按钮对文本框中的文字进行相应的设置，达到美化的效果。

1）界面设计如图 7-6 所示。

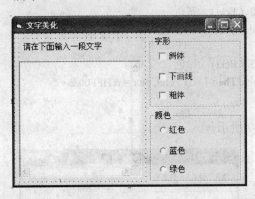

图 7-6 文字美化界面

2）控件属性设置如表 7-1 所示。

表 7-1 例 7-1 属性设置

控 件 名	属 性 值	作 用
Form1	Caption= "文字美化"	标识程序功能
Label1	Caption= "请在下面输入一段文字"	标识文本框的作用
Text1	Text= " " Multiline=true ScrollBars=3	显示输入的文本
Frame1	Caption= "字形"	标识分类项目
Frame2	Caption= "颜色"	
Check1	Caption= "斜体"	标识字形选项
Check2	Caption= "下画线"	
Check3	Caption= "粗体"	
Option1	Caption= "红色"	标识颜色选项
Option2	Caption= "蓝色"	
Option3	Caption= "绿色"	

3）程序代码如下：

```
Private Sub Check1_Click()   '斜体
    Text1.Font.Italic = Not Text1.Font.Italic
```

```
        End Sub
        Private Sub Check2_Click()    '下画线
             Text1.Font.Underline = Not Text1.Font.Underline
        End Sub
        Private Sub Check3_Click()    '粗体
             Text1.Font.Bold = Not Text1.Font.Bold
        End Sub
        Private Sub Option1_Click()    '红色
             If Option1.Value Then Text1.ForeColor = &HFF&
        End Sub
        Private Sub Option2_Click()    '蓝色
             If Option2.Value Then Text1.ForeColor = &HFFFF00
        End Sub
        Private Sub Option3_Click()    '绿色
             If Option3.Value Then Text1.ForeColor = &HFF00&
        End Sub
```

4）运行结果如图 7-7 所示。

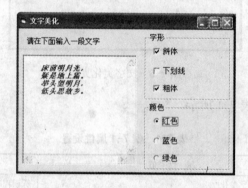

图 7-7   "文字美化"的运行界面

7.1.4   列表框

列表框（List）在工具箱上的图标为 ▦ ，用于在多个选项中进行选择操作。用户可通过单击来选择自己需要的项目，如果列出的项目过多，超出了设计时的长度，系统会自动为其加上垂直的滚动条。

1. 常用属性

（1）Columns 属性

该属性决定列表框是在一列中垂直滚动还是在多列中水平滚动。当该值为 0 时，每一项占一行，且只有一列，列表框做垂直滚动；当该值为 n（n=2，3，…）时，列表框分 n 列显示，显示项先排第一列，排满后再依次往下排，直到第 n 列，若还有项目未列出，则出现水平滚动条。

（2）ListCount 属性

用于返回列表框中项目的个数。

（3）List 属性

此属性是一个一维字符串数组，数组下界为 0，上界为 ListCount-1，每一个元素对应列表框中的一个列表项。引用格式如下：

[控件名].List [下标] [=字符串]

可以在属性窗口中一项一项地添加列表项，也可以在运行时用 AddItem 方法添加。

例如，在列表框中添加一项"哈尔滨学院"，在属性窗口中添加的界面如图 7-8 所示，在代码框中添加的界面如图 7-9 所示。

用 List 属性表示为：

List1.List(0) = "哈尔滨学院"

图 7-8　列表框属性输入

图 7-9　代码框添加数据

（4）ListIndex 属性

此属性用于设置列表框中被选中项目的下标。若第一项被选中，下标为 0，最后一项的下标为 ListCount-1，若无被选中项，则此值为-1。

（5）Selected 属性

此属性用于设置列表框中相应条目是否处于选中状态，只能在程序中设置或引用，其值有两种。

● True：表示此项目处于选中状态。

例如，若 List2 的第 4 项处于"选中"状态，则表示为：

List2.Selected (3)=True

● False：表示此项目未被选中。

（6）Sorted 属性

此属性用于设置在程序运行期间列表框中的各项是否按字母顺序进行排列显示，只能在设计时设定，其值有两种。

● True：按字母顺序显示。

● False：不按字母顺序显示，而按加入的先后顺序显示。

如图 7-10 所示。

（7）Text 属性

用于显示列表框中当前选中项目的文本内容。

（8）MultiSelect 属性

决定列表框是否支持多项选择，其值有 3 种。

0－None：禁止多项选择，为默认值；

1－Simple：简单的多项选择，用鼠标单击或按〈Space〉键可实现简单多项选择；

2－Extended：扩展多项选择，可以用〈Ctrl〉或〈Shift〉键选定多个项目。

（9）Style 属性

列表框的显示方式，其值有两种。

0－Standard：标准方式，默认值；

1－CheckBox：复选方式。

如图 7-11 所示。

图 7-10 Sorted 属性比较

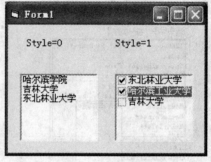

图 7-11 Style 属性比较

2. 常用方法

（1）AddItem 方法

在列表框中加入新的项目，格式如下：

控件名. AddItem   Item [,index]

其中，Item 为需要加入的字符串；Index 为新加入的项目在列表框中的位置，若省略 Index，则将新加入的项目放在最后。

（2）RemoveItem 方法

删除列表框中的一项，格式如下：

控件名. RemoveItem Index

Index 为删除项在列表框中的位置，删除之后其后的各项依次向上移动。

（3）Clear 方法

清除列表框中所有内容，格式如下：

对象. Clear

3. 常用事件

列表框支持 Click 和 DblClick 事件。

【例 7-2】设计一个能对列表框中的项目进行添加、修改和删除的应用程序，界面如图 7-12 所示。

134

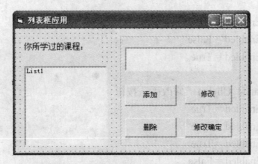

图 7-12 "列表框应用"的设计界面

1）控件属性设置如表 7-2 所示。

表 7-2 例 7-2 的属性设置

控 件 名	属 性 值	作 用
Form1	Caption= "列表框应用"	标识程序功能
Label1	Caption= "你所学过的课程"	表示列表框显示的内容
List1		显示所学课程
Frame1	Caption= " "	控件分组
Text1	Text= " "	输入课程或修改课程
Command1	Caption= "添加"	标识按钮功能
Command2	Caption= "删除"	
Command3	Caption= "修改"	
Command4	Caption= "修改确定" Enabled=false	

2）程序代码如下：

```
Private Sub Form_Load()   '此部分代码可在属性窗口中设置
    List1.AddItem "计算机导论"
    List1.AddItem "高级语言程序设计"
    List1.AddItem "数据结构与算法"
    List1.AddItem "操作系统及其应用"
    List1.AddItem "嵌入式系统"
    List1.AddItem "编译原理"
End Sub
Private Sub Command1_Click()   '添加按钮
    List1.AddItem Text1.Text
    Text1.Text = ""
End Sub
Private Sub Command2_Click()   '删除按钮
    List1.RemoveItem List1.ListIndex
End Sub
Private Sub Command3_Click()   '修改按钮
    Text1.Text = List1.Text
    Text1.SetFocus
    Command1.Enabled = False
```

```
            Command2.Enabled = False
            Command3.Enabled = False
            Command4.Enabled = True
        End Sub
        Private Sub Command4_Click()    '修改确认按钮
            Command1.Enabled = True
            Command2.Enabled = True
            Command3.Enabled = True
            Command4.Enabled = False
            List1.List(List1.ListIndex) = Text1.Text
            Text1.Text = ""
        End Sub
```

3）运行结果如图 7-13 所示。

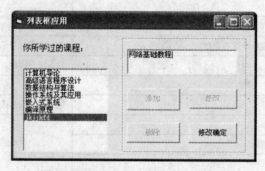

图 7-13　"列表框应用"的运行结果

7.1.5　组合框

在 Windows 操作系统中，对于图 7-14 所示的界面用户不会陌生，在地址栏中既可以输入地址，也可以在所列出的选项中进行选择，该功能在 Visual Basic 中可以用组合框进行设计。组合框在工具箱中的图标为，组合框可以看做是由一个列表框和一个文本框共同构成的一个控件。当列表框中没有选中项时，可以在文本框中输入相关内容；当用户在列表框中选中了某一项时，该项目会自动装入文本框中。

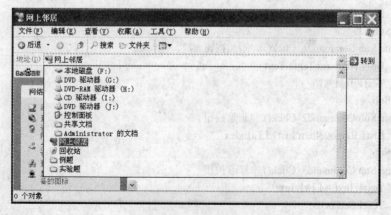

图 7-14　网上邻居

1. 常用属性

（1）与文本框相同的属性

组合框与文本框相同的属性有 List、SelText、SelStart 和 SelLength 等。

（2）与列表框相同的属性

组合框与列表框相同的属性有 List、Sorted 等，但是没有 MultiSelect 和 Selected 属性。

（3）Style 属性

该属性用于设置组合框的样式，其值有 3 种。

0－DropDown Combo：下拉式组合框。不操作时，列表框部分被隐藏，显示在屏幕上的仅是文本框和一个下拉箭头，单击箭头可以打开列表框。用户可以直接在文本框中输入，也可以从列表框中选择，选中的项目将被显示在文本框中。该项为默认值。

1－Simple Combo：简单组合框。文本框和列表框一直显示在窗体上，文本框右端无下拉箭头，所有的项目都列在列表框中，用户可以选择也可在文本框中输入。

2－DropDown List：下拉式列表框。其功能与下拉式组合框类似，但不能输入列表框中没有的项目。用户在文本框中输入的必须是列表框中的一项。

2. 常用方法

组合框常用的方法与列表框相同，有AddItem、RemoveItem 和 Clear 等。

【例 7-3】 组合框应用。用组合框代替例 7-2 中的列表框和文本框，完成例 7-2 中相同的功能。界面设计如图 7-15 所示。

1）控件属性设置如表 7-3 所示。

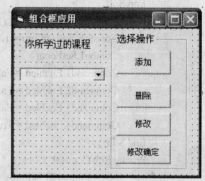

图 7-15 "组合框应用"的设计界面

表 7-3 例 7-3 的属性设置

控 件 名	属 性 值	作 用
Form1	Caption= "组合框应用"	标识程序作用
Label1	Caption= "你所学过的课程"	标识组合框的作用
Combo1	Text=" "	显示所学课程
Frame1	Caption= "选择操作"	操作控件分组
Command1	Caption= "添加"	标识按钮作用
Command2	Caption= "删除"	
Command3	Caption= "修改"	
Command4	Caption= "修改确定" Enabled=false	

2）程序代码如下：

```
Dim pos As Integer    '在通用声明段定义一个窗体变量，标识所选文字的位置
Private Sub Form_Load()
    Combo1.AddItem "计算机导论"
```

```
                Combo1.AddItem "高级语言程序设计"
                Combo1.AddItem "计算机网络"
                Combo1.AddItem "计算机组成原理"
                Combo1.AddItem "嵌入式系统"
                Combo1.AddItem "操作系统原理与应用"
                Combo1.AddItem "编译原理"
        End Sub
        Private Sub Command1_Click()    '添加按钮
                Combo1.AddItem Combo1.Text
                Combo1.Text = ""
        End Sub
        Private Sub Command2_Click()    '删除按钮
                Combo1.RemoveItem Combo1.ListIndex
        End Sub
        Private Sub Command3_Click()    '修改按钮
                Combo1.Text = Combo1.List(Combo1.ListIndex)
                Combo1.SetFocus
                Command1.Enabled = False
                Command2.Enabled = False
                Command3.Enabled = False
                Command4.Enabled = True
        End Sub
        Private Sub Combo1_Click()          '记录修改的文本位置
                pos = Combo1.ListIndex
        End Sub
        Private Sub Command4_Click()    '修改确定按钮
                Command1.Enabled = True
                Command2.Enabled = True
                Command3.Enabled = True
                Command4.Enabled = False
                Combo1.List(pos) = Combo1.Text
                Combo1.Text = ""
        End Sub
```

3）运行结果如图 7-16 所示。

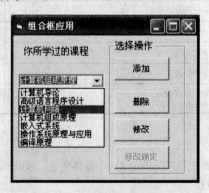

图 7-16　"组合框应用"的运行界面

7.1.6 滚动条

滚动条（ScrollBar）用于辅助显示内容或确定位置，也可以作为数据输入工具，用来提供某一范围的数值供用户选择。其分为两种，其中，水平滚动条（HScrollBar）在工具箱中的图标为 ⁴ᴸ，垂直滚动条（VScrollBar）在工具箱中的图标为 ᵏ。在使用滚动条输入数据时，水平滚动条最左边代表最小值，最右边代表最大值；垂直滚动条最上边代表最小值，最下边代表最大值。

1．常用属性

1）Max 属性：滚动条所表示的最大值，即滑块在最右（或最下）边的值，其范围为 $-32768 \sim 32767$。

2）Min 属性：滚动条所表示的最小值，即滑块在最左（或最上）边的值，其范围为 $-32768 \sim 32767$。

3）Value 属性：滑块当前所处的位置，其取值范围在设定的 Max 属性值和 Min 属性值之间。

4）LargeChange 属性：当用鼠标单击滚动条的箭头与滚动条之间的空白处时，Value 属性的改变量。

5）SmallChange 属性：当用鼠标单击滚动条两端箭头时，Value 属性的改变量。

2．常用事件

1）Scroll 事件：当在滚动条内拖动滑块时触发该事件。

2）Change 事件：当滚动条的滑块改变位置时或通过代码对滚动条的 Value 属性赋值后触发该事件。

【**例 7-4**】 调色板。在文本框中输入文字，通过滑动滚动条调节文字颜色。程序界面设计如图 7-17 所示。

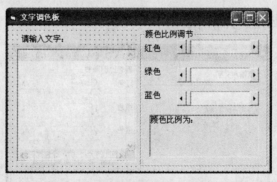

图 7-17　文字调色板的设计界面

1）控件属性设置如表 7-4 所示。

表 7-4　例 7-4 的属性设置

控 件 名	属 性 值	作 用
Form1	Caption= "文字调色板"	标识程序功能
Label1	Caption= "请输入文字"	标识文字输入的位置

控件名	属性值	作用
Label2	Caption= "红色"	标识滚动条的作用
Label3	Caption= "蓝色"	
Label4	Caption= "绿色"	
Label5	Caption= "颜色比例为：" BorderStyle=1	显示最终混合颜色比例
Text1	Text=" " Multiline=true ScrollBars=3	文本显示区
Frame1	Caption= "颜色比例调节"	控件分组
HScroll1	Min=1 Max=255 SmallChange=1 LargeChange=5 Value=0	调节文本的红色
HScroll2	设置同 HScroll1	调节文本的蓝色
HScroll3	设置同 HScroll1	调节文本的绿色

2）程序代码如下：

```
Private Sub Form_Load()
    Label5.Caption = "红色比例为：" + Str(HScroll1.Value) + "; " + "绿色比例为：" +
Str(HScroll2.Value) + "; " + "蓝色比例为：" + Str(HScroll3.Value)
End Sub
Private Sub HScroll1_Change() '文本的红色改变
    Label5.Caption = "红色比例为：" + Str(HScroll1.Value) + "; " + "绿色比例为：" +
Str(HScroll2.Value) + "; " + "蓝色比例为：" + Str(HScroll3.Value)
    Text1.ForeColor = RGB(HScroll1.Value, HScroll2.Value, HScroll3.Value)
End Sub
```

3）程序运行界面如图 7-18 所示。

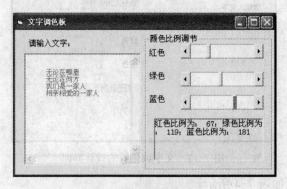

图 7-18　文字调色板的运行界面

7.1.7　定时器

定时器（Timer）在工具箱上的图标为 ，每隔一段时间就会触发一个计时器事件，定时器的图标在设计时可见，在运行时不可见。

1．常用属性

Interval 属性用于设定定时器触发事件的时间间隔，以毫秒为单位，其范围在 0～64767 之间。

2．常用事件

定时器只支持 Timer 事件，此事件触发的条件是 Enabled 属性为 True，Interval 属性值大于 0。

【**例 7-5**】 闪烁的文字。通过滑动滚动条来调节文字出现的间隔，达到文字忽隐忽现的效果。设计界面如图 7-19 所示。

图 7-19　闪烁的文字设计界面

1）控件属性设置如表 7-5 所示。

表 7-5　例 7-5 的属性设置

控 件 名	属 性 值	作 用
Form1	Caption= "闪烁的文字"	标识程序功能
Label1	Caption= "欢迎你加入学习 Visual Basic 的行列" FontBold=true FontItalic=true FontSize=12	设置显示的文字
Label2	Caption= "快"	标识显示的速度
Label3	Caption= "慢"	
Timer1	Enabled=True Interval=0	控制文字显示的时间
Hscroll1	Max=500 Min=0 LargeChange=25 SmallChange=5	控制时间的改变

2）程序代码如下：

```
Private Sub HScroll1_Change()
    Timer1.Interval = HScroll1.Value
End Sub
Private Sub Timer1_Timer()
    Label1.Visible = Not Label1.Visible
End Sub
```

7.2 控件数组

1. 控件数组的概念

控件数组是指在同一个窗体上，拥有相同的对象名、相同事件过程的一组相同类型的控件。例如，Command1(0)、Command1(1)、Command1(2) 是控件数组，但 Command1、Command2、Command3 不是控件数组。

控件数组有相同的控件名称（即 Name 属性），控件数组中的控件具有相同的一般属性，且所有控件共用相同的事件过程。在控件数组中，以下标索引值（Index）来标识各个控件，当控件数组建立时，系统给每一个控件赋予唯一的索引号（Index）。用户可以通过每个控件的属性窗口的 Index 属性查看，控件数组中的第 1 个控件的下标是 0。

控件数组中的所有控件共享同样的事件过程，例如，控件数组 Command1 中有 6 个命令按钮，不管单击哪个命令按钮，都会调用同一个单击事件过程。在事件过程中，为了区分是控件数组中的哪个控件触发了事件，在程序运行时，通过传送给过程的索引值（即下标值）来确定。

一个控件数组中至少包含一个控件，最多可达 32768 个，Index 属性值不能超过 32767。

2. 建立控件数组的步骤

建立控件数组一般有两种方法。

方法一：

1）在窗体上添加某个控件，进行控件名的属性设置，从而建立第一个控件。

2）选中该控件，进行"复制"和"粘贴"操作，系统会提示（假设先添加了一个 Command1 命令按钮）："已经有一个控件为 Command1。创建一个控件数组吗？"，单击"是"按钮即建立了一个控件数组，进行若干次"粘贴"操作即建立了控件数组。

3）进行事件过程的编码。

方法二：

1）在窗体上添加某个控件，进行控件的属性设置，从而建立第一个控件。

2）在窗体上再添加同一类型的另一控件，并修改该控件的 Name 属性，使其和第一个控件相同，此时会出现同样的创建控件数组的对话框，单击"是"按钮即成功建立了一个控件数组。

【例 7-6】 字体控制。单击控件数组中的任何一项来改变文本的字体，设计界面如图 7-20 所示。

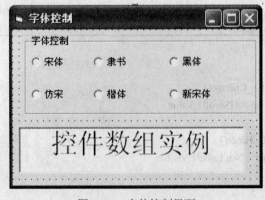

图 7-20　字体控制界面

1）控件属性设置如表 7-6 所示。

表 7-6　例 7-6 的属性设置

控 件 名 称	属 性 值	作　　用
Form1	Caption= "字体控制"	标识程序功能
Frame1	Caption= "字体控制"	控件分类
Option1(0)	Caption= "宋体"	
Option1(1)	Caption= "隶书"	
Option1(2)	Caption= "黑体"	标识字体类型
Option1(3)	Caption= "仿宋"	
Option1(4)	Caption= "楷体"	
Option1(5)	Caption= "新宋体"	
Text1	Text= "控件数组实例" FontSize=26 FontName= "宋体"	显示的文本

2）程序代码如下：

```
Private Sub Option1_Click(Index As Integer)
        Select Case Index
        Case 0
        Text1.FontName = "宋体"
        Case 1
        Text1.FontName = "隶书"
        Case 2
        Text1.FontName = "黑体"
        Case 3
        Text1.FontName = "仿宋_GB2312"
        Case 4
        Text1.FontName = "楷体_GB2312"
        Case 5
        Text1.FontName = "新宋体"
        End Select
End Sub
```

3）运行界面如图 7-21 所示。

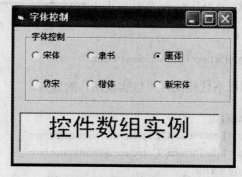

图 7-21　字体控制的运行界面

7.3 图形控件

在 Visual Basic 中不仅可以处理文字而且可以对图形图像进行处理，与图形有关的标准控件有 4 个：图形框（PictureBox）、图像框（Image）、直线（Line）和形状控件（Shape）。

1. 图形框（PictureBox）和图像框（Image）

图形框用来显示图形，也可以作为其他控件的容器，并可在其上输出文本和打印图形。而图像框只是作为显示图形的工具，不具备以上的功能。

（1）相同属性

图形框在工具箱上的图标为 ![图标]，图像框在工具箱上的图标为 ![图标]，它们都可以通过 Picture 属性添加扩展名为.bmp、.ico、.gif、.jpg、.dib 和.wmf 等的文件。

（2）不同属性

两种控件在装入不同大小的图片时，通过不同的属性来调整控件大小以适应图形尺寸。

1）PictureBox 通过 AutoSize 属性调整图片大小，其值有两种。

True：图形框自动调整大小与显示的图片匹配；

False：图片根据图形框的大小裁剪图片本身，若图片过大，则多余的部分会被剪掉，若图片过小，则从图形框的左上角开始显示。

2）Image 通过 Stretch 属性调整控件和图片的关系，其值有两种。

True：图片自动调整以适应图像框；

False：图像框自动调整以适应图形。

也就是说，Stretch 属性值决定是以图片为基准来显示图像框，还是以图像框为基准来显示图片。

两个控件不同属性值的比较如图 7-22 所示。

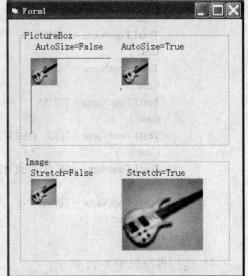

图 7-22 图形框和图像框的比较

（3）装入图片的方法

1）设计阶段用 Picture 属性装入图片；

2）运行期间用 LoadPicture 函数装入图片，其格式为：

　　　　对象.Picture＝LoadPicture（文件名）

若用 PictureBox 装入 C 盘 Windows 文件夹下的图片 1.bmp，可写为：

　　　　Picture1.Picture＝LoadPicture（"C:\Windows\1.bmp"）

图 7-22 在运行期间用以下代码同样可以实现图片的装入。

```
Private Sub Form_Load()
    Picture1.Picture = LoadPicture("C:\picture\administrator.bmp")
    Picture2.Picture = LoadPicture("C:\picture\administrator.bmp")
    Picture2.AutoSize = True
    Image1.Picture = LoadPicture("C:\picture\administrator.bmp")
```

```
        Image2.Picture = LoadPicture("C:\picture\administrator.bmp")
        Image2.Stretch = True
    End Sub
```

【例 7-7】 换照片。利用时钟和图像控件制作一个图片跳动显示的程序。设计界面如图 7-23 所示。

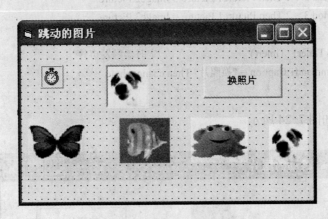

图 7-23　图片跳动显示的设计界面

1）控件设置如表 7-7 所示。

表 7-7　例 7-7 的属性设置

控 件 名	属 性 值	作 用
Form1	Caption= "跳动的图片"	标识程序作用
Timer1	Interval=200	定时
Command1	Caption= "换照片"	操作按钮
Picture1	Picture= "c:\photo\dog.bmp "	装入原始图片
Image1	Picture= "c:\photo\butterfly.bmp "	装入轮换图片
Image2	Picture= "c:\photo\fish.bmp "	
Image3	Picture= "c:\photo\frog.bmp "	
Image4	Picture= "c:\photo\dog.bmp " Visible=false	装入原始图片

2）程序代码如下：

```
    Dim x As Integer                    '窗体变量
    Private Sub Command1_Click()
        If Command1.Caption = "显示原照片" Then
            Command1.Caption = "换照片"
        Else
            Command1.Caption = "显示原照片"
            Picture1.Picture = Image4.Picture
```

145

```
        End If
    End Sub
    Private Sub changephoto()                 '轮换子程序
        x = x + 1
        If x Mod 3 = 0 Then Picture1.Picture = Image1.Picture
        If x Mod 3 = 1 Then Picture1.Picture = Image2.Picture
        If x Mod 3 = 2 Then Picture1.Picture = Image3.Picture
    End Sub
    Private Sub Timer1_Timer()                 '定时器触发事件
        If Command1.Caption = "换照片" Then changephoto
    End Sub
```

3）运行结果如图 7-24 所示。

图 7-24　图片跳动显示的运行界面

2．直线控件（Line）和形状控件（Shape）

在 Visual Basic 中可以用直线控件和形状控件来绘制直线和简单的图形。直线控件在工具箱上的图标为 ╲，用于在窗体、框架或图片框中创建简单的线段，形状控件在工具箱上的图标为 ▱，可以显示一些简单的图形，如矩形、正方形、椭圆等。

（1）相同属性

1）BorderColor 属性：用于设置图形或直线的颜色。

2）BorderStyle 属性：用于确定直线或图形边界线的线型，其取值范围有 7 种。

0：边界线透明；

1：边界线为实线；

2：边界线为虚线；

3：边界线为点线；

4：边界线为点画线；

5：边界线为双点画线；

6：边界线为内实线。

3）BorderWidth 属性：用于指定直线的宽度或图形界限的宽度，可以是除 0 以外的任意数值。

（2）不同属性

形状控件用于显示一定的图形，用何种样式和颜色填充由以下几个属性决定：

1）BackStyle 属性：决定图形是否用指定的颜色填充，有以下两种取值。

0：图形边界内的区域是透明的，为默认值；

1：图形边界内的区域由 BackColor 属性值填充，默认为白色。

2）FillColor 属性：指定图形内部的填充颜色。

3）FillStyle 属性：指定图形内部的填充图案，有 8 种取值。

0：填充图案为实心；

1：填充图案为透明；

2：填充图案为水平线；

3：填充图案为垂直线；

4：填充图案为向上对角线；

5：填充图案为向下对角线；

6：填充图案为交叉线；

7：填充图案为对角交叉线。

4）Shape 属性：指定所画图形的几何特性，有 6 种取值。

0：矩形；

1：正方形；

2：椭圆形；

3：圆形；

4：四角圆化的矩形；

5：四角圆化的正方形。

【例 7-8】 简单图形设置。用控件数组实现图形几何形状的设置和图案填充，设计界面如图 7-25 所示。

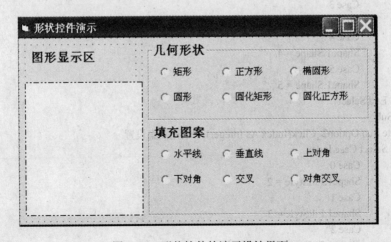

图 7-25　形状控件的演示设计界面

1）控件属性设置如表 7-8 所示。

表 7-8 例 7-8 的属性设置

控 件 名	属 性 值	作 用
Form1	Caption= "形状控件演示"	程序功能描述
Label1	Caption= "图形显示区"	标识 Shape1 的功能
Shape1	BorderStyle=5	显示图形设置结果
Frame1	Caption= "几何形状"	标识分类操作
Frame2	Caption= "填充图案"	
Option1(0)	Caption= "矩形"	
Option1(1)	Caption= "正方形"	
Option1(2)	Caption= "椭圆形"	
Option1(3)	Caption= "圆形"	选择几何图形
Option1(4)	Caption= "圆化矩形"	
Option1(5)	Caption= "圆化正方形"	
Option2(0)	Caption= "水平线"	
Option2(0)	Caption= "垂直线"	
Option2(0)	Caption= "上对角"	
Option2(0)	Caption= "下对角"	选择填充图案
Option2(0)	Caption= "交叉"	
Option2(0)	Caption= "对角交叉"	

2）编程代码如下：

```
Private Sub Option1_Click(Index As Integer)   '几何形状设置
    Select Case Index
        Case 0
        Shape1.Shape = 0
        Case 1
        Shape1.Shape = 1
        Case 2
        Shape1.Shape = 2
        Case 3
        Shape1.Shape = 3
        Case 4
        Shape1.Shape = 4
        Case 5
        Shape1.Shape = 5
    End Select
End Sub
Private Sub Option2_Click(Index As Integer)   '填充图案设置
    Select Case Index
        Case 0
        Shape1.FillStyle = 2
        Case 1
        Shape1.FillStyle = 3
        Case 2
        Shape1.FillStyle = 4
        Case 3
        Shape1.FillStyle = 5
```

```
              Case 4
              Shape1.FillStyle = 6
              Case 5
              Shape1.FillStyle = 7
        End Select
      End Sub
```

3）运行结果如图 7-26 所示。

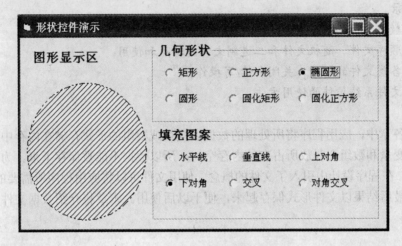

图 7-26　形状控件演示运行界面

7.4　本章小结

本章介绍了 Visual Basic 常用控件的属性和使用方法，使读者对所见即所得的面向对象的程序设计有所认识，希望大家通过学习例题，进一步掌握图形界面设计。

习题 7

1. 单选按钮和复选框有哪些区别？
2. 框架都有哪些作用？在框架上如何放置其他控件？
3. 如果要从列表框 List1 中删去一项，应该如何编写代码？
4. 组合框有哪几种显示形式？有何区别？
5. 在移动滚动条的过程中改变的是该控件的哪个属性值？
6. 若定时器每隔 1 秒产生一个 Timer 事件，其 Interval 的属性值应设为多少？
7. 如何建立控件数组，控件数组和其他控件有什么区别？
8. Picture1 和 Image1 同时显示一张图片，要想显示相同效果，应该如何设置？

第8章　数据文件和文件系统控件

学习目标

1. 掌握数据文件的基本概念。
2. 掌握顺序文件、随机文件和二进制文件的特点和使用。
3. 掌握各类文件的打开、关闭和读/写操作。
4. 掌握文件系统控件的使用方法。

在前面各章中，应用程序将所处理的数据以变量或数组的形式存储在内存中，当退出应用程序时，变量和数组会释放所占有的内存空间，所以数据不能被保存下来。为了长期有效地使用数据，在程序设计中引入了文件的概念。使用文件可以将应用程序所需要的原始数据、中间结果和最后结果以文件形式保存起来，便于以后使用。本章将介绍数据文件和文件系统控件。

8.1　文件概述

在计算机系统中，文件是数据存储的基本单位，任何对数据的访问都是通过文件进行的。所谓文件，是指在外存储器（如磁盘、磁带）上存储的用文件名标识的一组相关数据的集合。为便于管理，通常将相关的一组文件放在同一个文件夹中，通过对文件、文件夹的管理达到管理数据的目的。在 Visual Basic 应用程序中，也经常要对文件进行处理，例如，建立文件、读/写文件以及删除文件等。

8.1.1　文件的类型

根据系统对文件的访问方式，可以将文件分为 3 种类型：顺序文件、随机文件和二进制文件。

（1）顺序文件

顺序文件其实就是普通的 ASCII 码文本文件。顺序文件要求按照顺序进行读/写。在顺序文件中，记录之间的分界符号通常是回车符，即一行就是一条记录，各条记录的长度不一定相同。顺序文件的存储格式如图 8-1 所示。

记录1	回车符	记录2	回车符	…	记录n	回车符	…

图 8-1　顺序文件的存储示意图

顺序文件的优点是结构简单，适合于处理文本文件；缺点是必须按照顺序访问，因此不能随机读/写文件。

（2）随机文件

在随机文件中，所有记录的长度都必须相同，记录之间不需要特殊的分隔符号，可以根据用户给出的记录号直接访问特定记录。随机文件的存储格式如图 8-2 所示。

| 记录号1 | 记录1 | 记录号2 | 记录2 | … | 记录号n | 记录n | … |

图 8-2　随机文件的存储示意图

与顺序文件比较，其优点是读/写速度快、更新简便。

（3）二进制文件

二进制文件用于存储二进制数据，要求以字节为单位存储和访问数据。二进制文件能存储任何需要的数据。在二进制文件中，能够存取任意需要的字节，该种存取方式最灵活，但程序的工作量最大。

在 Visual Basic 中，可以使用不同的方式来访问不同类型的文件。

8.1.2　文件的处理

一般来说，在程序中处理数据文件需要经过 3 个步骤：打开文件、对文件进行读/写操作、关闭文件。

（1）文件的打开

在程序中处理文件，首先要打开文件。在打开文件时，系统为文件在内存中开辟了一个专门的数据存储区域，称为文件缓冲区。每个文件缓冲区都有一个编号，称为文件号。文件号代表在该缓冲区中打开的文件，对文件进行的所有操作都要通过文件号进行。文件号由程序员在程序中指定，也可以使用 Visual Basic 提供的 FreeFile 函数自动获得下一个可以利用的文件号。

（2）文件的读/写

对于已在内存缓冲区中打开的文件，可以进行读/写操作。读操作是指将外存文件中的数据读入到内存变量中，供程序使用；写操作是指将内存变量中的数据写入到外存文件中。

对文件的读/写操作都是通过文件缓冲区进行的。在从文件读数据时，先将数据送到文件缓冲区中，然后提交给变量；反之，将数据写入文件时，先将数据写入文件缓冲区暂存，待缓冲区已满或文件被关闭时，才一次性输出到文件。通过缓冲区读/写文件的目的是：减少读/写外存的次数，从而节省操作时间。

（3）文件的关闭

处理文件后，一定要关闭文件，因为可能有部分数据仍然在文件缓冲区中，如果不关闭文件会有数据丢失的情况发生。

8.2　顺序文件

顺序文件只能按顺序读/写，对顺序文件的操作非常简单。

8.2.1　引例

【例 8-1】　建立文件"D:\Scores.dat"，将 5 名学生的学号、姓名和成绩写入文件；然后，从文件中读数据，找出其中最高成绩和最低成绩的学生信息，写入文件的末尾；最后，将读出的文件内容显示在窗体上。

分析：在该程序中要对文件进行 4 次读/写操作，所以需要 4 次以不同的访问模式打开文件。

1）建立文件 D:\Scores.dat，将 5 名学生的学号、姓名和成绩写入文件。

代码如下：

```
Open "D:\Scores.dat" For Output As #1
'建立并打开文件 D:\Scores.dat 用于写入数据，文件号为 1
Write #1, "090101", "李冰峰", 78        '写入第 1 名学生的数据
Write #1, "090102", "张明伟", 98        '写入第 2 名学生的数据
Write #1, "090103", "孙菲菲", 83        '写入第 3 名学生的数据
Write #1, "090104", "赵一洋", 52        '写入第 4 名学生的数据
Write #1, "090105", "郑小娜", 65        '写入第 5 名学生的数据
Close #1                              '关闭 1 号文件
```

以上代码执行后，若用记事本打开文件 D:\Scores.dat，则文件内容如图 8-3 所示。

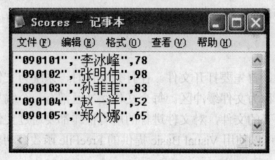

图 8-3　写入文件后的 Scores 文件内容

2）再次打开文件，从文件中读数据，找出最高成绩和最低成绩的学生信息。因为文件中有多行数据，所以使用循环。

代码如下：

```
Open "D:\Scores.dat" For Input As #1          '打开文件 D:\Scores.dat，用于读数据，文件号为 1
Dim No As String, Name As String, Score
As Single'定义 3 个变量，用于存放读出的数据
Dim Max As Single, Min As Single              '定义两个变量，用于存放最高分和最低分
Min = 100 : Max = 0                           '初始化最高分和最低分
Do While Not EOF(1)                           '判断 1 号文件是否结束，若不结束则继续循环
Input #1, No, Name, Score                     '从 1 号中读出一个学生数据（一行数据）
If Score > Max Then Max = Score               '若当前读出的成绩高于最高分，则修改最高分
If Score < Min Then Min = Score               '若当前读出的成绩低于最低分，则修改最低分
Loop
Close #1                                       '关闭 1 号文件
```

3）第 3 次打开文件，将求出的最高成绩和最低成绩追加到文件的末尾。

代码如下：

```
Open "D:\Scores.dat" For Append As #1    '打开文件 D:\Scores.dat，以追加数据，文件号为 1
```

```
Write #1, "最高分数是", Max          '将最高分数追加到文件末尾
Write #1, "最低分数是", Min          '将最低分数追加到文件末尾
Close #1                            '关闭 1 号文件
```

4）打开文件，将文件内容按行读出，并输出到窗体上。

代码如下：

```
Open "D:\Scores.dat" For Input As #1    '打开文件 D:\Scores.dat，以读出数据，文件号为 1
Dim LineData As String                   '定义一个变量，用于存放读出的一行数据
Do While Not EOF(1)                      '判断 1 号文件是否结束，若不结束则继续循环
Line Input #1, LineData                  '从 1 号中读出一行数据存放到变量 LineData 中
Print LineData                           '将读出的数据输出到窗体上
Loop
Close #1                                 '关闭 1 号文件
```

以上代码执行后，窗体显示如图 8-4 所示。

说明：

1）在以上引例中，共对文件 D:\Scores.dat 进行了 4 次读/写操作，每次都要使用 Open 语句打开文件，只是操作目的不同，打开模式也不同。另外，创建并写入数据用 Output 模式打开，追加内容用 Append 模式打开，读出数据用 Input 模式打开。

图 8-4 例 8-1 的程序运行结果

2）顺序文件是纯文本文件，各种类型的数据在被写入时会被自动转换成字符串。由于引例中的学生成绩是整型数据，则写入顺序文件时被转换成了字符串。

3）对于写入顺序文件的数据，可以按照原来的数据类型读出，这就要定义相应的变量，即使用 Input#语句将一行数据读出后分别送入相应的变量。例如，引例中的 No、Name 和 Score 三个变量，分别用于按照数据原来的类型存放从文件读出的学生学号、姓名和成绩等数据。

4）也可以将文件中的数据当成纯文本来处理，此时使用 Line Input#语句将一行内容读出到一个字符串型变量中即可。例如，引例中的 LineData 变量用于存放从文件中读出的一行数据。

5）文件读/写结束后，必须使用 Close 语句关闭文件，以免丢失数据。

8.2.2 顺序文件的基本操作

1. 顺序文件的打开

在对文件进行操作之前，必须打开文件，并且通知操作系统对文件进行的操作是读出数据还是写入数据。打开顺序文件使用 Open 语句。格式如下：

```
Open <文件名> For <模式> As [#]<文件号>
```

其中：

1）文件名可以是字符串常量或字符串变量。

2）模式可以是下列之一：

Output：对文件进行写操作。若文件不存在，则在外存中创建一个新的顺序文件；若文件已经存在，则文件中所有内容将被清除。

Input：对文件进行读操作。用该模式打开的文件必须存在，否则将出现错误。

Append：在文件末尾追加记录。

3）文件号是一个介于 1～511 之间的整数，代表文件在内存使用中的缓冲区。

例如：

```
Open "D:\aaa.dat" For Output    As #1   '打开顺序文件 D:\aaa.dat 供写入数据，文件号为 1
Open "D:\bbb.txt" For Append    As #2   '打开顺序文件 D:\bbb.txt 供追加数据，文件号为 2
Open "D:\ccc.dat" For Input As #3       '打开顺序文件 D:\ccc.dat 供读出数据，文件号为 3
```

2. 顺序文件的关闭

结束各种读/写操作后，必须关闭文件，否则会丢失数据。关闭文件使用 Close 语句。格式如下：

```
Close [#<文件号 1>][#<文件号 2>]...
```

其中：

1）文件号是指利用 Open 语句打开文件时指定的文件号。

2）使用此语句可以同时关闭多个已打开的文件，用逗号分隔文件号。

3）若省略文件号，表示关闭所有已经打开的文件。

例如：

```
Close #1                          '关闭文件号为 1 的文件
Close #2,#3                       '同时关闭文件号为 1 和文件号为 2 的文件
Close                             '关闭所有打开的文件
```

3. 顺序文件的写操作

对以 Output 和 Append 方式打开的文件可以进行写操作，将数据写入顺序文件可以使用 Write #语句或 Print #语句。

（1）Write #语句

Write #语句的语法格式如下：

```
Write #<文件号>, [输出列表]
```

1）输出列表项可以是常量、变量或表达式。当输出列表项多于一个时，各项之间用逗号分隔。

2）Write #语句将各个输出项按列表顺序写入文件，并在各项之间自动插入逗号，将字符串加上双引号。写完所有变量后，将在最后加一个回车换行符。对于不含输出列表的 Write #语句，将在文件中写入一个空行。

（2）Print #语句

Print #语句的语法格式如下：

```
Print #<文件号>, [输出列表]
```

此语句的功能和 Print 语句类似，不同的是，此处是将输出列表写入到文件中，而不是输出到窗体上。

1）输出列表项可以是常量、变量或表达式。当输出列表项多于一个时，各项之间用逗号或分号分隔，其含义与 Print 语句的紧凑格式和标准格式相同。

2）在输出列表项中可以使用 Spc(n) 函数向文件中写入 n 个空格，也可以使用 Tab(n) 函数指定其后的输出项从第 n 列输出。

3）Print# 语句与 Write # 语句的区别在于：字符串没有加双引号，数据之间没有用逗号分隔。

【例 8-2】 分别使用 Print # 语句的标准格式、紧凑格式和 Write # 语句向文件 D:\Scores.dat 中写入两行数据。

```
Private Sub Form_Click()
    Open "D:\Scores.dat" For Output As #1
    Print #1, "090101", "李冰峰", 78
    Print #1, "090102", "张明伟", 98
    Print #1, "090103"; "孙菲菲"; 83
    Print #1, "090104"; "赵一洋"; 52
    Write #1, "090105", "黄丽莉", 55
    Write #1, "090106", "杨铁心", 67
    Close #1
End Sub
```

程序运行后，用记事本打开文件，如图 8-5 所示。

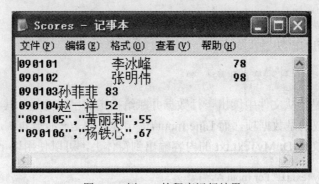

图 8-5　例 8-2 的程序运行结果

4．顺序文件的读操作

对于以 Input 方式打开的文件可以进行读操作。在读顺序文件时，常用 LOF 函数、EOF 函数、Input# 语句和 Line Input# 语句。

（1）LOF 函数

LOF 函数的调用格式如下：

LOF（文件号）

其功能是返回文件的字节数。如果返回 0，则表示该文件是一个空文件。

（2）EOF 函数

EOF 函数的调用格式如下：

EOF（文件号）

其功能是测试当前读/写的位置，即是否到达文件的末尾。若到达文件末尾，返回 True，否则返回 False。

（3）Input#语句

Input#语句的语法格式如下：

    Input#<文件号>,<变量列表>

该语句的功能是，将从文件中读出的数据分别赋给指定的变量，当变量个数多于一个时，用逗号分隔。Input#语句一般与 Write#语句配套使用。使用 Input#语句可以将顺序文件中的数据按照原来的数据类型读出。Input#语句一般与 Write#语句配合使用。

例如，执行以下程序段可以在顺序文件中写入一行数据：

```
Open "D:\Scores.dat" For Output As #1
Write #1, "090106", "杨铁心", 67
Close #1
```

再执行以下程序段，可以按照原来的数据类型读出数据。

```
Dim No As String*6,Name As String*8,Score As Integer
Open "D:\Scores.dat" For Input As #1
Input #1, No,Name,Score
Close #1
```

（4）Line Input#语句

Line Input#语句的语法格式如下：

    Line Input #<文件号>,<变量列表>

该语句的功能是，从文件中读出一行数据并赋给指定的字符变量。其与 Input#语句类似，只是 Input#语句读取的是数据项，而 Line Input#语句读取的是一行数据。

例如，将文本文件 D:\MyText.txt 的内容输出到窗体上，可以使用以下代码：

```
Open "D:\MyText.txt" For Input As #1
Do While Not.EOF(1)
    Line Input #1,LineData
    Print LineData
Loop
Close #1
```

8.2.3 应用举例

【例 8-3】 编写如图 8-6 和图 8-7 所示的顺序文件读/写程序。若单击"添加数据"按钮，则将一个学生的学号、姓名、性别和成绩添加到文件 D:\Scores.dat 中；若单击"读取数据"按钮，则从文件中读取数据并找出最高分数和最低分数，然后在文本框中输出。

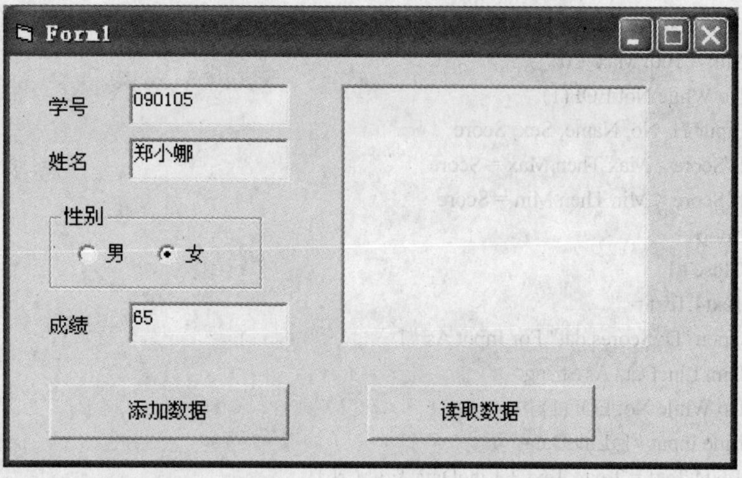

图 8-6 例 8-3 的运行界面——输入数据

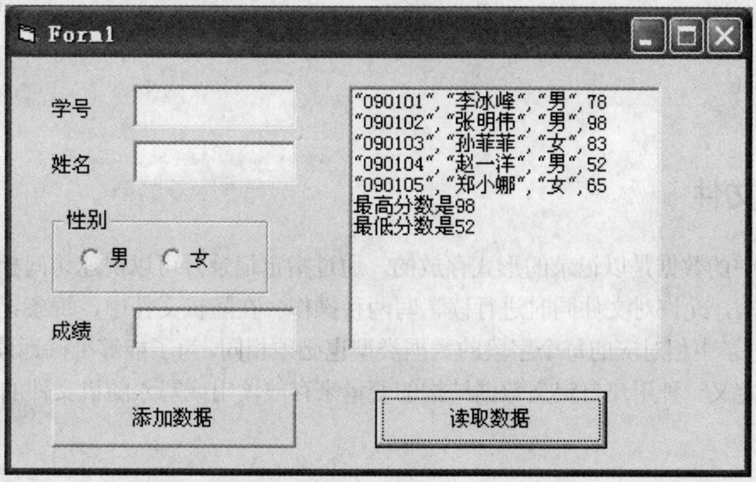

图 8-7 例 8-3 的运行界面——输出数据

```
Private Sub Command1_Click()
    Dim xb as string
    xb= IIf(Option1.Value, Option1.Caption, Option2.Caption)
    Open "D:\Scores.dat" For Append As #1
    Write #1, Text1.Text, Text2.Text, xb , Val(Text3.Text)
    Close #1
    Text1.Text = ""
    Text2.Text = ""
    Text3.Text = ""
End Sub
Private Sub Command2_Click()
    Open "D:\Scores.dat" For Input As #1
    Dim No As String, Name As String
    Dim Sex As String, Score As Single
```

```
        Dim Max As Single, Min As Single
        Min = 100: Max = 0
        Do While Not EOF(1)
        Input #1, No, Name, Sex, Score
        If Score > Max Then Max = Score
        If Score < Min Then Min = Score
        Loop
        Close #1
        Text4.Text = ""
        Open "D:\Scores.dat" For Input As #1
        Dim LineData As String
        Do While Not EOF(1)
        Line Input #1, LineData
        Text4.Text = Text4.Text + LineData & vbCrLf
        Loop
        Close #1
        Text4.Text = Text4.Text & "最高分数是" & Max & vbCrLf
        Text4.Text = Text4.Text & "最低分数是" & Min & vbCrLf
    End Sub
```

8.3 随机文件

随机文件中的数据是以记录的形式存放的，通过指定记录号可以快速访问相应的记录。在打开随机文件后，允许对文件同时进行读、写两种操作。在随机文件中，每条记录的长度必须相同，且各条记录中相对应的每个字段的数据类型也必须相同。为了能够准确地读/写随机文件，通常在程序中定义一种用户自定义数据结构的变量来存放读出或写入随机文件的数据。

8.3.1 引例

【例 8-4】 编写一个随机文件读写程序。要求将两个同学的记录（包括学号、姓名和年龄）写入到随机文件 D:\students.dat 中，记录号分别是 1 和 3，然后从文件中读出第 4 条记录并输出到窗体上。

1）在窗体对象的"通用-声明"段定义记录类型 Students 和记录变量 stu。

```
Private Type Students                          '开始定义记录类型 Students
    No As String * 6                           'No 用来存放学号，长度为 6
    Name As String * 8                         'Name 用来存放姓名，长度为 8
    Age As Integer                             'Age 用来存放年龄
End Type                                        '结束定义记录类型 Students
Dim stu As Students                            '声明 Students 类型的记录变量 stu
```

2）将两个学生记录写入随机文件。

```
Private Sub Command1_Click()
Open "D:\students.dat" For Random As #1 Len = Len(stu)  '打开随机文件 D:\students.dat
```

158

```
        With stu                                          '将数据赋给记录变量
            .No = "090101"
            .Name = "李冰峰"
            .Age = 18
        End With
        Put #1, 1, stu                                    '将记录写入随机文件，记录号为 1
        With stu                                          '将数据赋给记录变量
            .No = "090103"
            .Name = "孙菲菲"
            .Age = 19
        End With
        Put #1, 3, stu                                    '将记录写入随机文件，记录号为 3
        Close #1
    End Sub
```

3）从随机文件中读出第 3 条记录并显示在窗体上。

```
    Private Sub Command2_Click()
    Open "D:\students.dat" For Random As #1 Len = Len(stu)    '打开随机文件 D:\students.dat
    Get #1, 3, stu                                            '从文件中读出第 3 条记录
    Print stu.No, stu.Name, stu.Age                          '将记录变量的内容输出到窗体上
    Close #1
    End Sub
```

说明：

1）在随机文件中，各条记录的长度相同，数据类型为用户自定义数据类型，用 Type 语句定义。例如，引例中的 Studennts 类型。

2）打开随机文件也使用 Open 语句，但要使用 Random 模式。在随机文件打开之后，可以同时进行读/写操作。

3）可以按照指定的记录号将数据写入随机文件或从随机文件中读出数据。读随机文件使用 Get 语句，写随机文件使用 Put 语句。

4）在随机文件读/写完成后，必须关闭文件，以免丢失数据。

8.3.2　随机文件的基本操作

1．随机文件的打开

打开随机文件也要使用 Open 语句，只是要使用 Random 模式打开。打开随机文件的格式如下：

    Open <文件名> For Random As #<文件号>[Len=<记录长度>]

其中，记录长度等于各字段长度之和，以字节为单位。若省略"Len=记录长度"，则默认的记录长度为 128 字节。文件以随机方式打开后，可以同时进行读/写操作，但需要指明记录的长度。

例如，以随机方式打开记录长度为 20 个字节的文件 D:\MyText.txt，可以使用以下代码：

    Open "D:\MyText.txt" For Random As #1 Len=20

2．随机文件的关闭

关闭随机文件也使用 Close 语句，其语法格式为：

Close [#<文件号 1>][#<文件号 2>]...

与关闭顺序文件类似，使用 Close 语句可以关闭一个或多个已打开的随机文件，或者关闭全部文件。

3．随机文件的读操作

随机文件的读操作使用 Get 语句，其语法格式为：

Get   [#]<文件号>,[<记录号>],<变量名>

该语句是从随机文件中将一条由记录号指定的记录内容读入记录变量中。记录号是大于 1 的整数。如果省略记录号，则表示对当前记录的下一条记录进行操作。

例如，从 1 号随机文件中读出第 10 条记录存放在记录变量 stu 中，可以使用以下代码：

Get   #1,10,stu

4．随机文件的写操作

随机文件的写操作使用 Put 语句，其语法格式为：

Put   [#]<文件号>,[<记录号>],<变量名>

该语句是将一个记录变量的内容写入所打开的随机文件中指定的记录位置处。记录号是大于 1 的整数。如果省略记录号，则表示在当前记录后写入一条记录。

例如，将记录变量 stu 的内容作为第 5 条记录写入 1 号随机文件中，可以使用以下代码：

Put   #1,5,stu

8.3.3 应用举例

【例 8-5】 建立如图 8-8 所示的应用程序界面，编写程序实现将学生成绩信息和计算所得的平均分输入到数据文件，并将数据文件中的学生信息输出。

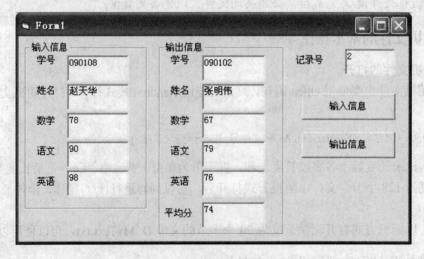

图 8-8 例 8-5 的程序运行结果

程序代码如下：

```
Private Type Students                    '开始定义记录类型 Students
    No As String * 6                     'No 用来存放学号，长度为 6
    Name As String * 8                   'Name 用来存放姓名，长度为 8
    Math As Integer                      'Math 用来存放数学成绩
    Chinese As Integer                   'Chinese 用来存放语文成绩
    English As Integer                   'English 用来存放英语成绩
    Average As Single                    'Average 用来存放平均成绩
End Type                                 '结束定义记录类型 Students
Dim stu As Students                      '声明 Students 类型记录变量 stu
Private Sub Command1_Click()
Open "D:\students.dat" For Random As #1 Len = Len(stu) '打开随机文件 D:\students.dat
With stu                                 '将文本框中的输入内容赋给记录变量
    .No = Text1.Text
    .Name = Text2.Text
    .Math = Val(Text3.Text)
    .Chinese = Val(Text4.Text)
    .English = Val(Text5.Text)
    .Average = (stu.Math + stu.Chinese + stu.English) / 3
End With
Put #1, , stu                            '将记录变量写入随机文件
Close #1
End Sub
Private Sub Command2_Click()
Open "D:\students.dat" For Random As #1 Len = Len(stu) '打开随机文件 D:\students.dat
Get #1, Val(Text12.Text), stu            '从文件读取指定记录到记录变量中
Text6.Text = stu.No                      '将记录变量输出到文本框中
Text7.Text = stu.Name
Text8.Text = stu.Math
Text9.Text = stu.Chinese
Text10.Text = stu.English
Text11.Text = stu.Average
Close #1
End Sub
```

8.4　二进制文件

二进制文件是以字节为单位进行访问的文件。二进制文件没有特别的结构，整个文件可以当做一个长的字节序列来处理，所以可以用二进制文件来存放非记录形式的数据或变长记录形式的数据。

8.4.1　二进制文件的操作

1. 二进制文件的打开

打开二进制文件也要使用 Open 语句，但要使用 Binary 模式打开。打开二进制文件的格

式如下:

> Open <文件名> For Binary As #<文件号>

例如,以二进制方式打开文件 D:\Test.txt,使用以下语句:

> Open "D:\Test.txt" For Binary As #1

2. 二进制文件的关闭

关闭二进制文件也使用 Close 语句。其语法格式为:

> Close [#<文件号 1>][#<文件号 2>]...

与关闭其他文件类似,使用 Close 语句可以关闭一个或多个已打开的二进制文件,或者关闭全部文件。

3. 二进制文件的读操作

二进制文件的读操作使用 Get 语句,其语法格式为:

> Get　[#]<文件号>,[<字节数>],<变量名>

该语句是将二进制文件中从字节数指定的字节位置开始的 Len(变量名)个字节数据读入到变量中。若缺省"字节数",则从上次读写的位置加 1 字节位置处开始读数据。

例如,从 1 号文件的第 20 个字节处开始读出 1 个字节,使用以下语句:

> Dim Char As Byte
> Get　#1,20,Char

4. 二进制文件的写操作

二进制文件的写操作使用 Put 语句,其语法格式为:

> Put　[#]<文件号>,[<字节数>],<变量名>

该语句是将变量内容写入所打开的二进制文件中指定的字节位置处。若省略"字节数",则将数据写入到从上次读写的位置加 1 字节位置处。

例如,在 1 号文件的第 10 个字节处开始写入"Visual Basic 程序设计",使用以下语句:

> Put　#1,10,"Visual Basic 程序设计"

8.4.2　应用举例

【例 8-6】 编写一个合并文件的程序,将两个源文件 D:\a.dat 和 D:\b.dat 的内容合并成一个目标文件 D:\c.dat。

代码如下:

```
Private Sub Form_Click()
Dim char As Byte
Open "D:\a.dat" For Binary As #1          '打开源文件 D:\a.dat
Open "D:\b.dat" For Binary As #2          '打开源文件 D:\b.dat
```

```
        Open "D:\a.dat" For Binary As #3      '打开目标文件 D:\c.dat
        Do While Not EOF(1)                   '判断 1 号文件是否结束，若不结束则继续
            Get #1, , char                    '从 1 号文件中读出 1 字节存入变量 char
            Put #3, , char                    '将变量 char 写入 3 号文件
        Loop
        Do While Not EOF(2)                   '判断 2 号文件是否结束，若不结束则继续
            Get #2, , char                    '从 2 号文件中读出 1 字节存入变量 char
            Put #3, , char                    '将变量 char 写入 3 号文件
        Loop
        Close
        End Sub
```

8.5 常用文件操作语句和函数

要对文件进行操作，需要了解文件的有关信息，例如，文件所在的位置、文件的大小等。Visual Basic 提供了一些语法简单的函数和语句，可以满足程序员对文件和文件夹操作的基本要求。

1. FileCopy 语句

格式：FileCopy <源文件名>,<目标文件名>

功能：复制文件。

其中，<源文件名>和<目标文件名>可以包含目录及驱动器。

例如，将源文件 C:\a.txt 复制到 D 盘且目标文件名为 b.txt。

```
FileCopy "C:\a.txt","D:\b.txt"
```

2. Kill 语句

格式：Kill <文件名>

功能：删除文件。

其中，<文件名>可以包含目录及驱动器。

Kill 语句支持通配符"*"（代表一个字符）和"？"（代表多个字符），但在使用时应慎重，以免误删了重要文件。

例如，删除 C 盘下的文件 a.txt。

```
Kill "C:\a.txt"
```

删除 D 盘下所有扩展名为.txt 的文件。

```
Kill "D:\*.txt"
```

3. Name 语句

格式：Name <旧路径名或文件名> As <新路径名或文件名>

功能：重新命名一个文件或目录，并可以将其移动到其他目录或驱动器中。

例如，将当前文件夹中的文本文件 a.txt 重命名为 b.txt。

```
Name "a.txt" As "b.txt"
```

将 C:\OldDir\a.txt 重命名为 D:\NewDir\b.txt。

    Name "C:\OldDir\a.txt" As "D:\NewDir\b.txt"

4. ChDrive 语句

格式：ChDrive <驱动器名>

功能：改变当前驱动器。

例如，将当前驱动器改变为 D 盘。

    ChDrive　"D"

5. MkDir 语句

格式：MkDir <路径名>

功能：创建一个新的目录。

例如，在当前驱动器下创建新的目录 MyDir。

    MkDir　"MyDir"

例如，在 D 盘下创建新的目录 MyDir。

    MkDir　"D:\MyDir"

6. ChDir 语句

格式：ChDir <路径名>

功能：改变当前目录。ChDir 语句改变当前目录，但不改变当前驱动器。

例如，将当前目录改变为 MyDir。

    ChDir　"MyDir"

例如，假设当前驱动器为 C 盘，则下列语句将当前目录改变为"D:\MyDir"，而当前驱动器仍是 C 盘。

    ChDir　"D:\MyDir"

7. RmDir 语句

格式：RmDir <路径名>

功能：删除一个存在的目录。如果使用该语句删除一个含有文件的目录，则会发生错误。所以，在删除含有文件的目录之前，必须先用 Kill 语句删除此目录下的所有文件。

例如，删除目录 D:\MyDir。

    RmDir "D:\MyDir"

8. CurDir 函数

格式：CurDir[(驱动器名)]

功能：返回任何一个驱动器的当前路径。如果没有指定驱动器名或其值为零长度的字符串（""），则返回当前驱动器的工作路径。

例如，假设当前驱动器为 C 盘，当前路径为 C:\MyDir，且有变量定义如下：

Dim MyPath1 as string, MyPath2 as string, MyPath3 as string

则使用下列语句都可以返回当前路径 C:\MyDir。

```
MyPath1=CurDir
MyPath2=CurDir("")
MyPath2=CurDir("C")
```

8.6 文件系统控件

在 Visual Basic 中，提供了 3 个有关文件处理的专用控件：驱动器列表框控件（DriveListBox）、目录列表框控件（DirListBox）和文件列表框控件（FileListBox）。由于这些控件均与文件的操作有关，所以它们被称为文件系统控件。使用这些控件可以迅速获取有关驱动器、文件和目录的信息。对于 3 个控件可以单独使用，也可以组合起来使用。在组合使用时，可以在各控件的事件过程中编写代码，建立它们之间的联系，以产生联动的关系。

8.6.1 引例

【例 8-7】 利用文件系统控件设计一个图像浏览器，运行界面如图 8-9 所示。

图 8-9 例 8-7 的程序运行界面

程序代码如下：

```
Private Sub Dir1_Change()
        File1.Path = Dir1.Path          '使目录列表框和文件列表框同步
End Sub
```

```
Private Sub Drive1_Change()
    Dir1.Path = Drive1.Drive        '使驱动器列表框和目录列表框同步
End Sub
Private Sub File1_DblClick()
    ChDrive Drive1.Drive            '将在驱动器列表框中选择的驱动器设置为当前驱动器
    ChDir Dir1.Path                 '将在目录列表框中选择的目录设置为当前目录
    Image1.Picture = LoadPicture(File1.FileName)  '将选择的文件在图像框中打开
End Sub
```

8.6.2 驱动器列表框控件（DriveListBox）

驱动器列表框控件（DriveListBox）是一个下拉式列表框，其中列出了系统中有效的驱动器名称，包括网络共享驱动器。在程序运行时，用户可以通过键盘输入有效的驱动器名称，也可以在控件的下拉列表框中进行选择，如图 8-10 所示。系统默认驱动器为当前驱动器。

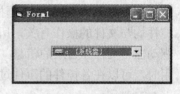

图 8-10 驱动器列表框控件

1. 常用属性

Drive 属性用于返回或设置磁盘驱动器的名称。该属性只能在程序运行时被设置或访问，可以通过给该属性赋一个字母或字符串来设置驱动器，但当用字符串来设置时，只有第一个字母才有意义。当被设置后，驱动器盘符出现在列表框的顶部。例如：

    Drive1.Drive="C:\ "   '设置驱动器

2. 常用事件

1）Change 事件：当选择一个新的驱动器或通过代码改变 Drive 属性的设置时触发该事件。

2）Click 事件：当用户单击驱动器列表框时触发该事件。

8.6.3 目录列表框控件（DirListBox）

目录列表框控件（DirListBox）可以显示当前驱动器上的目录结构，它以根目录开头，其下的子目录按层次依次显示在列表框中，如图 8-11 所示。

1. 常用属性

Path 属性用于设置或返回系统当前工作目录的完整路径（包括驱动器盘符）。在程序运行时，当双击目录列表框中的某个目录时，系统会将该目录的路径赋给 Path 属性。也可以通过代码设置 Path 属性，例如：

图 8-11 目录列表框控件

    Dir1.Path="C:\Windows"   '设置 C:\Windows 为系统当前工作目录

2. 常用事件

1）Change 事件：当当前目录被改变时触发该事件。

2）Click 事件：当用户单击目录列表框时触发该事件。

8.6.4 文件列表框控件（FileListBox）

文件列表框控件（FileListBox）用于显示指定目录下所有指定类型的文件，并可选定其中一个或多个文件。

1．常用属性

1）Path 属性：该属性为字符串数据类型，用来指定文件列表框中所显示文件所在的目录或文件夹的路径名称。

2）FileName 属性：设置或返回所选文件的路径和文件名。当在程序中设置 FileName 属性时，可以使用完整的文件名，也可以使用不带路径的文件名。当读取该属性时，返回当前从列表框中选择的不含路径的文件名，空值表示没有选定文件。

3）Pattern 属性：设置或返回要显示的文件类型。即按该属性的设置对文件进行过滤，显示满足条件的文件。其值是一个带通配符的文件名字符串，代表要显示的文件类型。默认值为"*.*"，如果过滤的类型不止一种，可以用分号分隔。例如：

```
File1. Pattern="*.COM ; *.EXE"                '只显示以.COM 和.EXE 为扩展名的文件
```

2．常用事件

1）PathChange 事件：当文件列表框对应的 Path 属性值发生改变时触发该事件。

2）Click 事件：当用户单击文件列表框时触发该事件。

8.6.5 综合应用

【例 8-8】 使用文件系统控件在应用程序界面上显示外存储器中的*.EXE 文件，允许用户选择某个文件并运行。应用程序界面如图 8-12 所示。

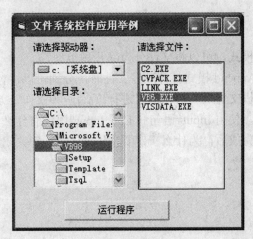

图 8-12　例 8-8 的应用程序界面

```
Dim MyFile As String
Private Sub Command1_Click()
        Dim i As Integer
        i = Shell(MyFile, vbNomalfocus)
```

167

```
        End Sub
        Private Sub Dir1_Change()
            File1.Path = Dir1.Path
        End Sub
        Private Sub Drive1_Change()
            Dir1.Path = Drive1. Drive
        End Sub
        Private Sub File1_Click()
        If Right(File1.Path, 1) <> "\" Then
                        MyFile = File1.Path & "\" & File1.FileName
            Else
                        MyFile = File1.Path & File1.FileName
            End If
        End Sub
        Private Sub Form_Load()
            File1.Pattern = "*.exe"
        End Sub
```

8.7 本章小结

本章介绍了数据文件的基本概念，并通过一些具体实例讲解了顺序文件、随机文件和二进制文件的基本操作，以及文件系统控件的使用方法。

习题 8

1. 什么是文件？
2. 根据文件的访问模式，可以将文件分为哪几种类型？
3. 在使用 Input 和 Append 模式打开顺序文件时，分别可以进行什么操作？
4. 为什么在打开随机文件后，可以同时进行读/写两种操作？
5. 在读顺序文件时，使用 Input#语句和 Line Input#语句有什么不同？
6. 在文件读写操作完成后，为什么一定要使用 Close 语句关闭文件？

第 9 章　Visual Basic 图形处理

学习目标

1. 了解 Visual Basic 坐标系统的设置。
2. 了解 Visual Basic 颜色的使用方法。
3. 掌握 Visual Basic 语言常用的图形控件。
4. 掌握使用 Visual Basic 语言的图形方法进行各种图形的绘制。

9.1　图形操作基础

9.1.1　坐标系统

Visual Basic 的坐标系统是指在屏幕（screen）、窗体（form）、容器（container）上定义的表示图形对象位置的平面二维格线，一般采用数对（x,y）的形式定位。每个容器都有一个坐标系。坐标系由三要素构成：坐标原点，坐标轴的长度与方向，坐标度量单位（刻度）。对象在容器内的位置由该对象的 Left 和 Top 属性确定。在移动容器时，容器内的对象也随着一起移动，并且与容器的相对位置保持不变。对象可以在容器内移动，如果将对象的一部分（或全部）移出了容器的边界，则移出部分（或全部）不予显示。

1．坐标原点与坐标轴方向

在默认的 Visual Basic 坐标系统中，原点（0,0）位于容器内部的左上角；X 轴的正向水平向右，最左端是默认位置 0；Y 轴的正向垂直向下，最上端是默认位置 0。对于窗体和图片框来说，"容器内部"是指可以容纳其他控件并且可用于绘图的区域，该区域称为绘图区或工作区。绘图区不包括边框，如果窗体有标题栏和菜单栏，绘图区还要将这两部分排除。因此，窗体中控件的 Left 属性是指控件左上角到窗体绘图区左边的距离，Top 属性是控件左上角到窗体绘图区顶边的距离。

2．坐标刻度

坐标刻度即容器内坐标的度量单位。在系统默认状态下，Visual Basic 使用 twips 坐标系，以"缇"为单位（1 缇的长度等于 1/1440 英寸；1/567 厘米；1/20 磅）。应当注意的是：这些值指示的是图形对象打印尺寸的大小，而在计算机屏幕上的物理距离与显示器的大小和分辨率有关。

用户还可以通过对象的 ScaleMode 属性来设置其他的坐标刻度，共有 8 种设置，设置值如表 9-1 所示。

在上述设置值中，除了 0 和 3 以外的模式，其他模式都是打印机所打印的单位长度。例如，当 ScaleMode=6，某对象长为 3 个单位时，打印效果就是 3 毫米长。在程序中设定 ScaleMode 值的代码如下：

```
form1.scalemode = 5          '设定窗体的刻度单位为英寸
picture1.scalemode = 2       '设定 picture1 图片控件的刻度单位为磅
```

表 9-1   ScaleMode 属性的设置值

常　量	值	说　　明	常　量	值	说　　明
vbUser	0	用户自定义	vbCharacters	4	字符高为 240 缇每单位，宽为 120 缇每单位
vbTwips	1	系统默认设置	vbInches	5	每英寸为 2.54 厘米
vbPoints	2	每英寸约为 72 磅	vbMillimeters	6	毫米
vbPixels	3	像素是显示器或打印机分辨率的最小单位	vbCentimeters	7	厘米

　　改变容器对象的 ScaleMode 属性值，只是改变容器对象的刻度，不会影响坐标原点，也不改变容器的大小和屏幕位置。

　　使用 ScaleX 和 ScaleY 方法可以进行不同刻度的换算，语法格式如下：

　　　　容器对象.ScaleX(宽度,源刻度,目标刻度)
　　　　容器对象.ScaleY(高度,源刻度,目标刻度)

　　例如，以下代码将 1 厘米的宽度换算为以缇为单位的宽度输出：

　　　　Print Form1.ScaleX(1, vbCentimeters, vbTwips)

输出结果为：566.9286

　　例如，以下代码将 1 个字符单位的高度换算为以缇为单位的高度输出：

　　　　Print Form1.ScaleY(1, vbCharacters, vbTwips)

输出结果为：240

3. 自定义坐标系

　　当 Scalemode=0 时（即为用户自定义模式），可以根据需要改变坐标系的原点、坐标轴的方向或刻度。并可采用设置 Scale 属性组或 Scale 方法两种方式，来创建所需的坐标系统。

（1）使用 Scale 属性组

　　Visual Basic 为容器对象提供了 5 个以 Scale 为前缀的属性，即 ScaleMode、ScaleLeft、ScaleTop、ScaleWidth 和 ScaleHeight 属性，合称为 Scale 属性组。利用这些属性可以创建自定义坐标系。其设置值如表 9-2 所示：

表 9-2   Scale 属性组的设置值

属　性　值	说　　明
ScaleMode	设置坐标刻度
ScaleLeft	设置对象的左边距值
ScaleTop	设置对象的上边距值
ScaleWidth	设置对象的宽度
ScaleHeight	设置对象的高度

ScaleLeft 和 ScaleTop 属性用于控制绘图区左上角的坐标，默认值均为 0，此时坐标原点 (0,0) 位于绘图区左上角。如果要移动原点的位置，只需改变 ScaleLeft 和 ScaleTop 属性值即可。ScaleWidth 和 ScaleHeight 属性可用于创建一个自定义的坐标比例尺，即对象内的可用空间的大小，它们决定了对象本身的坐标系统。如果将这两个属性值设置为负数，将改变坐标系统的方向。例如，执行语句 ScaleWidth=200 将改变窗体绘图区宽度的度量单位，取代当前的标准刻度（如缇、英寸、毫米等），即宽度变为 200 个自定义单位。

【例 9-1】 创建笛卡尔坐标系。

```
Private Sub Form_Load()
ScaleWidth = 100
ScaleHeight = -100
ScaleLeft = -50
ScaleTop = 50
End Sub

Private Sub Form_Paint()
Line (0, -100)-(0, 100)
Line (-100, 0)-(100, 0)
Form1.FontSize = 25
Form1.CurrentX = 0
Form1.CurrentY = 0
Print "0,0"
…
End Sub
```

运行结果如图 9-1 所示。

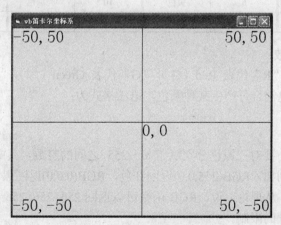

图 9-1　笛卡尔坐标系运行结果

（2）使用 Scale 方法

一个更简洁的改变坐标系统的途径是使用 Scale 方法。定义形式如下：

[容器对象.]Scale (x1, y1) - (x2, y2)

说明： 容器对象是指窗体或图片框，省略时默认为当前窗体；(x1, y1)为左上角的坐标，(x2, y2)为右下角的坐标，x1 和 y1 的值，决定了 ScaleLeft 和 ScaleTop 属性的设置值；x2-x1 的差值和 y2-y1 的差值，分别决定了 ScaleWidth 和 ScaleHeight 属性的设置值，若指定 x1>x2 或 y1 > y2 的值，与设置 ScaleWidth 或 ScaleHeight 为负值的效果相同。例如，在例 9-1 中进行如下修改，将产生同样的输出结果。

```
Private Sub Form_Load()
Scale (-50, 50)-(50, -50)
End Sub
```

9.1.2 颜色设置

绘制图形，自然离不开颜色，多数对象都具有 forecolor（前景色）、backclolor（背景色）、bordercolor（边框色）和 fillcolor（填充色）等属性，这些属性既可以在设计阶段通过属性窗口设置，也可以在运行阶段通过语句设置，此时会涉及 Visual Basic 中颜色的表示方法。

1. 使用 QBColor 函数
QBColor 函数只支持 16 种颜色。语法格式为：QBColor(颜色码)

颜色码的取值范围为 0~15 之间的整数，不同的取值代表不同的颜色，含义如表 9-3 所示。

表 9-3 QBColor 函数颜色码与颜色对应表

颜 色 码	颜 色	颜 色 码	颜 色	颜 色 码	颜 色	颜 色 码	颜 色
0	黑色	4	红色	8	灰色	12	亮红色
1	蓝色	5	品红色	9	亮蓝色	13	亮品红色
2	绿色	6	黄色	10	亮绿色	14	亮黄色
3	青色	7	白色	11	亮青色	15	亮白色

2. 使用 RGB 函数
在 RGB 函数中，"R" 代表 Red（红），"G" 代表 Green（绿），"B" 代表 Blue（蓝），通过红、绿、蓝三原色混合可产生某种颜色，语法格式为：

RGB(红,绿,蓝)

在使用该函数时，要对三原色分别赋予 0~255 之间的整数，其中，0 表示亮度最低，255 表示亮度最高。例如，RGB(255,0,0)返回红色，RGB(0,0,0)返回黑色，RGB(255,255,255)返回白色，依此类推。从理论上说，RGB 函数可以返回 $256×256×256=16^6$ 种颜色，但在实际使用时会受到硬件设置的限制。

例如：

```
Form1.ForeColor = RGB(0, 255, 0)        '设置窗体前景色为绿色
Form1.BackColor = RGB(255, 255, 0)      '设置窗体背景色为黄色
```

3. 使用 Visual Basic 系统颜色常数
Visual Basic 定义了一些颜色常数，包括 8 种常用颜色和 Windows 控制面板使用的系

统颜色。这些常数可以直接使用，例如，vbred 表示红色，vbblack 表示黑色，vbbuttonface 表示系统表面色（由 Windows 外观决定），用户可以通过对象浏览器查阅 vbrun 库中的 colorconstants 和 systemcolorconstants 来了解这些常数。使用颜色常数，可以使应用程序更具备专业化的风格。

4．使用颜色值

RGB 函数、QBColor 函数和系统颜色常数返回的实际上都是十六进制的长整数，在 Visual Basic 中是通过这种被称为颜色编码的十六进制长整数来制定颜色的，该数从左到右每两位一组代表一种基色，格式为&HBBGGRR，分别表示蓝、绿、红。所以，可以直接用颜色编码来表示颜色。表 9-4 是系统定义的常用的十六进制颜色值和对应颜色。

表 9-4　系统定义的常用的十六进制颜色值和对应颜色

颜 色 值	颜　色	颜 色 值	颜　色
&HFF	红色	&HFFFF	黄色
&H FF00	绿色	&HFFFFFF	白色
&H FF0000	蓝色	&HFF00FF	粉红色
&H0	黑色	&HFFFF00	浅蓝色

9.1.3　图形属性

在使用绘图方法画图时，窗体和图片框的下列属性将影响图形的效果。

1．线宽和线型

DrawWidth 属性：用来返回或设置图形方法输出的线宽。

DrawStyle 属性：用来返回或设置图形方法输出的线型。该属性的设置值 0～4 的效果分别与 Line 控件的 BordeStyle 属性的 1～5 对应。若 DrawWidth 属性的设置值大于 1，则在 DrawStyle 属性被设置为 1～4 时，只能画实线。

2．填充颜色与填充样式

FillColor 属性：用于为 Line 和 Circle 方法生成的矩形和圆填充颜色。

FillStyle 属性：用于为 Line 和 Circle 方法生成的矩形和圆指定填充的图案。该属性的设置值与 Shape 控件的 FillStyle 属性相同。

除 Form 对象外，若 FillStyle 属性被设置为默认值 1（透明），则忽略 FillColor 属性的设置值。

9.2　图形控件

Visual Basic 中与图形有关的标准控件有 4 种，即图形框、图像框、直线和形状。在本节中将介绍这些控件的用法。

9.2.1　图形框控件

图形框控件（PictureBox）可以用来显示位图、JPGE、GIF、图标等格式的图片。在工具箱面板中，图形框控件的图标如图 9-2 所示。图形框的图片加载方式有两种，一是通过

Picture 属性选择需要加载的图片，二是通过 LoadPicture()函数来实现。图形框控件的常用属性和方法如表 9-5 所示。

图 9-2　图形框控件

表 9-5　图形框控件的常用属性和方法

类　别	名　称	说　明
属性	Picture	返回或设置控件中要显示的图片，可以通过属性窗口进行设置，也可以通过 LoadPicture 函数在程序运行过程中载入图片，方法是：对象.Picture = LoadPicture("图形文件的路径与名称")
	Autosize	决定了图形框控件是否自动改变大小以显示图片的全部内容。当值为 True 时，图像可以自动改变大小以显示全部内容；当值为 False 时，不具备图像的自我调节功能
	CurrentX	相对于图形框左边界的 X 坐标值
	CurrentY	相对于图形框左边界的 Y 坐标值
方法	Cls	清除图形框中的文字或图形
	Print	在图形框中打印文字

9.2.2　图像框控件

图像框控件（Image）用来控制图形图像的输出，用户可以通过所建立的 Image 对象来指定图像文件在窗体中的位置。图像框控件的图标如图 9-3 所示，图像框控件的常用属性和事件如表 9-6 所示。

图 9-3　图像框控件

表 9-6　图像框控件的常用属性和事件

类　别	名　称	说　明
属性	BorderStyle	设置或返回对象的边框样式。方法是：对象.BorderStyles=[Value]，当 value=0 时，无边框；当 value=1 时，固定单边框
	Picture	设置或返回要显示的图片
	Stretch	设置或返回一个值，用来指定图形是否要调整大小，以适应 Image 控件的大小。方法是：对象.Stretch=[Boolean]，当 Boolean=False 时，不调整大小；当 Boolean=True 时，调整大小与控件适应
事件	MouseDown	当在图形框中按下鼠标时发生该事件
	MouseUp	当在图形框中释放鼠标时发生该事件

前面讲过，图形框与图像框的用法基本相同，但有以下区别：

1）图形框是"容器"控件，可以作为父控件，而图像框不能作为父控件。也就是说，在图形框中可以包含其他控件，而其他控件不能"属于"一个图像框。图形框是一个"容器"，可以把其他控件放在该控件上，作为它的"子控件"。当图形框中含有其他控件时，如果移动图形框，则框中的控件也随着一起移动，并且与图形框的相对位置保持不变，图形框内的控件不能移到图形框外。

2）图形框可以通过 Print 方法接收文本，并可接收由像素组成的图形，而图像框不能接收 Print 方法输入的信息，也不能用绘图方法在图像框上绘制图形。每个图形框都有一个内部光标（不显示），用来指示下一个将被绘制的点的位置，该位置就是当前光标的坐标，通过 CurrentX 和 CurremY 属性来记录。

3）图像框比图形框占用的内存少，显示速度快。在用图形框和图像框都能满足需要的情况下，应优先考虑使用图像框。

【例9-2】 图形框控件的应用。编写如下代码，运行效果如图 9-4 所示。

```vb
Private Sub Command1_Click()
Picture1.Picture = LoadPicture("C:\Documents and Settings\All Users\Documents\My Pictures\示例图片\Winter.jpg")
End Sub


Private Sub Command2_Click()
Picture1.Picture = LoadPicture("")
End Sub


Private Sub Command3_Click()
Picture1.CurrentX = 800
Picture1.CurrentY = 1000
Picture1.FontSize = 20
Picture1.FontBold = True
Picture1.FontName = "宋体"
Picture1.ForeColor = RGB(255, 0, 0)
Picture1.FontUnderline = True
Picture1.Print "林海雪原"
End Sub

Private Sub Command4_Click()
Picture1.Cls
End Sub
```

图 9-4　在图形框控件中输出图形和文字

【例9-3】 图像文件的交换。编写如下代码，运行效果如图 9-5 所示。

```vb
Private Sub Form_Load()
Image1.Picture = LoadPicture("C:\Documents and Settings\All Users\Documents\My Pictures\示例图片\Winter.jpg")
Image2.Picture = LoadPicture("C:\Documents and Settings\All Users\Documents\My Pictures\示例图片\Sunset.jpg")
```

```
End Sub
Private Sub Command1_Click()
Image3.Picture = Image1.Picture
Image1.Picture = Image2.Picture
Image2.Picture = Image3.Picture
Image3.Picture = LoadPicture("")
End Sub
```

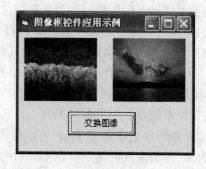

图9-5 在两个图像框控件中交换图像文件

在程序设计中，交换两个变量的值是十分普遍的操作，通常要引入第 3 个变量作为过渡变量。交换两个图像框中的图形的操作与此类似。在交换结束后，可用 LoadPicture 函数把第 3 个图像框设置为空。

9.2.3　直线控件和形状控件

直线控件（Line）是 Visual Basic 提供的画线工具。使用直线控件的方法与使用其他控件相同，单击工具箱中的直线控件的图标，然后把鼠标移到窗体中所需的位置，按下鼠标左键拖动到直线的终点，即可完成直线的绘制。Line 控件的主要属性是用于 BorderWidth、BorderStyle 和 BorderColor 属性，以及 x1、y1 和 x2、y2 属性。其中，BorderWidth 用于确定线的宽度，BorderStyle 用于确定线的形状，BorderColor 用于确定线的颜色。x1、y1 和 x2、y2 属性用于控制线的两个端点的位置。

Shape 控件可以用来画矩形、正方形、椭圆、圆、圆角矩形及圆角正方形。在将 Shape 控件添加到窗体时默认为矩形，通过 Shape 属性可确定所需要的几何形状。FillStyle 属性用于为形状控件指定填充的图案，FillColor 属性用于为形状控件着色。该控件也具有 BorderWidth、BorderStyle 和 BorderColor 属性，分别为设置边线的宽度、样式和颜色。

9.3　绘图方法

9.3.1　Line 方法

Line 方法用于在对象上画直线或矩形。在画连接线时，前一条线的终点是后一条线的起点。DrawWidth 属性决定了线的宽度。语法格式如下：

[对象.]Line[[Step](x1,y1)]-[Step](x2,y2)[,颜色][,B[F]]

说明：

1）对象：可以是窗体或图片框，默认时为当前窗体。

2）(x1,y1)：线段的起点坐标或矩形的左上角坐标。

3）(x2,y2)：线段的终点坐标或矩形的右下角坐标。

4）Step：表示采用当前作图位置的相对值。

5）颜色：所绘制图形的颜色，可以使用 RGB 函数或 QBColor 参数指定。若省略，则使用对象的 ForeColor 属性值。

6）B：表示画矩形。

7）F：表示用画矩形的颜色来填充矩形，F 必须与关键字 B 一起使用。如果只用 B 不用 F，则矩形的填充由对象当前的 FillColor 和 FillStyle 属性决定。

在画直线时，省略 B、F 参数；在画矩形时，参数 B 为空心矩形，B、F 为实心矩形。

【例 9-4】 使用 Line 方法绘制柱状图，并用不同颜色进行填充。运行效果如图 9-6 所示。

```
Private Sub Form_Load()
Cls
Scale (0, 100)-(100, 0)
Const x0 = 5
Const y0 = 10

Line (x0, y0)-(x0, 90)    '绘制 Y 轴
Line (x0, y0)-(90, y0)    '绘制 X 轴

Line (x0, 90)-(7, 87)     '绘制 Y 轴箭头
Line (x0, 90)-(3, 87)

Line (90, 10)-(87, 12)    '绘制 X 轴箭头
Line (90, 10)-(87, 8)
```

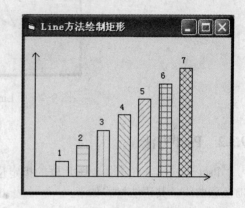

图 9-6   用 Line 方法绘制柱状图示例

```
For i = 1 To 7            '绘制矩形并填充颜色
FillStyle = i
FillColor = RGB(255 - i * 20, 255 - i * 30, 255 - i * 10)
Line (x0 + i * 10, y0 + i * 10)-(x0 + i * 10 + 6, y0), , B
CurrentX = x0 + i * 10 - 1
CurrentY = y0 + i * 10 + 8
Print i
Next
End Sub
```

在用 Line 方法在窗体上绘制图形时，如果将绘制过程放在 Form_Load 事件内，则必须将窗体的 AutoRedraw 属性设置为 True，当窗体的 Form_Load 事件完成后，窗体将产生重画过程，否则所绘制的图形无法在窗体上显示，或者将绘制过程放置在 Form_Resize 事件中完成。

【例 9-5】 使用 Line 方法绘制五角星。运行效果如图 9-7 所示。

```
Private Sub Form_Load()
ScaleMode = 3
DrawWidth = 3

Line (150, 30)-Step(-50, 110), RGB(255, 0, 0)    '终点采用相对坐标
Line -Step(120, -65), RGB(255, 0, 0)             '以上次画线的终点为本次画线的起点
Line -Step(-140, 0), RGB(255, 0, 0)
Line -Step(120, 65), RGB(255, 0, 0)
```

177

```
Line -(150, 30), RGB(255, 0, 0)                    '返回最初的起点
End Sub
```

图 9-7　用 Line 方法绘制五角星示例

9.3.2　Pset 方法

Pset 方法用于在窗体、图片框的指定位置画点，还可以为点指定颜色。利用 Pset 方法可画任意曲线。其语法格式如下：

> [对象.]Pset [Step] (x,y) [,Color]

说明：

1）参数（x,y）为所画点的水平和垂直坐标。

2）Step 表示采用当前作图位置的相对值。

3）Color 为点的颜色。

【例 9-6】　选择适当颜色利用 Pset 方法绘制花形图案。运行效果如图 9-8 所示。

```
Private Sub Form_Resize()
Cls
Dim x As Single, y As Single
Dim r As Single, t As Single
Const pi = 3.1415926
Scale (-50, 50)-(50, -50)
For t = 0 To 2 * pi Step 0.0002
r = 45 * Cos(6 * t)
x = r * Cos(t)
y = r * Sin(t)
PSet (x, y), vbRed
PSet (x * 0.5, y * 0.5), vbGreen
PSet (x * 0.3, y * 0.3), vbBlue
PSet (x * 0.1, y * 0.1), vbYellow
Next t
End Sub
```

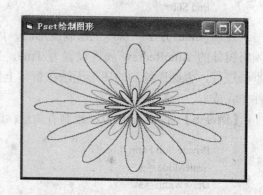

图 9-8　用 Pset 方法绘制花形图案示例

9.3.3 Circle 方法

Circle 方法用于画圆、椭圆、圆弧和扇形，其语法格式如下：

[对象.]Circle [Step] (x,y),半径 [,颜色,起始角,终止角,纵横比]

说明：

1）对象：可以是窗体、图片框或打印机，省略时默认为当前窗体。

2）(x,y)：为圆心坐标。

3）Step：表示采用当前作图位置的相对值。

4）颜色：指定圆周边线的颜色。若省略，则使用 ForeColor 属性值。可以使用所属对象的 FillColor 和 FillStyle 属性来填充封闭的图形。

5）起始角和终止角：圆弧和扇形可通过参数起始角和终止角进行控制。当起始角、终止角的取值在 $0\sim2\pi$ 之间时为圆弧。当在起始角、终止角的取值前加一负号时，将画出扇形，负号表示从圆心到圆弧端点画径向线。

6）纵横比：控制画椭圆，默认值为 1，此时为标准圆。

在使用 Circle 方法时，如果想省掉中间的参数，逗号不能省略。例如：若画椭圆时省掉了颜色、起始角、终止角 3 个参数，则必须加上 4 个连续的逗号，表明有 3 个参数被省略了。

几种常用格式如下：

1）画圆：对象名.Circle(X,Y),半径[,颜色]。

例如：Me.Circle(100, 100), 70, RGB(255, 0, 0)

2）画椭圆：对象名.Circle(X,Y),半径[,颜色], , , 纵横比。

例如：Me.Circle(100, 100), 70, RGB(255, 0, 0), , , 0.5

3）画弧线：对象名.Circle(X,Y),半径[,颜色], 起始角, 终止角[,纵横比]。

例如：Me.Circle(100, 100), 70,RGB(255, 0, 0), 1/4 *3.14, 3/4*3.14, 1.5

4）画扇形：对象名.Circle(X,Y),半径[,颜色], -起始角, -终止角[,纵横比]。

例如：Me.Circle(100, 100), 70,RGB(255, 0, 0), 1/4 *3.14, -3/4*3.14

【例 9-7】 用 Circle 方法完成各种圆形图案的绘制，并选择适当的颜色进行填充。运行效果如图 9-9 所示。

```
Private Sub Form_Resize()
Form1.Scale (-50, 50)-(50, -50)
Form1.Circle (-20, 20), 10, vbRed        '画一个圆心为(-20, 20)半径为 10 的红色圆（默认空心）

Form1.FillStyle = 0                      '设定填充模式为实心
Form1.FillColor = vbBlue                 '设定填充色为蓝色
Form1.Circle (20, 20), 10, vbRed         '接下来画出来的就是填充了实心蓝色的圆了

Form1.DrawWidth = 3                      '设定边框宽度为 3
Form1.Circle (-20, -20), 10, vbRed       '这次绘制出来的圆的边框粗细为 3

Form1.DrawStyle = 5                      '设定边框不可见
```

```
Form1.FillColor = vbRed            '设定填充色为红色
Form1.Circle (20, -20), 10         '这次绘制出来的是一个无边框、填充颜色为红色的圆
End Sub
```

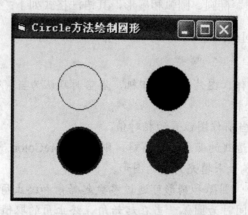

图 9-9　用 Circle 方法绘制圆形示例

【例 9-8】 用 Circle 方法绘制圆、椭圆、圆弧和扇形。运行效果如图 9-10 所示。

```
Private Sub Form_Resize()
    Const Pi = 3.1415926
    Circle (800, 600), 400, RGB(255, 0, 0)              '画圆
    Circle (2000, 600), 400, RGB(255, 0, 0), , , 1.5    '画椭圆
    Circle (3200, 600), 400, RGB(255, 0, 0), , , 0.5
    Circle (1200, 2400), 900, RGB(255, 0, 0), Pi / 6, Pi '弧
    Circle (1400, 2800), 900, , -Pi / 3, -Pi            '空心扇形，起始角、终止角均为负值
    FillColor = vbGreen                                 '填充颜色
    FillStyle = 0
    DrawWidth = 3
    Circle (3000, 2200), 700, vbRed, -Pi / 5, -Pi * 2   '扇形
    FillColor = vbYellow
    Circle Step(200, -60), 700, vbBlue, -Pi * 2, -Pi / 5
End Sub
```

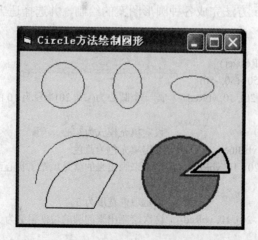

图 9-10　用 Circle 方法绘制圆、椭圆、圆弧和扇形示例

9.3.4 Point 方法

Point 方法用于返回窗体或图形框上指定点的 RGB 颜色值，其语法格式如下：

对象名.Point(X, Y)

其中，X、Y 为对象上某点的坐标。当（x，y）所确定的点不在对象上时，Point 方法的返回值等于-1。

【例 9-9】 用 Point 方法实现字体仿真。

程序中涉及的控件和属性配置如表 9-7 所示。

表 9-7 Point 字体在程序中的控件和属性配置表

控　件	属　性	取　值
Form1	Caption	Point 方法示例
	AutoReDraw	True
Picture1	AutoReDraw	True
	Font	隶书，斜体，二号字
Picture2	AutoReDraw	True

```
Private Sub Form_Load()
    Picture1.Scale (0, 0)-(100, 100)
    Picture2.Scale (0, 0)-(100, 100)
    Picture1.Print "POINT 方法"
    Dim i As Integer, j As Integer, color As Long
    For i = 1 To 100
       For j = 1 To 100
       color = Picture1.Point(i, j)
       If mcolor = False Then Picture2.PSet (i, j), color
       Next j
    Next i
End Sub
```

运行效果如图 9-11 所示。

图 9-11　Point 方法示例

9.4　本章小结

本章对于 Visual Basic 中的图形处理技术进行了全面介绍，所涉及的内容主要有坐标系的选择、颜色设定、常用图形控件、常用图形绘制方法等几个方面，对于每一个知识点都配合了示例进行阐述。在实际应用中，用户要将这些知识点融会贯通，综合运用，才能达到程序设计的需求。

习题 9

1. 通过哪些方法可以改变坐标系统？
2. 常用的绘图控件有哪些？这些控件的常用属性是什么？
3. 图形框和图像框的区别是什么？
4. 简述 Visual Basic 中颜色的表示方法。
5. 常用的绘图方法有哪些？
6. 分别写出常用绘图方法的基本语法格式。

第 10 章　应用程序界面设计

学习目标：

1. 了解对话框的分类，学会通用对话框的使用方法。
2. 学会在 Visual Basic 中设计下拉菜单和弹出菜单。
3. 掌握窗体和控件响应的鼠标事件。
4. 学习在程序中如何使用多重窗体。

10.1　对话框

10.1.1　对话框概述

在 Windows 操作中经常会遇到弹出窗口让用户选择接下来的操作，该种窗体称为对话框。对话框是一种特殊的窗口，通过显示和获得信息与用户进行交流。

1. 对话框的分类

在 Visual Basic 中，对话框分为 3 种：预定义对话框、自定义对话框和通用对话框。预定义对话框又分为两种，一种是信息输入框 InputBox，一种是提示信息框 MsgBox。自定义对话框是用户根据自己的需要而设计的，在应用上有一定的限制和难度。通用对话框是一种 ActiveX 控件，用该种控件可以设计出较为复杂的对话框。

2. 对话框和普通窗体的区别

1）对话框的边框是固定的，用户不必改变其大小；

2）退出对话框必须单击某个按钮；

3）对话框中没有最大化和最小化按钮；

4）对话框中所显示内容的格式是固定的；

5）对话框中按钮的类型是固定的。

10.1.2　通用对话框

通用对话框是指 Windows 中的"打开"、"另存为"、"字体"、"颜色"、"打印"及"帮助"对话框。一般情况下，在启动 Visual Basic 后，工具箱中没有通用对话框图标，需要用户自己添加，步骤如下：

1）选择"工程"→"部件"命令，弹出"部件"对话框；

2）将对话框切换到"控件"选项卡，然后在控件列表框中选择"Microsoft Common Dialog Control 6.0"选项；

3）单击"确定"按钮，在工具箱中会出现通用对话框的图标 。

添加之后，在设计状态时，通用对话框以图标形式显示在窗体上，其大小不能改变，在运行时图标是不可见的。

通用对话框除了可以像其他控件一样在属性窗口中设置相应属性外，还可以通过右击，在弹出的属性页中进行相应的属性设置，如图 10-1 所示。

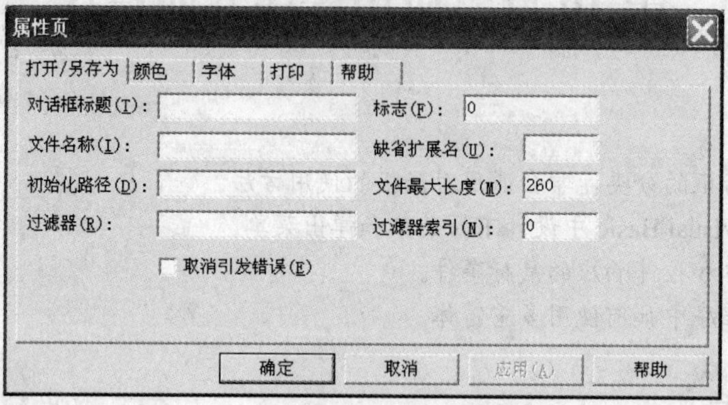

图 10-1　通用对话框属性页

1．通用对话框的基本属性

（1）Action 属性

该属性用来返回或设置通用对话框的类型，其属性值及含义如表 10-1 所示。注意，此属性不能在属性窗口中设置，只能在程序中设置或引用。

表 10-1　Action 属性的取值及含义

常　数	值	含　义	常　数	值	含　义
Open	1	"打开"对话框	Font	4	"字体"对话框
SaveAs	2	"另存为"对话框	Printer	5	"打印"对话框
Color	3	"颜色"对话框	Help	6	"帮助"对话框

（2）DialogTitle 属性

该属性用来设置通用对话框的标题。

（3）CancelError 属性

该属性表示用户在与对话框进行信息交互时，单击"取消"按钮时是否产生出错信息。为了防止用户在未输入信息时使用取消操作，可用该属性设置出错信息，其属性值有两种。

True：单击对话框上的"取消"按钮后，会出现错误警告信息。Visual Basic 会自动将错误标志 Err 置为 32755（CDERR-CANCEL），供程序判断；

False：单击对话框上的"取消"按钮后，不会出现错误警告信息，为默认设置。

2．通用对话框的基本方法

除了 Action 属性外，Visual Basic 还提供了一组方法，用来打开通用对话框，其取值及含义如表 10-2 所示。通用对话框仅用于在应用程序与用户之间进行信息交互，是输入/输出界面，其本身并不能实现任何操作，如果要实现相应的功能，则必须编写对应的事件过程代码。

表 10-2　通用对话框的常用方法

方　法	含　义	方　法	含　义
ShowOpen	"打开"对话框	ShowFont	"字体"对话框
ShowSave	"另存为"对话框	ShowPrint	"打印"对话框
ShowColor	"颜色"对话框	ShowHelp	"帮助"对话框

3．"打开"对话框

"打开"对话框是当通用对话框的 Action 属性值为 1 或用 ShowOpen 方法打开的对话框，如图 10-2 所示。

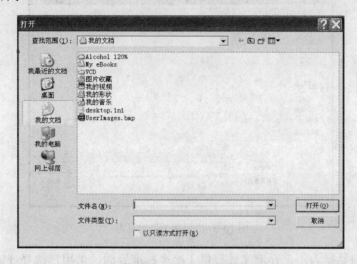

图 10-2　"打开"对话框

"打开"对话框充分利用了操作系统的功能，可以遍历整个磁盘目录结构，找到所需要的文件。"打开"对话框，除了具有一些基本的属性设置外，还有以下几个重要属性。

（1）FileName 属性

该属性用于设置或得到用户所选定的文件名。当程序执行时，用户选定的某个文件名将显示在"文件名"文本框中，并且此文件名及相关路径将以字符串形式赋给 FileName 属性。

（2）FileTitle 属性

该属性用于返回或设置用户选定的文件名，与 FileName 属性不同，它只有文件名而没有路径。该属性在设计时无效，在程序中为只读类型。

（3）Filter 属性

该属性用于设置文件列表框中所显示文件的类型。其格式为：

文件说明|文件类型

例如，在"打开"对话框的"文件类型"列表框中只显示 Word 文档（扩展名为.doc）、Excel 文档（扩展名为.xls）和文本文件（.txt），则 Filter 属性应设置为：

　　　　Word 文档|*.doc| Excel 文档|*.xls| 文本文件|*. txt

（4）FilterIndex 属性

该属性用于表示用户所选定文件类型的序号。例如，与上面的例子相对应，Word 文档的该属性值为 1，Excel 文档的该属性值为 2，文本文件的该属性值为 3。

（5）InitDir 属性

该属性用来指定"打开"对话框中的初始目录，默认为当前目录。

4．"另存为"对话框

"另存为"对话框是当通用对话框的 Action 属性值为 2 或用 ShowSave 方法打开的对话框，如图 10-3 所示。

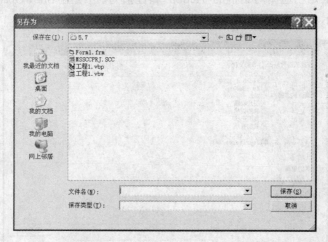

图 10-3 "另存为"对话框

"另存为"对话框为用户存储文件提供了一个标准界面，供用户选择或输入所要存入的文件路径及文件名。"另存为"对话框具有的属性与"打开"对话框基本相同，只是多了一个 DefaultExt 属性，该属性用来表示所存文件的默认扩展名。

5．"颜色"对话框

"颜色"对话框是当通用对话框的 Action 属性值为 3 或用 ShowColor 方法打开的对话框，如图 10-4 所示。

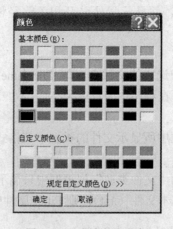

图 10-4 "颜色"对话框

"颜色"对话框中的调色板除了提供基本的颜色外，还提供了自定义颜色。Color 属性是"颜色"对话框中最重要的属性，该属性用于返回或设置选定的颜色。当用户在调色板中选中某种颜色时，该颜色值将赋给 Color 属性。

6."字体"对话框

"字体"对话框是当通用对话框的 Action 属性值为 4 或使用 ShowFont 方法打开的对话框，如图 10-5 所示。该对话框为用户提供了字体、字形及字号的设置。

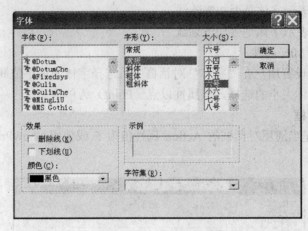

图 10-5 "字体"对话框

"字体"对话框除了具有一些基本属性外，还具有以下几个重要属性。

（1）Flags 属性

在显示"字体"对话框之前必须设置该属性，否则将发生不存在字体的错误。该属性的取值及含义如表 10-3 所示。

表 10-3 Flags 的取值及含义

常　量	值	说　明
cd1CFScreenFont	&H1	显示屏幕字体
cd1CFPinterFont	&H2	显示打印机字体
cd1CFBoth	&H3	显示打印机字体和屏幕字体
cd1CFEffects	&H100	在"字体"对话框中显示删除线和下划线复选框以及样式组合框

在程序中使用"字体"对话框时，只需用 or 操作把相应的属性值连接起来即可。下面的代码是在"字体"对话框中显示屏幕字体，并且加入删除线和下划线复选框，以及样式组合框。

```
CommonDialog1.Flags=&H1 or &H100
```

（2）Color 属性

该属性用于设置字体的颜色。当用户在颜色列表框中选定某种颜色时，该属性值为所选定的颜色值。

（3）FontName 属性

该属性用于设置用户所选定的字体名称。

（4）FontSize 属性

该属性用于设置用户所选定的字体大小。

（5）FontBold、FontItalic、FontStrikethru 和 FontUnderline 属性

这 4 个属性均为逻辑值，用于设置字体的样式。

FontBold：表示字体是否加粗；

FontItalic：表示字体是否为斜体；

FontStrikethru：表示字体是否加删除线；

FontUnderline：表示字体是否加下划线。

（6）Min 属性和 Max 属性

这两个属性用来设置用户在"字体"对话框中所选择字体的最小值和最大值，即用户只能在此范围内进行字体大小的选择，该属性以点（Point）为单位。

7．"打印"对话框

"打印"对话框是当通用对话框的 Action 属性值为 5 或使用 ShowPrint 方法打开的对话框，如图 10-6 所示。

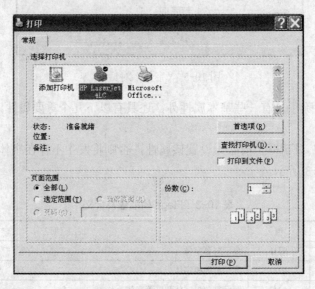

图 10-6 "打印"对话框

"打印"对话框除了具有基本属性外，还具有两个重要属性。

（1）Copies 属性

该属性用于设置打印的份数。

（2）FromPage 属性和 ToPage 属性

这两个属性用于设置打印的起始页号和终止页号。

8．"帮助"对话框

"帮助"对话框是当通用对话框的 Action 属性值为 6 或使用 ShowHelp 方法打开的对话框。"帮助"对话框不能制作应用程序的帮助文件，而只能将已经制作好的帮助文件从磁盘中提取出来，并与界面连接在一起，以达到显示并检索帮助信息的目的。

"帮助"对话框除了具有基本属性以外，还具有以下 4 个重要属性。

（1）HelpCommand 属性

该属性用于返回或设置所需要的在线帮助类型。

（2）HelpFile 属性

该属性用于设置帮助文件的路径和文件名，即找到帮助文件，并从文件中找到相应的内容，然后显示在帮助窗口中。

（3）HelpKey 属性

该属性用于设置帮助关键字，即在"帮助"对话框中显示由该属性值指定的帮助信息。

（4）HelpContext 属性

该属性用于返回或设置所需要帮助主题的内容索引值。

【例 10-1】 文本字体设计。利用对话框对文本框的文字字体及其字体颜色进行设置。程序界面如图 10-7 所示。

图 10-7 "字体设置"窗口

1）控件属性设置如表 10-4 所示。

表 10-4 例 10-1 的属性设置

控 件 名	属 性 值	作 用
Form1	Caption="字体设置"	标识程序作用
Command1	Caption="字体"	弹出"字体"对话框
Command2	Caption="颜色"	弹出"颜色"对话框
Command3	Caption="退出"	退出程序
Text1	Text="" MultiLine=true ScrollBars=3	文本显示区设置

2）程序代码如下：

```
Private Sub Command1_Click()          '字体设置
    CommonDialog1.Flags = &H1 Or &H100
    CommonDialog1.ShowFont
    Text1.FontName = CommonDialog1.FontName
    Text1.FontSize = CommonDialog1.FontSize
    Text1.FontBold = CommonDialog1.FontBold
    Text1.FontItalic = CommonDialog1.FontItalic
    Text1.FontStrikethru = CommonDialog1.FontStrikethru
```

```
        Text1.FontUnderline = CommonDialog1.FontUnderline
    End Sub
    Private Sub Command2_Click()                '颜色设置
        CommonDialog1.ShowColor
        Text1.ForeColor = CommonDialog1.Color
    End Sub
    Private Sub Command3_Click()                '退出
        End
    End Sub
```

3）运行结果如图 10-8 所示。

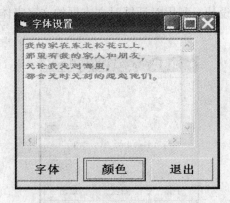

图 10-8　文本字体设计运行界面

10.2　菜单设计

10.2.1　下拉式菜单

菜单是 Windows 界面的重要组成部分，在每一个标准的应用程序窗口中都可以看到。菜单分为下拉式菜单和弹出式菜单两种，分别如图 10-9 和图 10-10 所示。在 Visual Basic 中，可以用菜单编辑器制作用户需要的菜单。

图 10-9　下拉式菜单

图 10-10　弹出式菜单

1. 界面介绍

当某个窗体为活动窗体时，选择"工具"→"菜单编辑器"命令，就会出现如图 10-11 所示的编辑界面。菜单编辑器界面分为 3 个部分，即数据区、编辑区和菜单项显示区。

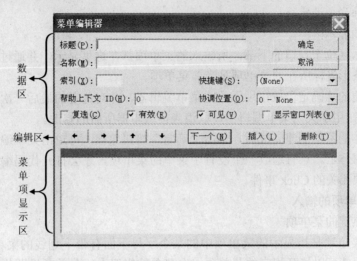

图 10-11　菜单编辑器

（1）数据区

数据区位于窗口的上半部，用于输入或修改菜单项的各种属性。

标题：相当于控件的 Caption 属性，这些字符串将出现在菜单的显示项中。

名称：相当于控件的 Name 属性。由用户自己定义，用于在代码中访问菜单项，不会出现在菜单的显示项中。

索引：用来指定一个数字值，以确定菜单中的每一项在菜单控件数组中的序号。该序号与控件的屏幕位置无关。

快捷键：用于为菜单项选定快捷键，按快捷键将直接执行菜单项所对应的事件。

帮助上下文：用于指定帮助信息的上下文编号。允许指定一个 ID 数值，在 HelpFile 属性指定的帮助文件中用该数值查找适当的帮助主题。

协调位置：用于设定菜单项的 NegotiatePosition 属性。该属性决定是否在容器窗口中显示菜单以及如何在容器窗体中显示菜单。有 4 个选项，即 0（菜单项不显示）、1（菜单项靠左显示）、2（菜单项居中显示）和 3（菜单项靠右显示）。

复选：通过对菜单项的 Checked 属性进行设置，决定菜单项的左边是否有复选标记。

有效：通过对菜单项的 Enabled 属性进行设置，决定菜单项是否可用。

可见：通过对菜单项的 Visible 属性进行设置，决定菜单项是否显示在菜单上。

（2）编辑区

编辑区位于菜单编辑窗口的中部，共 7 个按钮，用来对输入的菜单项进行简单的编辑。

左箭头：把选定的菜单上移一个等级。

右箭头：单击一次产生 4 个点（....）。这 4 个点称为内缩符号，用来确定菜单的层次。每单击一次，将把选定的菜单下移一个等级。

上箭头：把选定的菜单项在同级菜单内向上移动一个位置。

下箭头：把选定的菜单项在同级菜单内向下移动一个位置。

下一个：开始一个新的菜单项。

插入：在菜单项显示区中的当前选定行上方插入一行。

删除：删除当前选定行。

（3）菜单项显示区

菜单项显示区位于窗口的下部，所输入的菜单项都在这里显示，并通过内缩符号表明菜单项的层次。条形光标所在的菜单项是当前菜单项。

窗口右上角的"确定"按钮用于关闭菜单编辑器，并对选定的最后一次编辑内容进行保存。"取消"按钮用于关闭菜单编辑器，取消当前编辑器所做的修改。

当一个窗体的菜单创建完成后，单击"确定"按钮保存，可退出菜单编辑器，所设计的菜单将显示在窗体上。只有选取一个没有子菜单的菜单项，才会打开代码编辑窗口，并产生一个与该菜单项相关的 Click 事件。

2. 特殊菜单项的输入

（1）带有热键的菜单项

带热键的菜单项是指显示的菜单项中的某个字母下面有带下划线的菜单项，按〈Alt〉键和该字母键，就可以打开相应的菜单项。在菜单编辑器中给菜单项设置热键时，输入菜单项的标题，并在准备设置热键的字母前加一个"&"符号即可。

例如，要给 Open 菜单项设置〈Alt+O〉组合键的热键，只需在标题中输入"&Open"，则程序运行后，在字母"O"的下面就会出现一条下划线，按〈Alt+O〉组合键可选取该菜单项，设置界面如图 10-12 所示。在设置热键时，应注意避免重复。

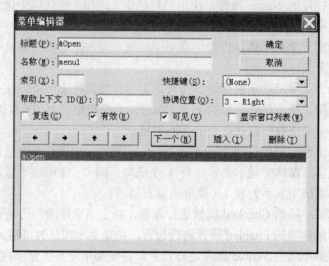

图 10-12 设置热键

（2）分隔菜单项的输入

有些菜单把菜单项分成几组，用水平线分隔开。在设计这样的水平分隔线时，只需在菜单项的标题栏中输入"-"符号，其他项正常输入即可。

【**例 10-2**】 用菜单实现对图形形状的控制。设计界面如图 10-13 所示。

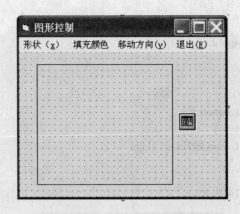

图 10-13 图形控制设计界面

1）菜单项设计如表 10-5 所示。

表 10-5 例 10-2 的属性设置

标 题	名 称	索 引 值	快 捷 键
形状（&x）	xz		
....矩形	Xz1	0	
....正方形	Xz1	1	
....圆形	Xz1	2	
填充颜色	ys		
移动方向（&y）	Yd		
....向上	Yd1	0	Ctrl+W
....向下	Yd1	1	Ctrl+X
....向左	Yd1	2	Ctrl+A
....向右	Yd1	3	Ctrl+D
退出（&E）	tc		

2）程序代码如下：

```
Private Sub tc_Click()                      '退出
    End
End Sub
Private Sub xz1_Click(Index As Integer)     '形状
    Shape1.Shape = Index
End Sub
Private Sub yd1_Click(Index As Integer)     '移动
    Select Case Index
    Case 0
     Shape1.Top = Shape1.Top - 20
     Case 1
     Shape1.Top = Shape1.Top + 20
     Case 2
     Shape1.Left = Shape1.Left - 20
```

```
            Case 3
                Shape1.Left = Shape1.Left + 20
          End Select
        End Sub
        Private Sub ys_Click()                '颜色
              CommonDialog1.Action = 3
              Shape1.BackStyle = 1
        Shape1.BackColor = CommonDialog1.Color
        End Sub
```

3）运行界面如图 10-14 所示。

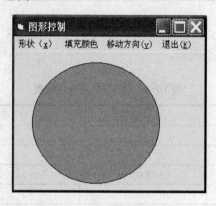

图 10-14　图形控制运行界面

10.2.2　弹出式菜单

弹出式菜单是独立于菜单栏显示在窗体上的浮动菜单。在 Windows 应用程序中，通常使用鼠标右键激活弹出式菜单。弹出式菜单根据鼠标指针所处屏幕位置的不同，可弹出不同的菜单。定义弹出式菜单的方法与定义下拉式菜单的方法一样，但弹出式菜单的最高一级菜单项的标题不会被显示出来，这一点与下拉式菜单不同，但最高一级的菜单项必须被定义，因为最高一级菜单项的名称要用于激活弹出式菜单。

如果该菜单仅在某个位置单击鼠标右键时才弹出，而不需要以下拉式菜单的形式显示在屏幕上，则应在设计时使最高一级菜单项为不可见，即取消菜单编辑器中的"可见"复选框或在属性窗口中设定 Visible 属性为 False。

当一个菜单既做下拉式菜单使用，又做弹出式菜单使用时，激活的弹出式菜单将自动地不显示最高一级菜单项。

激活弹出式菜单使用 PopupMenu 方法，其格式如下：

[对象名.]PopupMenu 菜单名　[, flags[,x[,y[,boldcommand]]]]

其中：

1）对象名默认为当前窗体；

2）flags 参数用于定义弹出式菜单的位置与性能。其取值分两组，即位置常数和行为常数。位置常数的描述如表 10-6 所示，行为常数的描述如表 10-7 所示。

表 10-6   位置常数描述

表 10-6   位置常数描述

文 字 常 数	值	描 述
vbPopupMenuLeftAlign	0	默认值。用指定的 x 值定义弹出式菜单的左边界位置
vbPopupMenuCenterAlign	4	用指定的 x 位置为弹出式菜单的中心
vbPopupMenuRightAlign	8	用指定的 x 值定义弹出式菜单的右边界位置

表 10-7   行为常数描述

文 字 常 数	值	描 述
vbPopupMenuLeftButton	0	默认值。只能用鼠标左键单击选择弹出式菜单的菜单项
vbPopupMenuRightButton	8	可用鼠标右键或左键单击选择弹出式菜单的菜单项

可以从上面的两组中各选取一个常数，然后用 Or 操作符将其连接起来组成 flags 参数。

3）x，y 参数为坐标值。

4）Boldcommand 参数用于在弹出式菜单中显示一个菜单控制。

【例 10-3】   在窗体上建立弹出式菜单，当选中某种字体后，使文本框中的字体随之改变。设计界面如图 10-15 所示。

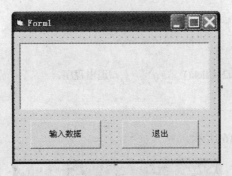

图 10-15   弹出式菜单设计界面

1）菜单项的设置如表 10-8 所示。

表 10-8   例 10-3 菜单项的设置

标 题	名 称	索 引	可 见 性
字体格式设置	fontselect		不可见
....宋体	Zt1	0	可见
....楷体	Zt1	1	可见
....隶书	Zt1	2	可见
....黑体	Zt1	3	可见

2）程序代码如下：

```
Private Sub Form_Load()          '加载窗体
    Text1.Enabled = False
```

```
    End Sub
    Private Sub Command1_Click()       '输入数据
        Text1.Enabled = True
        Text1.SetFocus
    End Sub
    Private Sub Text1_MouseDown(Button As Integer, Shift As Integer, X As Single, Y As Single)   ' 弹出
菜单
        If Button = 2 Then
        PopupMenu fontselect
        End If
    End Sub
    Private Sub zt1_Click(Index As Integer)       '选择菜单项
        Select Case Index
        Case 0
        Text1.Font = "宋体"
        Case 1
        Text1.Font = "楷体_GB2312"
        Case 2
        Text1.Font = "隶书"
        Case 3
        Text1.Font = "黑体"
        End Select
    End Sub
    Private Sub Command2_Click()               '退出程序
        End
    End Sub
```

3）运行结果如图 10-16 所示。

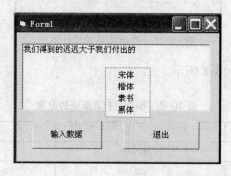

图 10-16　弹出式菜单运行界面

10.3　鼠标事件

　　前面章节介绍了窗体与各种控件的 Click 和 DblClick 事件，这两个事件都没有参数，当程序处理这两个事件时，不能确定用户是在对象的什么位置上进行鼠标单击的，也不能确定用户单击的是鼠标上的哪一个键，更不能确定在单击鼠标时是否按下了键盘上的某个控制

键。在此介绍 3 个支持参数的鼠标事件：MouseDown、MouseUp 和 MouseMove，这 3 个事件可以向程序传递上述各种信息。

当用户在对象上按下鼠标键时触发 MouseDown 事件，事件过程的语法结构为：

```
Private Sub Object_MouseDown(Button As Integer, Shift As Integer, X As Single, Y As Single)
'处理的事件过程
End Sub
```

当用户在对象上释放鼠标键时触发 MouseUp 事件，事件过程的语法结构为：

```
Private Sub Object_MouseUp(Button As Integer, Shift As Integer, X As Single, Y As Single)
'处理的事件过程
End Sub
```

当用户在对象上移动鼠标时连续引发多个 MouseMove 事件，事件过程的语法结构为：

```
Private Sub Object _MouseMove(Button As Integer, Shift As Integer, X As Single, Y As Single)
'处理的事件过程
End Sub
```

其中，Object 为触发此事件的窗体或控件对象名。

（1）Button 参数

Button 参数是一个整型值，反映事件发生时按下的是哪个鼠标键：1 表示左键；2 表示右键；4 表示中键。

（2）Shift 参数

Shift 参数也是一个整数，它表明在这 3 个鼠标事件发生时，键盘上的哪一个控制键被按下：1 表示 Shift 键；2 表示 Ctrl 键；4 表示 Alt 键。如果同时有两个或 3 个控制键被按下，则 Shift 参数值是相应键的数值之和。

（3）X 参数和 Y 参数

这两个参数反映的是事件发生时鼠标指针热点所处位置的坐标。在默认情况下，坐标系的圆点在引发事件对象的左上角。

具有这 3 个事件的对象有窗体、命令按钮、文本框、复选框、单选按钮和框架等。在对象上操作一次鼠标，会触发多个鼠标事件。例如，在窗体上单击一次鼠标，会依次触发 MouseDown、MouseUp 和 Click 事件。在窗体上双击一次鼠标，会依次触发 MouseDown、MouseUp、Click、DblClick 和 MouseUp 事件。

【例 10-4】 彩色画笔。在窗体上按下鼠标左键，随意拖动，可以画出色彩斑斓的图画。运行界面如图 10-17 所示。

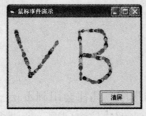

图 10-17　彩色画笔运行界面

1）属性设置如表 10-9 所示。

表 10-9　例 10-4 的属性设置

控 件 名	属 性 值	作 用
Form1	Caption= "鼠标事件演示"	标明程序功能
Command1	Caption= "清屏"	标明按钮功能

2）程序代码如下：

```
Dim flag As Boolean          '通用中定义全局变量标识画笔状态
Dim pasx As Single           '通用中定义全局变量记录坐标 X
Dim pasy As Single           '通用中定义全局变量记录坐标 Y
Private Sub Form_Load()
    flag = False
End Sub
Private Sub Form_MouseDown(Button As Integer, Shift As Integer, X As Single, Y As Single)
    If Button = 1 Then
    pasx = X
    pasy = Y
    flag = True
    End If
End Sub
Private Sub Form_MouseMove(Button As Integer, Shift As Integer, X As Single, Y As Single)
    Randomize
    If Button = 1 Then
    DrawWidth = Int(Rnd * 10 + 1)
    Line (pasx, pasy)-(X, Y), RGB(Int(Rnd * 256), Int(Rnd * 256), Int(Rnd * 256))
    pasx = X
    pasy = Y
    End If
End Sub
Private Sub Form_MouseUp(Button As Integer, Shift As Integer, X As Single, Y As Single)
    If Button = 1 Then
    flag = False
    End If
End Sub

Private Sub Command1_Click()
    Cls
End Sub
```

10.4　多重窗体设计

在程序设计中，尤其是复杂的程序，往往会用到不止一个窗体。为了设计这样的程序，Visual Basic 提供了多重窗体的设计来解决这个问题。所谓多重窗体，是指一个应用程序中拥有多个并列的普通窗体，且每个窗体都有自己的界面和程序代码，用于完成不同的功能。

1．多重窗体设计

（1）添加窗体

选择"工程"→"添加窗体"命令或单击工具栏上的"添加窗体"按钮，弹出"添加窗体"对话框。切换到"新建"选项卡，可以在当前工程中新建一个窗体。切换到"现存"选项卡，可以将其他已有工程中的窗体添加到当前工程中，界面如图 10-18 所示。

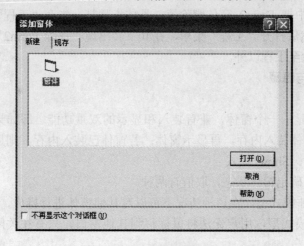

图 10-18　添加窗体属性

（2）设置启动对象

在多重窗体程序中，由于每个窗体都是并列的关系，必须设置一个启动对象（即工程中第一个被执行的对象）。在默认情况下，工程中第一个被创建的窗体被指定为启动对象。如果要指定其他窗体为启动对象，可以选择"工程"→"属性"命令，弹出"工程属性"对话框，在启动对象中选择相应的对象，如图 10-19 所示。如果选择某个窗体，则该窗体即为第一个被执行的窗体，如果启动对象为 Main 子过程，则在程序启动时不加载任何窗体，以后由该过程根据情况决定是否加载窗体或加载哪一个窗体。

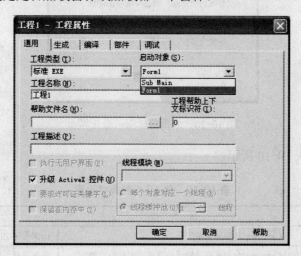

图 10-19　启动对象设置

（3）保存窗体

每建立一个窗体，都要将窗体保存到工程中。在一般情况下，一个工程的所有窗体应该保存在同一个目录中，以免在程序启动后出现找不到窗体的情况。

（4）删除窗体

当在一个工程中要删除一个窗体时，先在"工程资源管理器"窗口中选择要删除的窗体，然后选择"工程"→"移除窗体"命令即可。例如，在工程中有两个窗体 Form1 和Form2，现要在工程中把 Form2 窗体删除掉，具体步骤是：先在"工程资源管理器"窗口中选择 Form2 窗体，然后打开"工程"菜单，在其下会出现"移除 Form2"选项，选中该项即可把 Form2 窗体移除至工程以外。

2．窗体的显示与隐藏

（1）Show 方法

Show 方法用于显示一个窗体，兼有装入和显示的双重功能。即如果要显示的窗体尚未装入内存，则先将窗体装入内存，再显示窗体；若窗体已装入内存，则显示窗体。

格式为：窗体名．Show 模式

其中，模式用于确定窗体状态，取值有两种。

0：表示窗体为非模式型，在该种情况下可以对其他窗体进行操作，是默认值；

1：表示窗体为模式型，用户无法将鼠标移到其他窗口，只有在关闭该窗口后才能对其他窗体进行操作。

（2）Hide 方法

Hide 方法用于将窗体暂时隐藏起来，但并不将窗体从内存中删除。

格式为：窗体名．Hide

【例 10-5】 多重窗体演示。在窗体上单击相应的按钮，选择自己想要观看的动物，在其他窗口中出现动物的照片。设计主界面如图 10-20 所示。

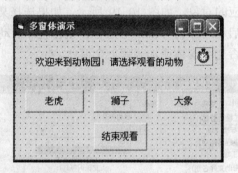

图 10-20　多重窗体演示设计界面

1）属性设置如表 10-10 所示。

表 10-10　例 10-5 的属性设置

控 件 名	属 性 值	作 用
Form1	Caption="多窗体演示"	标识程序功能
Label1	Caption="欢迎来到动物园！请选择观看的动物"	动态字幕，显示按钮作用

控 件 名	属 性 值	作 用
Command1	Caption="老虎"	按钮作用
Command2	Caption="狮子"	
Command3	Caption="大象"	
Command4	Caption="结束观看"	
Timer1	Interval=100	设置字幕移动时间
Form2	Caption="老虎" Picture="C:\photo\老虎.jpg"	标识窗体作用，加载所要显示的图片
Form3	Caption="狮子" Picture="C:\photo\狮子.jpg"	
Form4	Caption="大象" Picture="C:\photo\大象.jpg"	

2）窗体 Form1 中的代码如下：

```
Private Sub Command1_Click()          '显示 Form2 窗体
    Form1.Hide
    Form2.Show
End Sub
Private Sub Command2_Click()          '显示 Form3 窗体
    Form1.Hide
    Form3.Show
End Sub
Private Sub Command3_Click()          '显示 Form4 窗体
    Form1.Hide
    Form4.Show
End Sub
Private Sub Command4_Click()          '程序退出
    End
End Sub
Private Sub Timer1_Timer()            '字体移动
    Label1.Move Label1.Left - 50, Label1.Top
    If Label1.Left + Label1.Width < 0 Then Label1.Left = Form1.Width
End Sub
```

窗体 Form2 中代码如下：

```
Private Sub Form_Click()              '返回 Form1 主窗口
    Form2.Hide
    Form1.Show
End Sub
```

窗体 Form3、Form4 中的代码同 Form2 中的代码。

3）运行界面如图 10-21 和图 10-22 所示。

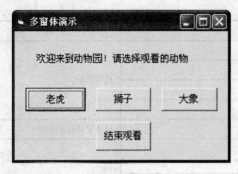

图 10-21　多重窗体运行主界面　　　　图 10-22　观看狮子运行界面

10.5　本章小结

本章介绍了对话框和菜单的设计，通过简单的实例让读者理解对话框和菜单的设计方法、主要属性和在设计中应该注意的问题，同时还介绍了 Visual Basic 中的鼠标事件和多重窗体设计。希望通过本章的学习，能使读者所设计的程序功能更加强大。

习题 10

1．通用对话框一共有几种？在程序中如何进行调用？
2．调用"字体"对话框和其他对话框有什么不同？
3．如果要把下拉式菜单改成弹出式菜单应该如何设计？
4．如何把菜单项设计成控件数组？
5．在窗体上单击鼠标左键，依次发生的窗体事件有哪些？
6．什么是启动对象？在多窗体程序中应如何设置启动对象？

第 11 章　Visual Basic 与多媒体

学习目标

1. 掌握用 OLE 方式操作媒体信息的方法。
2. 掌握用控件方式操作媒体信息的方法。
3. 掌握用 API 方式操作媒体信息的方法。

多媒体技术融计算机、声音、文本、图像、动画、视频和通信等多种功能于一体，是当今信息技术领域发展最快、最活跃的技术，被广泛应用在咨询服务、图书、教育、通信、军事、金融和医疗等行业，并正潜移默化地改变着人们生活的面貌。运用多媒体技术可以给应用程序添加丰富的内容。在本章中将介绍在 Visual Basic 6.0 如何使用应用程序接口（API）和媒体控制接口（MCI）两种方法来操纵音频、视频等媒体信息。

11.1　Windows 平台多媒体概述

11.1.1　多媒体的概念和分类

媒体（Media）是人与人之间实现信息交流的"桥梁"，简单来说，就是信息的载体，也称为媒介。多媒体就是多重媒体的意思，可以理解为直接作用于人感官的文字、图形、图像、动画、音频和视频等各种媒体的统称，即多种信息载体的表现形式和传递方式。从计算机和通信设备处理信息的角度来看，可以将自然界和人类社会原始信息存在的形式归结为 3 种最基本的媒体：声、图、文。下面介绍常见多媒体信息的类型及特点。

1）文本：文本是以文字和各种专用符号表达的信息形式，也是现实生活中使用最多的一种信息存储和传递方式。

2）图像：图像是多媒体软件中最重要的信息表现形式之一，也是决定一个多媒体软件视觉效果的关键因素。

3）动画：动画是利用人的视觉暂留特性，快速播放一系列连续变化的图形图像，还包括画面的缩放、旋转、变换、淡入淡出等特殊效果。

4）声音：声音是人们用来传递信息、交流感情的最方便、最常用的方式之一。在多媒体课件中，按其表达形式，可将声音分为讲解、音乐、效果 3 类。

5）视频影像：视频影像具有时序性与丰富的信息内涵，常用于交代事物的发展过程。视频非常类似于人们熟知的电影和电视，有声有色，在多媒体中充当着重要的角色。

11.1.2　多媒体的格式

在多媒体技术中，有声音、图形、静态图像、动态图像等几种媒体形式。每一种媒体形式都有严谨而规范的数据描述，其数据描述的逻辑表现形式是文件。下面列举一些音频文件和视频文件的常见格式。

1．音频文件格式

音频文件通常分为两类：声音文件和 MIDI 文件。声音文件指的是通过声音录入设备录制的原始声音，其直接记录了真实声音的二进制采样数据，通常文件较大；而 MIDI 文件则是一种音乐演奏指令序列，相当于乐谱，可以利用声音输出设备或与计算机相连的电子乐器进行演奏，由于不包含声音数据，所以文件尺寸较小。

（1）Wave 文件（.wav）

Wave 格式文件用于保存 Windows 平台的音频信息资源，是计算机上最为流行的声音文件格式，其文件尺寸较大，多用于存储简短的声音片段。

（2）MPEG 音频文件（.mp1、.mp2、.mp3）

MPEG 音频文件格式指 MPEG 标准中的音频部分。MPEG 音频文件的压缩是一种有损压缩，根据压缩质量和编码复杂程度的不同可分为 3 层（MPEG Audio Layer 1/2/3），分别对应 MP1、MP2、MP3 3 种声音文件。MPEG 音频编码具有很高的压缩率，MP1 和 MP2 的压缩率分别为 4∶1 和 6∶1～8∶1，标准 MP3 的压缩比是 10∶1。一个三分钟长的音乐文件压缩成 MP3 后大约是 4MB，同时其音质基本保持不失真。目前，在网络上使用最多的是 MP3 文件格式。

（3）RealAudio 文件（.ra、.rm、.ram）

RealAudio 文件格式主要用于在低速率的广域网上实时传输音频信息。

（4）WMA

WMA 是继 MP3 后最受欢迎的音乐格式，在压缩比和音质方面都超过了 MP3，能在较低的采样频率下产生好的音质。

（5）MIDI 文件（.mid）

在 MIDI 文件中，只包含产生某种声音的指令，计算机将这些指令发送给声卡，然后声卡按照指令将声音合成出来。

2．视频文件格式

视频文件一般分为两类，即影像文件和动画文件。

（1）AVI 文件（.avi）

AVI 格式的文件是一种不需要专门的硬件支持就能实现音频与视频压缩处理、播放和存储的文件。AVI 格式文件可以把视频信号和音频信号同时保存在文件中，在播放时，音频和视频同步播放。

（2）MPEG 文件（.mpeg、.mpg、.dat）

MPEG 文件格式是运动图像压缩算法的国际标准，MPEG 标准包括 MPEG 视频、MPEG 音频和 MPEG 系统（视频、音频同步）3 个部分，前面介绍的 MP3 音频文件就是 MPEG 音频的一个典型应用。MPEG 压缩标准是针对运动图像而设计的，其基本方法是：在单位时间内采集并保存第一帧信息，然后只存储其余帧相对于第一帧发生变化的部分，从而达到压缩的目的。它主要采用两个基本压缩技术，其中运动补偿技术用于实现时间上的压缩，变换域压缩技术用于实现空间上的压缩。MPEG 的平均压缩比为 50∶1，最高可达 200∶1，压缩效率非常高，并且图像和音响的质量也非常好。

（3）ASF

ASF 是一种数据格式，音频、视频、图像及控制命令脚本等多媒体信息通过该种格式，以网络数据包的形式传输，从而实现流式多媒体内容的发布。

（4）GIF 动画文件（.gif）

GIF 是一种高压缩比的彩色图像文件格式，主要用于图像文件的网络传输。最初，GIF 只是用来存储单幅静止图像，后进一步发展为可以同时存储若干幅静止图像，并进而形成连续的动画。目前，Internet 上的动画文件多为这种格式的 GIF 文件。

（5）SWF 文件

SWF 是用 Flash 软件制作的一种格式，源文件为.fla 格式。由于其具有体积小、功能强、交互能力好、支持多个层和时间线程等特点，被越来越多地应用到网络动画中。SWF 文件是 Flash 中的一种发布格式，已广泛用于 Internet 上，在客户端浏览器中安装 Shockwave 插件即可播放。

3．图形图像文件格式

（1）BMP 文件

BMP 格式的图像文件，色彩极其丰富，根据需要，可选择图像数据是否采用压缩形式存放。在一般情况下，BMP 格式的图像是非压缩格式，文件尺寸比较大。

（2）GIF 文件

GIF 格式的图像文件是世界通用的图像格式，是一种压缩的 8 位图像文件，速度要比传输其他格式的图像文件快得多。

（3）JPEG 文件

JPEG 使用一种有损压缩算法，是以牺牲一部分的图像数据来达到较高的压缩率，但是该种损失很小，以至于很难察觉。

11.1.3　操作多媒体的途径

MCI（Media Control Interface，媒体控制接口）向基于 Windows 操作系统的应用程序提供了高层次的控制媒体设备接口的能力。使程序员不需要关心具体设备的差异，就可以对激光唱机（CD）、视盘机、波形音频设备、视频播放设备和 MIDI 设备等媒体设备进行控制。对于程序员来说，可以把 MCI 理解为设备面板上的一排按键，通过选择不同的按键（发送不同的 MCI 命令）让设备完成各种功能，而不必关心设备内部如何实现。例如，对于 play，视盘机和 CD 机有不同的反应（一个是播放视频，一个播放音频），而对用户来说却只需要按同一按钮。

应用程序通过 MCI 发送相应的命令来控制媒体设备。在 Visual Basic 中提供了两种使用 MCI 的方法来对多媒体信息进行操作，即用 Windows API 函数操作多媒体，以及用控件操作多媒体。

11.2　对象连接与嵌入技术

Object Linking and Embedding 的中文译名为对象连接与嵌入，简称 OLE 技术。OLE 不仅是桌面应用程序集成，定义和实现了一种允许应用程序作为软件"对象"（数据集合和操作数据的函数）彼此进行"连接"的机制，这种连接机制和协议称为部件对象模型。利用此技术能方便地把声音、图片、文本或动态图像嵌入到 Windows 程式中，以实现多媒体的控制功能。

1．OLE 控件的添加方法

在 Visual Basic 的标准工具箱中，有一个 OLE 控件，如图 11-1 所示。和其他控件一样，可以通过拖曳的方式，在窗体中添加一个 OLE 控件。

2．OLE 控件的操作方法

在窗体中添加一个 OLE 控件之后，会自动弹出"插入对象"对话框，如图 11-2 所示。该对话框用于设置需要关联的多媒体信息，在"对象类型"列表框中列出了全部可链接或嵌入的对象内容，此时可选择"新建"或"由文件创建"单选按钮。

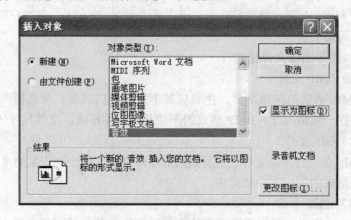

图 11-1　OLE 控件　　　　　　　　　　图 11-2　"插入对象"对话框

1）如果只想把现成的文件内容（如声音文件、BMP 图像文件等）作为对象，可选择"由文件创建"单选按钮，然后可通过"浏览"按钮找到指定的文件。

2）如果想自己录制声音或绘制图片，可选择"新建"单选按钮，在列表框中选定指定的链接或嵌入对象，然后系统会自动打开相应的编辑工具，进入编辑状态。例如，如果在"对象类型"中选择了"音效"选项，单击"确定"按钮之后，将会弹出声音编辑工具（见图 11-3），用于实现声音的录制和合成。

图 11-3　OLE 中的声音编辑工具

3）如果想更换链接或嵌入的对象，可用右击 OLE 对象，在弹出的快捷菜单中选择"插入对象"命令，重新进入对象选择窗口。

3. OLE 对象的主要属性

（1）AutoActivate 用于设置对象的自动激活属性

AutoActivate=0：手工方式。对象不能自动激活，但可以使用程序的 DoVerb 方法激活对象。

AutoActivate=1：焦点方式。如果 OLE 容器控件包含的对象支持单击激活，当 OLE 容器控件接收焦点时，将提供对象的应用程序激活。

AutoActivate=2：（默认值）双击方式。如果 OLE 容器控件包含对象，当控件有了焦点，在 OLE 容器控件上双击或按〈Enter〉键时，将激活对象的应用程序。

AutoActivate=3：自动方式。如果 OLE 容器控件包含对象，当控件接收焦点或双击控件时，将根据对象规范的激活方法，激活提供对象的应用程序。

（2）Action 用于决定激活控件时执行的动作

Action =1：从文件的内容中创建链接对象。

Action =7：打开一个对象，用于进行编辑操作。

Action =9：关闭对象，并与提供该对象的应用程序终止连接。

【例 11-1】 利用 OLE 控件显示图形文件。

在窗体中添加一个 OLE 控件和一个 CommandButton 控件，并添加如下代码：

```
Private Sub Command1_Click()
OLE1.Class = "MSDRAW"
'确定嵌入的 OLE 对象的类名，Class 属性用来确定服务者应用程序名及其所提供的数据类型
OLE1.SourceDoc = "C:\示例图片.bmp"
OLE1.Action = 1
OLE1.Verb = -3
'Verb 用来确定对象被激活时的操作，值为-3 表示对象被激活时隐藏生成该对象的应用程序
OLE1.Action = 7
OLE1.Enabled = False        '确定控件是否响应用户产生的事件，False 为不响应
End Sub
```

【例 11-2】 利用 OLE 控件播放声音文件。

在窗体中添加一个 OLE 控件和一个 CommandButton 控件，并添加如下代码：

```
Private Sub Command1_Click()
    OLE1.Class = "soundrec"    '确定嵌入的 OLE 对象的类名为声音文件
    OLE1.SourceDoc = "C:\示例音乐.wma"
    OLE1.Action = 1
    OLE1.Action = 7
End Sub
```

OLE 是在两个应用程序间交换信息的一种方法，两个应用程序分别称为服务者和客户。服务者是数据的提供者，客户是数据的接收者。在 Visual Basic 中，OLE 客户控件作为数据的接收者。在程序运行的过程中，会调出相应的工具软件进行播放并允许进行编辑。用此方法控制多媒体最显著的好处就是，操作非常简单。缺点是在运行时需要频繁的磁盘交换过程，破坏了应用程序和谐统一的界面效果，运行速度较慢。

11.3 媒体控制接口

1. 什么是 MCI 接口

MCI（Media Control Interface）指媒体控制接口，它是微软提供的一组多媒体设备和文件的标准接口，便于控制绝大多数多媒体设备（包括音频、视频、影碟、录像等多媒体设备），而不需要知道它们的内部工作状况。

MCI 识别的基本设备类型如表 11-1 所示。

表 11-1　MCI 识别的基本设备类型

设备类型（Device Type）	描述（Description）
CDAudio	激光唱盘播放设备
Sequence	MIDI 音序发生器
WaveAudio	数字化波形音频设备
AviVideo	微软视频音频交替格式电影播放设备
VideoDisc	激光视盘（大影碟）播放机
VCR	磁盘录像机
MMMovie	MMM（微软多媒体电影）格式播放设备
AutoDesk	FLI 和 FLC 动画播放设备
MpegVideo	MPEG（小影碟）播放设备
MpegCDI	CDI、卡拉 OK 影碟播放设备
DigitalVideo	动态数字视频图像设备
Animation	动画播放设备
DAT	数字化磁带音频播放机
Overlay	模拟视频图像叠加设备
Other	未给出标准定义的 MCI 设备

2. 常用的 MCI 指令

MCI 指令一般格式为：MCI 指令　设备名 [参数]

常用 MCI 命令如表 11-2 所示。

表 11-2　常见的 MCI 命令

命令动词	功　能	命令动词	功　能
Back	单步回倒	Prev	快退到上一个曲目
Close	关闭媒体设备	Record	录音
Eject	弹出媒体	Save	保存到文件中
Next	快进到下一个曲目	Seek	查找一个位置
Open	打开媒体设备	Sound	用 Sound 播放声音
Pause	暂停播放或录音	Step	单步前进
play	播放	stop	停止播放或录音

下面列举一些常见的例子。

1）打开多媒体设备：open CDAudio、open C:\Windows\music.wav type waveaudio。

2）播放多媒体设备：play CDAudio from 1000 to 10000（播放 CD 的第 1 秒到第 10 秒）、play C:\Windows\music.wav。

3）关闭多媒体设备：close all（关闭所有多媒体设备）。

4）播放 CD：play cd。

5）设置播放文件的时间格式：set 播放文件 time format frames。

6）停止播放：stop。

7）暂停播放：pause。

8）继续播放：resume。

9）播放文件直到播放完毕才允许操作：play 播放文件名 wait。

10）关闭窗口及对应文件：close 播放文件名 window。

11）循环播放：play 播放文件名 repeat。

12）满屏播放：play 播放文件名 fullscreen。

有了 MCI 的初步知识，就可以将 MCI 和 API 函数结合，或者将 MCI 和多媒体控件结合，进行多媒体编程了。

11.4 控件方法

在 Visual Basic 中提供了多个控件来实现多媒体操作，下面分别进行介绍。

11.4.1 MMControl 控件方法

MMControl 控件用于管理媒体控制接口（MCI）设备上的多媒体文件的记录与回放。它被用来向声卡、MIDI 序列发生器、CD-ROM 驱动器、视频 CD 播放器、视频磁带记录器及播放器等设备发出 MCI 命令，实现播放和录制等功能，并且支持.avi 视频文件的回放。其外观如图 11-4 所示。

图 11-4　MMControl 控件的外观

它共有 9 个按钮，从左到右依次为：Prev（到起始点）、Next（到终点）、Play（播放）、Pause（暂停）、Back（向后步进）、Step（向前步进）、Stop（停止）、Record（录制）和 Eject（弹出）。

1．MMControl 控件的添加

由于 MMControl 控件不是 Visual Basic 的标准控件，因此在启动 Visual Basic 的时候，从标准工具箱中是无法找到的。要想使用该控件，需要首先将其添加到工具箱中。方法是：选择"工程"→"部件"命令，弹出"部件"对话框（见图 11-5），选择"Microsoft Multimedia Control 6.0"选项，然后单击"确定"，则在标准工具箱中将出现形如 🖳 的控件图标，将其添加到窗体之后，就能看到如图 11-4 所示的 MMControl 控件。

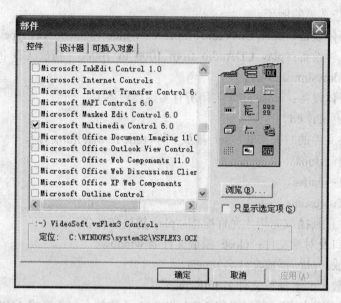

图 11-5 添加 MMControl 控件

2. MMControl 控件的主要属性

（1）AutoEnable 属性

该属性用于决定系统是否具有自动检测 MMControl 控件的各按钮状态的功能，即决定控件是否能够自动启动或关闭控件中的某个按钮。当属性值为 True（默认值）时，系统自动检测 MMControl 控件各按钮的状态，此时若按钮为有效状态，则会以黑色显示，若无效，则以灰色显示；当属性值为 False 时，系统不会检测 MMControl 控件的各按钮状态，所有按钮将以灰色显示。这一属性还会禁用 MCI 设备类型在当前模式下不支持的按钮。

（2）ButtonEnabled 属性

该属性用于决定 MMControl 控件的各按钮是否处于有效状态。默认值为 False，即无效状态。若要使 Play 按钮、Stop 按钮有效，可以在控件所在窗体的 Load 事件中添加如下代码：

```
Private Sub Form_Load()
    MMControl1.AutoEnable = False
    MMControl1.PlayEnabled = True
    MMControl1.StopEnabled = True
End Sub
```

在运行时，Play（播放）和 Stop（停止）按钮呈有效状态，即以黑色显示。

（3）ButtonVisible 属性

该属性用于决定 MMControl 控件中的某个按钮是否可见。例如，设置 Play（播放）按钮不可见，语法格式为：MMControl1.PlayVisible = False。

（4）DeviceType 属性

用于指定多媒体设备的类型，例如 AVI 动画（AVIVideo）、CD 音乐设备（CDAudio）、数字视频文件（DigitalVideo）和其他类型。MCI 设备类型如表 11-1 所示。

语法格式为：MMControl.DeviceType = 设备类型

例如，设置 MMControl 控件的设备类型为数字化波形音频设备，代码如下：

    MMControl1.DeviceType = " WaveAudio "

（5）FileName 属性

指定用 Open 命令打开或用 Save 命令保存的文件名。

例如，MMControl1.FileName = "C:\实例音乐.wav"

（6）Command 属性

Command 属性用于指定将要执行的 MCI 命令。在用 DeviceType 属性设置设备类型后，可用该属性将 MCI 命令发送给设备。Command 属性可以控制 14 个控制命令的执行，如表 11-3 所示。其中，"Pause" 命令与 "暂停" 按钮相对应。这些命令可用 MMControl 控件的 Command 属性启动。

例如，MMControl1.Command = "close"。

表 11-3　Command 属性的取值说明

取　值	说　明	取　值	说　明
Back	后退指定数目的画面	Prev	回到本磁道的起点
Close	关闭文件	Record	记录到文件
Eject	弹出	Save	保存一个打开的文件
Next	进入下一磁道的起点	Seek	查找指定的位置
Open	打开文件	Sound	播放声音
Pause	暂停	Step	前进指定数目的画面
Play	播放文件	Stop	停止

（7）Length 属性

返回所使用多媒体文件的长度。

（8）Frames 属性

指定 Back 或 Step 命令后退或前进的帧数。若 Frames=5，则每按一次 Step 按钮，前进 5 帧。

（9）Notify 属性

决定 MMControl 控件的下一条命令执行后，是否产生或回调事件（CallbackEvent）。如果为 True，则会产生。

（10）Mode 属性

返回一个已打开多媒体设备的状态。在设计时，该属性不可用，在运行时，它是只读的。表 11-4 列出了 MMControl 控件的 Mode 属性的取值说明。

表 11-4　Mode 属性的取值说明

取　值	设 备 模 式	描　述
524	MciModeNotOpen	设备未打开
525	MciModeStop	设备停止

取　值	设备模式	描　述
526	MciModePlay	设备正在播放
527	MciModeRecord	设备正在记录
528	MciModeSeek	设备正在查找
529	MciModePause	设备暂停
530	MciModeReady	设备准备好

3．MMControl 控件的主要方法

（1）ButtonClick 事件

当用户在 MMControl 控件的按钮上按下或释放鼠标时产生该事件，每一个 ButtonClick 事件默认执行一个 MCI 命令。

（2）Done 事件

当 Notify 属性设置为 True 后所遇到的第一个 MCI 命令结束时触发该事件，其格式为：Private Sub MMControl_Done(Notify_Code As Integer)。每一次，Notify 属性仅对一条 MCI 控制命令有效，用户可在 Done 事件中决定如何进一步处理程序。

（3）StatusUpdate 事件

按 UpdateInteval 属性所给的时间间隔自动发生。该事件可监测目前多媒体设备的状态信息。应用程序可从 Position，Length 和 Mode 等属性中获得状态信息。

（4）ButtonCompleted 事件

当 MMControl 控件的按钮激活的 MCI 命令完成后产生。

4．MMControl 控件操作实例

【例 11-3】 用 MMControl 控件实现 CD 播放功能。

```
Option Explicit
    Dim CurrentTrack As Integer              '记录当前是第几首歌
    Private Sub Form_Load()
    MMControl1.UpdateInterval = 1000         '设定每秒触发一次 StatusUpdate 事件
    MMControl1.DeviceType = "CDAudio"
    MMControl1.Command = "Open"
    If MMControl1.Mode = 526 Then            '如果当前正在播放，则停止并关闭
    MMControl1.Command = "stop"
    MMControl1.Command = "close"
    End If
    MMControl1.Command = "open"
    MMControl1.TimeFormat = 0                '以毫秒为单位
    MMControl1.Track = 1
    CurrentTrack = MMControl1.Track
End Sub
Private Sub Form_Unload(Cancel As Integer) '关闭程序时要关闭设备
    MMControl1.Command = "stop"
    MMControl1.Command = "close"
End Sub
```

```vb
Private Sub MMControl1_EjectClick(Cancel As Integer)      '单击 Eject
    CurrentTrack = 1
    MMControl1.Track = CurrentTrack
End Sub
Private Sub MMControl1_NextClick(Cancel As Integer)      '单击 Next 按钮
    '如果不是最后一曲，则播放下一曲
    If CurrentTrack < MMControl1.Tracks Then
    CurrentTrack = CurrentTrack + 1
    MMControl1.Track = CurrentTrack
    End If
End Sub
Private Sub MMControl1_PrevClick(Cancel As Integer)
    '如果不是第一曲，则播放前一曲
    If CurrentTrack > 1 Then
    MMControl1.Command = "Prev"
    CurrentTrack = CurrentTrack - 1
    MMControl1.Track = CurrentTrack
    End If
End Sub
Private Sub MMControl1_StatusUpdate() '系统自动产生的事件，用来检查状态
    Dim Min As Integer
    Dim Sec As Integer
    Cls                                      '清除窗体上的内容
    If Not MMControl1.Mode = 530 Then
    Min = (MMControl1.Length / 1000) \ 60
    Sec = (MMControl1.Length / 1000) Mod 60
    '直接在窗体上打印输出相关信息
    Print Space(3) + "CD 唱片的总长度为" & Min & "分" & Sec & "秒"
    Print Space(3) + "总共" & MMControl1.Tracks & "首曲子"
    End If
    If MMControl1.Mode = 526 Then
    Print Space(5) & "现在正在播放第" & CurrentTrack & "首曲子"
    End If
End Sub
Private Sub MMControl1_StopClick(Cancel As Integer)      '单击 Stop 按钮
    MMControl1.Command = "prev"                          '移到本曲子的开头
End Sub
```

11.4.2　Animation 动画控件

Animation 控件用于播放无声的 ".avi" 数字电影文件。AVI 动画类似于电影，由若干帧位图组成。在操作系统中，可以看到该控件的一个典型例子：在两个文件夹之间有一张纸（"文件"）在"飘动"。虽然 AVI 动画可以有声音，但这样的动画不能在 Animation 控件中使用，如果试图装载将会产生错误。

1．Animation 控件的添加

和 MMControl 控件一样，Animation 控件也不是 Visual Basic 的标准控件，因此要想使

用该控件，需要首先将其添加到工具箱中。方法是：选择"工程"→"部件"命令，在弹出的"部件"对话框中选择"Microsoft Windows Common Controls-2 6.0"选项（见图 11-6），单击"确定"按钮，在标准工具箱中将出现形如 的控件图标，将其添加到窗体之后，就能看到形如 的 Animation 控件。

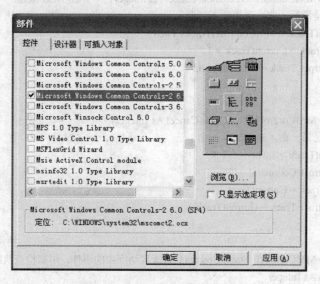

图 11-6　Animation 控件的添加

2．Animation 控件的主要属性

（1）Center 属性

功能：用于设置动画播放的位置。

格式：object.Center = [True | False]

可以用 Center 属性指定动画是否在该控件中居中播放。如果 Center=False，则在运行时，该控件会自动根据视频动画的大小设置自身的大小。在设计时，控件的左上角决定了运行时的动画位置。如果 Center=True，该控件不会改变自己的大小，而是将动画显示在由该控件所定义区域的正中央。如果在设计时该控件定义的区域小于动画的大小，则动画的边缘部分会被剪裁掉。

（2）AutoPlay 属性

功能：用于设置已打开动画文件的自动播放。

格式：object. AutoPlay= [True | False]

如果 AutoPlay=True，该控件在加载文件后将立即进行循环播放。如果要停止播放文件，只需令 AutoPlay=False 即可。

例如，Animation1.AutoPlay=True

　　　　Animation1.Open <文件名>

如果 AutoPlay=False（默认设置），加载 AVI 文件后若不使用 Play 方法将不会播放该文件。

例如，Animation1.AutoPlay=False

　　　　Animation1.Close

（3）BackStyle 属性

功能：用于设置播放 AVI 文件时所使用的背景是否透明。

格式：object. BackStyle= [1 | 0]

如果取值是 0（默认设置），则控件的背景颜色是可见的，即是透明的。如果取值是 1，则在动画剪辑中指定的背景颜色将填充整个控件，并覆盖其背后的所有颜色。

3．Animation 控件的主要方法

（1）Open 方法

格式：<动画控件名>.Open <文件名>

打开一个要播放的 AVI 文件。如果 AutoPlay 的属性设置为 True，则只要打开该文件即开始播放。

（2）Play 方法

格式：<动画控件名>.Play [= Repeat][, Start][,End]

实现在 Animation 控件中播放 AVI 文件。3 个可选参数的含义如下：

Repeat：用于设置重复播放次数。如果没有使用该参数，AVI 文件将被连续播放。

Start：用于设置开始的帧。AVI 文件由若干幅可以连续播放的画面组成，每一幅画面称为 1 帧，第一幅画面为第 0 帧。使用 Play 方法可以设置从指定的帧开始播放。

End：用于设置结束的帧。使用 End 方法可以设置停止帧的位置。

例如，使用名为 Animation1 的动画控件，把已打开文件的第 3 幅画面到第 7 幅画面重复 4 遍，可以使用以下语句：

    Animation1.Play 4,2,6

（3）Stop 方法

格式：<动画控件名>.Stop

用于终止用 Play 方法播放的 AVI 文件，但不能终止使用 Autoplay 属性播放的动画。

（4）Close 方法

格式：<动画控件名>.Close

用于关闭当前打开的 AVI 文件，如果没有加载任何文件，则 Close 不执行任何操作，也不会产生任何错误。

4．Animation 控件操作实例

【例 11-4】 利用 Animation 控件播放无声动画。

在窗体中添加若干控件并按照表 11-5 设置相应的属性。运行效果如图 11-7 所示。

表 11-5　利用 Animation 控件播放无声动画程序中的控件和属性设置

控 件 名 称	属性和说明
Label1	显示当前打开的 AVI 文件名称
Animation1	播放 AVI 文件
Commondialog1	产生打开对话框
Command1	打开 AVI 文件，令 caption="打开"，name="open"
Command2	播放 AVI 文件，令 caption="播放"，name="play"

控 件 名 称	属性和说明
Command3	暂停 AVI 文件，令 caption="暂停"，name="pause"
Command4	关闭 AVI 文件，令 caption="关闭"，name="shut"
Command5	退出程序，令 caption="退出"，name="exit"

```
Private Sub Form_Load()
    Label1.Caption = "支持无声的 AVI 动画"
    play.Enabled = False
    pause.Enabled = False
    shut.Enabled = False
End Sub
Private Sub pause_Click()
    Animation1.Stop
End Sub
Private Sub close_Click()
    Animation1.Stop
End Sub
Private Sub exit_Click()
    Unload Me
End Sub
Private Sub open_Click()
    Animation1.Visible = True
    CommonDialog1.Filter = "avi 文件|*.avi|所有文件|*.*"        '设置文件类型为 AVI
    CommonDialog1.ShowOpen
    Animation1.open CommonDialog1.FileName
    play.Enabled = True
    pause.Enabled = True
    shut.Enabled = True
    Label1.Caption = "AVI 文件名：" + CommonDialog1.FileName
End Sub
Private Sub play_Click()
    Animation1.play
End Sub
```

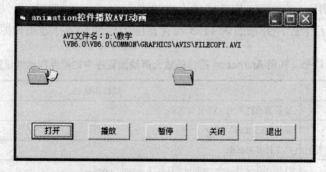

图 11-7　用 Animation 控件播放无声动画示例

11.5 使用 Windows API 函数

在 Visual Basic 中，可以调用 Windows API 函数中的多媒体库函数 Winmm.dll 来对 MCI 进行操作与控制，下面介绍相应的编程方法。

11.5.1 Windows API 函数概述

应用程序编程接口（Application Programming Interface，API）是一套用来控制 Windows 各个部件的外观和行为的一套预先定义的 Windows 函数。目的是提供应用程序与开发人员基于某软件或硬件的访问一组例程的能力，而又无须访问源码，或理解内部工作机制的细节。使用 API 函数能够简化程序设计，且开发出来的程序稳定、可靠。

API 函数包含在 Windows 系统目录下的附加名为 DLL 的动态连接库文件中。如果打开 WINDOWS 的 SYSTEM 文件夹，可以发现其中有很多附加名为 DLL 的文件。在一个 DLL 中包含多个 API 函数，只需重点掌握一些就足够了。

1．API 函数的声明

在 Visual Basic 中，不能直接调用 API 函数，必须遵循"先声明后使用"的原则，否则会出现"子程序或函数未定义"的错误信息。可以在程序的首部声明 API 函数。

API 函数的声明要用到 Declare 语句，如果该 API 函数有返回值，则其声明为 Function，如果没有返回值，可以将其声明为 Sub；如果只在某个窗体中使用 API 函数，可以在窗体代码的 General 部分声明它，声明的语法是：

```
Private Declare Function ...
Private Declare Sub...
```

这里必须采用 Private 声明，因为 API 函数只能被一个窗体内的程序所调用。

如果该 API 函数为多个窗体共用，则应将其定义在模块（Module）中，一般以 Public 开头，语法格式如下：

```
Public Declare Function...
Public Declare Sub...
```

Public 声明的含义是把 API 函数作为一个公共函数或过程，在一个工程中的任何位置（包括所有的窗体和模块）都能直接调用它。声明完毕后，就能在程序中使用此 API 函数了。

也可以利用 Visual Basic 提供的 API Text Viewer 方法进行声明，步骤如下：

1）从"开始"菜单进入 Visual Basic 程序组，调用其中的"API 文本浏览器"程序，此时将弹出"API 浏览器"对话框。

2）选择"文件"→"加载文本文件"命令，弹出"API 文件"对话框，选择其中的"WIN32API.TXT"选项并将其打开。

3）回到"API 浏览器"对话框，在"可用项"列表框中选择所需的 API 函数。

4）根据需要选择声明范围中的"私有"或"公有"单选按钮，然后单击"添加"按钮，将 API 函数的声明添加到"选定项"列表框中。

5）重复 3）和 4），将所有需要的 API 函数声明添加到"选定项"列表框中。

6）单击"复制"按钮，将选中的 API 函数声明复制到剪贴板中。然后，进入 Visual Basic 代码窗口用粘贴命令将这些函数声明粘贴到 Visual Basic 的程序代码中。

主要过程如图 11-8 和图 11-9 所示。

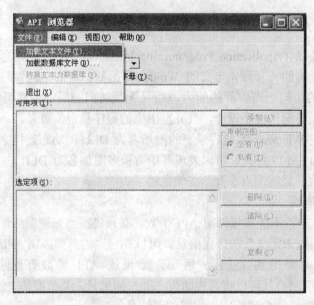

图 11-8 API 浏览器界面（1）

图 11-9 API 阅览器界面（2）

2．API 函数的调用

在 Visual Basic 中，可采用以下几种方式调用 API 函数，下面以 SetWindowPos 函数为例进行介绍：

（1）忽略函数返回值的调用

SetWindowPos Form1.hWnd, −2, 0, 0, 0, 0, 3

注意，此时函数的参数是不加括号的。

（2）Call 方法调用

Call SetWindowPos(Form1.hWnd, −2, 0, 0, 0, 3)

注意，在此需要加上括号，但不取回函数的返回值。

（3）取得函数返回值的调用

MyLng = SetWindowPos(Form1.hWnd, −2, 0, 0, 0, 3)

此时需要加上括号，而且必须事先定义一个变量（变量的类型与函数返回值类型相同）来存储 API 函数的返回值。

11.5.2　常用的 API 多媒体函数

在多媒体程序设计中，常用的 API 函数如下：

1）mciExecute()：这是一个最简单的函数，只有一个参数（即 MCI 指令字符串），当出现错误时将自动弹出对话框。

2）mciSendString()：其功能和上面的函数相同，但它能传送相应的信息给应用程序，在使用时需要 4 个参数，第一个是 MCI 命令字符串，第二个是缓冲区，第 3 个是缓冲区长度，第 4 个在 Visual Basic 中可恒置为 0。

3）mciGetErrorString()：说明上一个命令传回的错误代码所表示的意义。

4）Parse()：处理传送回来的文字信息，一般可通过 Visual Basic 的 instr 函数配合搜索指定的字符串。

11.5.3　API 函数多媒体编程实例

【例 11-5】　使用 API 函数完成 CD 播放功能。其界面设计如图 11-10 所示。

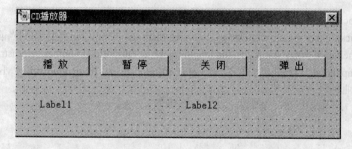

图 11-10　使用 API 函数实现 CD 播放

Option Explicit
Private Declare Function mciSendString Lib "winmm.dll" Alias "mciSendStringA" ()
(ByVal lpstrCommand As String, ByVal lpstrReturnString As String, ByVal _

```
uReturnLength As Long, ByVal hwndCallback As Long) As Long
Dim result As Long                          '设置返回值
Dim returnstring As String * 128            '返回字符串
Private Sub CmdPlay_click()
'播放 CD
result = mciSendString("play cdaudio", returnstring, 127, 0)
End Sub
Private Sub CmdPause_click()
'暂停
result = mciSendString("pause cdaudio", returnstring, 127, 0)
End Sub
Private Sub CmdClose_click()
'停止播放
result = mciSendString("stop cdaudio", returnstring, 127, 0)
result = mciSendString("close cdaudio", returnstring, 127, 0)
End Sub
Private Sub CmdOpen_click()
'弹出 CD
result = mciSendString("stop cdaudio", returnstring, 127, 0)
result = mciSendString("close cdaudio", returnstring, 127, 0)
result = mciSendString("set cdaudio door open", returnstring, 127, 0)
End Sub
Private Sub Form_load()
Dim currenttracknumber As Long
result = mciSendString("close cdaudio", returnstring, 127, 0)
'以共享的方式打开
result = mciSendString("open cdaudio shareable", returnstring, 127, 0)
If result <> 0 Then
MsgBox "不能打开 cdaudio 设备!", 16, "错误"
End
Else
result = mciSendString("status cdaudio number of tracks", returnstring, 127, 0)
Label1.Caption = "曲目总数: " & Left(returnstring, InStr(returnstring, vbNullChar) - 1) '得到总共曲目数

result = mciSendString("status cdaudio current track", returnstring, 127, 0)
currenttracknumber = Left(returnstring, InStr(returnstring, vbNullChar) - 1) '得到当前的歌曲号
result = mciSendString("status cdaudio length track " & currenttracknumber, returnstring, 127, 0)
Label2.Caption = "当前曲目长度: " & Left(Left(returnstring, InStr(returnstring, vbNullChar) - 1), 5) '
得到当前的歌曲时间
End If
End Sub
```

11.6   本章小结

本章从程序设计语言的角度介绍了 Visual Basic 进行多媒体开发的方法和过程,可以通

过 API 函数编程和多媒体控件两种方式，来实现丰富多彩的效果。主要的多媒体控件有 MMControl 控件和 Animation 控件，本章分别介绍了两种控件的主要属性和方法，并利用实例进行详细讲解。

习题 11

1. 常见的音频、视频文件格式有哪些？
2. MMControl 控件的主要属性有哪些？
3. MMControl 控件的主要方法有哪些？
4. 简述使用 MMControl 控件设计程序的步骤。
5. Animation 控件的主要属性有哪些？
6. Animation 控件的主要方法有哪些？
7. 简述使用 API 方式进行多媒体编程的主要步骤。

第 12 章　数据库编程

学习目标

1. 掌握数据库及数据库管理系统的概念。
2. 掌握关系型数据库模型的关系（表），以及记录、字段、关键字、索引等概念。
3. 学会使用可视化数据管理器建立数据库。
4. 掌握数据库控件的常用属性及与相关控件的绑定。
5. 掌握 SQL 查询数据库操作。
6. 了解报表的制作。

在 Visual Basic 中，访问数据库一般有两种方式。一种是非编码方式，主要通过 Data 等控件进行，可以不需要任何编程，只需简单设置控件的一些属性并结合文本框等普通控件即可方便地显示和操作数据库中的数据。二是通过编写代码，即利用数据访问对象（DAO）来实现。虽然编写代码要花费更多的时间与精力，但却可以实现更灵活、更复杂的操作，本章主要介绍数据库的基本知识，包括如何创建数据库、如何在 Visual Basic 中用控件访问数据库、如何用 SQL 语句生成记录集，以及数据库记录的操作、ADO 编程模型简介和简单报表的创建等。

12.1　数据库概述

数据库技术是 20 世纪 60 年代初开始发展起来的一门数据管理自动化的综合性新技术。数据库的应用领域相当广泛，从一般的事务处理，到各种专门化数据的存储与管理，都可以建立不同类型的数据库。建立数据库的目的不仅仅是为了保存数据，扩展人的记忆，而是帮助人们管理和控制与这些数据相关联的事物。

12.1.1　信息、数据及数据处理

数据库是为了一定目的，在计算机系统中以特定的结构组织、存储和应用的相关联的数据集合。

1. 数据与信息

人们通常使用各种各样的物理符号来表示客观事物的特性和特征，这些符号及其组合就是数据。数据的概念包括两个方面，即数据内容和数据形式。数据内容是指所描述客观事物的具体特性；数据形式则是指数据内容存储在媒体上的具体形式。数据主要有数字、文字、声音、图形和图像等多种形式。

信息是指数据经过加工处理后所获取的有用知识。信息是以某种数据形式表现的。数据和信息是两个相互联系但又相互区别的概念，其中，数据是信息的具体表现形式，信息是数据有意义的表现。

2．数据处理

数据处理也称信息处理，是利用计算机对各种类型的数据进行处理。包括数据的采集、整理、存储、分类、排序、检索、维护、加工、统计和传输等一系列操作。

数据处理的目的是：从大量数据中，通过分析、归纳、推理等科学方法，利用计算机技术、数据库技术等技术手段，提取有效的信息资源，为进一步分析、管理、决策提供依据。

例如，学生的各门成绩为原始数据，经过计算得出平均成绩和总成绩等信息，计算处理的过程就是数据处理。

3．数据处理的发展

伴随着计算机技术的不断发展，数据处理的效率和深度有大幅提高，并且使数据处理和数据管理的技术得到了很大的发展。其发展过程大致经历了人工管理、文件管理、数据库管理及分布式数据库管理4个阶段。

（1）人工管理阶段

早期的计算机主要用于科学计算，其计算处理的数据量很小，基本上不存在数据管理的问题。20世纪50年代初，开始将计算机应用于数据处理。当时的计算机没有专门管理数据的软件，对数据的管理没有一定的格式，数据依附于处理它的应用程序，使数据和应用程序一一对应，互为依赖。

程序与程序之间存在着大量重复数据，称为数据冗余。

特点：数据与程序不具有独立性，一组数据对应一组程序。程序与程序之间存在大量的数据冗余。

在人工管理阶段，应用程序与数据之间的关系如图12-1所示。

（2）文件管理阶段

从20世纪50年代后期至20世纪60年代末为文件管理阶段，应用程序通过专门管理数据的软件（即文件系统管理）来使用数据。数据处理应用程序利用操作系统的文件管理功能，将相关数据按一定的规则构成文件，通过文件系统对文件中的数据进行存取、管理，从而实现数据的文件管理。

特点：程序和数据分开存储，形成程序文件和数据文件，程序可以按名访问数据文件。但是，同一个数据项可能重复出现在多个文件中，从而导致数据冗余度较大，浪费空间。另外，由于没有形成数据共享，又不易统一修改容易造成数据的不一致。

在文件管理阶段，应用程序与数据之间的关系如图12-2所示。

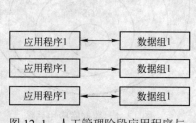

图12-1　人工管理阶段应用程序与
数据之间的关系图

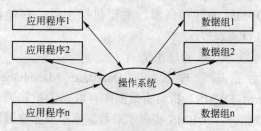

图12-2　文件管理阶段应用程序
与数据之间的关系图

223

（3）数据库管理阶段

数据库管理阶段是 20 世纪 60 年代末在文件管理基础上发展起来的。随着计算机系统性价比的持续提高、软件技术的不断发展，人们开发了一类新的数据管理软件——数据库管理系统（DataBase Management System，DBMS）。运用数据库技术进行数据管理，将数据管理技术推向了数据库管理阶段。

特点：为了解决多用户、多应用共享数据的要求，由数据库管理系统 DBMS 管理数据，提高了数据共享，减少了数据冗余。另外，使数据与应用程序独立，从而有效地管理和存取大量的数据资源。

在数据库管理阶段，应用程序与数据之间的关系如图 12-3 所示。

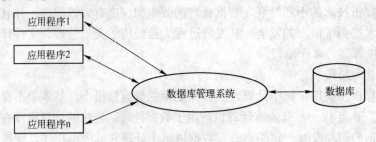

图 12-3　数据库管理阶段应用程序与数据之间的关系图

（4）分布式数据库系统与面向对象数据库系统

面向对象数据库系统指数据库技术与面向对象程序设计技术相结合。

优点：克服了传统数据库的局限性，能够自然地存储复杂的数据对象及它们之间的复杂关系，从而大幅提高了数据库管理效率、降低了用户使用的复杂性。

12.1.2　数据库系统

1. 数据库系统的组成

数据库应用系统简称为数据库系统（DataBase System，DBS），它是一个计算机应用系统，由计算机硬件、数据库管理系统、数据库、应用程序和用户等部分组成，如图 12-4 所示。

（1）计算机硬件

计算机硬件（Hardware）是数据库系统赖以存在的物质基础，是存储数据库及运行数据库管理系统 DBMS 的硬件资源，主要包括主机、存储设备、I/O 通道等。

（2）数据库管理系统

数据库管理系统（DataBase Management System，DBMS）指负责数据库存取、维护和管理的系统软件。DBMS 提供了对数据库中数据资源进行统一管理和控制的功能，将用户应用程序与数据

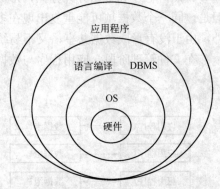

图 12-4　数据库应用系统

库数据相互隔离。它是数据库系统的核心，其功能的强弱是衡量数据库系统性能优劣的主要指标。

（3）数据库

数据库（DataBase，DB）指数据库系统中以一定组织方式将相关数据组织在一起，存储在外部存储设备上所形成的、能为多个用户共享的、与应用程序相互独立的相关数据集合。

数据库中的数据由 DBMS 进行统一管理和控制，用户对数据库进行的各种数据操作都是通过 DBMS 实现的。

（4）应用程序

应用程序是在 DBMS 的基础上，由用户根据应用的实际需要所开发的处理特定业务的应用程序。

（5）数据库用户

用户（User）是指管理、开发和使用数据库系统的所有人员，通常包括数据库管理员、应用程序员和终端用户。

2．数据库管理系统的功能

作为数据库系统核心软件的数据库管理系统 DBMS，通过三级模式间的映射转换，为用户实现了数据库的建立、使用和维护操作，因此，DBMS 必须具备相应的功能，主要包括数据库定义（描述）功能、数据库操纵功能、数据库管理功能和通信功能。

3．数据库系统的特点

数据库系统的出现是计算机数据处理技术的重大进步，它具有以下特点。

（1）数据共享

数据共享是指多个用户可以同时存取数据而不相互影响，数据共享包括 3 个方面：所有用户可以同时存取数据；数据库不仅可以为当前的用户服务，还可以为将来的新用户服务；可以使用多种语言完成与数据库的接口。

（2）减少数据冗余

数据库从全局观念来组织和存储数据，数据已经根据特定的数据模型结构化。在数据库中，用户的逻辑数据文件和具体的物理数据文件不必一一对应，从而有效地节省了存储资源，减少了数据冗余，增强了数据的一致性。

（3）具有较高的数据独立性

所谓数据独立是指数据与应用程序之间的彼此独立，它们之间不存在相互依赖的关系。应用程序不必随数据存储结构的改变而变动，这是数据库一个最基本的优点。

在数据库系统中，数据库管理系统通过映像，实现了应用程序对数据的逻辑结构与物理存储结构之间较高的独立性。数据库的数据独立包括两个方面：

1）物理数据独立：与数据的存储格式和组织方法改变时，不影响数据库的逻辑结构，从而不影响应用程序。

2）逻辑数据独立：数据库逻辑结构的变化（例如，数据定义的修改、数据间联系的变更等）不影响用户的应用程序。

数据独立提高了数据处理系统的稳定性，从而提高了程序维护的效益。

（4）增强了数据安全性和完整性保护

数据库加入了安全保密机制，可以防止对数据的非法存取。由于实行集中控制，有利于控制数据的完整性。数据库系统采取了并发访问控制，保证了数据的正确性。另外，数据库系统还采取了一系列措施，实现了对数据库破坏的恢复。

4．数据模型

（1）信息处理的 3 个层次

计算机信息管理的对象是现实生活中的客观事物，但这些事物是无法直接送入计算机的，必须进一步整理和归类，进行信息的规范化，然后才能将规范信息数据化并送入计算机的数据库中保存起来。这一过程经历了 3 个领域——现实世界、信息世界和数据世界。

1）现实世界：存在于人脑之外的客观世界，包括事物及事物之间的联系。

2）信息世界：信息世界就是现实世界在人们头脑中的反映，又称观念世界。客观事物在信息世界中称为实体，反映事物间联系的是实体模型或概念模型。

3）数据世界：将信息世界中的实体进行数据化，事物及事物之间的联系用数据模型来描述。

例如：学生借阅图书，在现实世界中为学生借阅图书；在信息世界中，将抽象为学生和书籍两个实体集，两个实体集间的联系为"借阅"。可用关系模型表示为学生、书籍和借阅 3 者的关系。在 Access 中建立学生、书籍和借阅 3 个数据表，并为学生和借阅两个表建立联系，为书籍和借阅两个表建立联系。这样，就完成了从现实世界到数据世界的转换。

（2）数据模型的含义与形式

数据库的数据结构形式称为数据模型，它是对数据库如何组织的一种模型化表示。

如果该模型只能表示存储什么信息，那么它是简单的，是文件系统早已解决了的问题，更重要的是，它要以一定数据结构方式表示各种信息的联系。

数据模型表示的是数据库框架。例如，建设一幢楼房，首先要有建筑结构图，并根据这个结构图先搭好架子，然后才能堆砖砌瓦，使建筑物符合要求。数据模型就相当于这个建筑结构图，根据这个结构图可组织装填数据。

数据模型主要分为以下两种形式：

概念模型（抽象的）：是数据库设计人员在认识现实世界中的实体与实体间的联系后进行的一种抽象。

实体模型（具体的）：有层次型、网络型和关系型 3 个层次。

1）概念模型：最常用的描述概念模型的方法，称为实体——联系方法（Entity-Relationship Approach），简称 E-R 方法。

实体（Entity）：指客观存在并可相互区别的物体。实体可以是真实存在的物体，如学生、图书等，也可以是抽象的事件，如订货、借书等。

属性（Attribute）：实体具有的某一种特性。如学生实体具有的姓名、性别等属性。每个属性都有特定的取值范围，即值域（Domain）。值域的类型可以是整数型、实数型和字符型等。

实体型和实体值：实体型就是实体的结构描述，通常是实体名和属性名的集合。具有相同属性的实体，有相同的实体型。

属性型和属性值：与实体型和实体值相似，实体的属性也有型与值之分。属性型就是属性名及其取值类型，属性值就是属性在其值域中所取的具体值。

实体集：性质相同的同类实体的集合称实体集，如一个班的学生。

实体联系：建立实体模型的一个主要任务就是确定实体之间的联系。常见的实体联系有一对一联系、一对多联系和多对多联系 3 种，如图 12-5 所示。

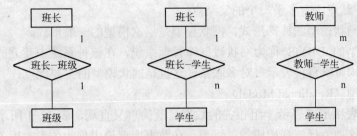

图 12-5 常见的实体联系

一对一联系（1:1）：若在两个不同型实体集中，任一方的一个实体只与另一方的一个实体相对应，称这种联系为一对一联系。如班长与班级的联系，一个班级只有一个班长，一个班长对应一个班级。

一对多联系（1:n）：若在两个不同型实体集中，一方的一个实体对应另一方的若干个实体，而另一方的一个实体只对应本方的一个实体，称这种联系为一对多联系。如班长与学生的联系，一个班长对应多个学生，而本班每个学生只对应一个班长。

多对多联系（m:n）：若在两个不同型实体集中，两实体集中的任一实体均与另一实体集中的若干个实体对应，称这种联系为多对多联系。如教师与学生的联系，一位教师为多个学生授课，每个学生也有多位任课教师。

2）实体模型：实体模型是反映实体之间联系的模型。数据库设计的重要任务就是建立实体模型，建立概念数据库的具体描述。在建立实体模型时，实体要逐一命名以示区别，并描述它们之间的各种联系。实体模型只是将现实世界的客观对象抽象为某种信息结构，这种信息结构并不依赖于具体的计算机系统，而是对应于数据世界的模型，由数据模型来描述。数据模型是数据库中实体之间联系的抽象描述，即数据结构。数据模型不同，描述和实现方法也不同，相应的支持软件（即数据库管理系统 DBMS）也不同。

5．数据模型

数据模型是指数据库中数据与数据之间的关系。

数据库管理系统常用的数据模型有 3 种：层次模型、网状模型和关系模型。

（1）层次数据模型

用树形结构表示数据及其联系的数据模型称为层次模型。

层次模型的基本特点如下：

1）有且仅有一个结点，无父结点，称其为根结点；

2）其他结点有且只有一个父结点。

支持层次数据模型的 DBMS 称为层次数据库管理系统，在该种系统中建立的数据库是层次数据库。层次模型可以直接方便地表示一对一联系和一对多联系，但不能用来直接表示多对多联系。

（2）网状数据模型（Network Model）

用网络结构表示数据及其联系的数据模型称为网状模型。网状模型是层次模型的拓展，在网状模型的结点间可以任意发生联系，能够表示各种复杂的联系。

网状模型的基本特点如下：

1）有一个以上结点，无父结点；

2）至少有一结点，有多于一个的父结点。

层次模型是网状模型的特殊形式，网状模型是层次模型的一般形式。

支持网状模型的 DBMS 称为网状数据库管理系统，在该种系统中建立的数据库是网状数据库。网络结构可以直接表示多对多联系，这也是网状模型的主要优点。

（3）关系模型（Relational Model）

人们习惯用表格形式表示一组相关的数据，既简单又直观，表 12-1 所示的就是一张学生基本情况表。这种由行与列构成的二维表，在数据库理论中称为关系，用关系表示的数据模型称为关系模型。在关系模型中，实体和实体间的联系都是用关系表示的，也就是说，在二维表格中既存放着实体本身的数据，又存放着实体间的联系。关系不仅可以表示实体间一对多的联系，通过建立关系间的关联，还可以表示多对多的联系。

关系模型是建立在关系代数基础上的，因而具有坚实的理论基础。与层次模型和网状模型相比，关系模型具有数据结构单一、理论严密、使用方便、易学易用等特点，因此，目前绝大多数数据库系统的数据模型均采用关系模型，即关系模型成为数据库应用的主流。

12.1.3 关系数据库系统

1. 关系的基本概念

关系：一个关系就是一张二维表（Table），通常将一个没有重复行、重复列的二维表看成是一个关系，每个关系都有一个关系名。例如，表 12-1 所示的学生基本情况表 student 和表 12-2 所示的学生成绩表 score 就代表了两个关系，"student" 及 "score" 为各自的关系名。

表 12-1　student 表

学号	姓名	年龄	性别	电话	地址
0001	张力	20	男	23562562	幸福路20号
0002	王楠	19	女	13878693879	学府路52号
0003	于纲	20	男	5148153	民族东路98号
0004	李鹏	18	男	13978906758	汉水路129号

记录：1 ► ►* 共有记录数：4

表 12-2　score 表

学号	课程号	成绩
0001	001	90
0001	002	80
0002	001	89
0002	003	78
*		0

记录：1 ► ►* 共有记录数：4

一个关系对应于一个表文件，简称表，关系名对应于表文件名或表名。

元组：又称记录（Record），二维表中的每一行为一条记录，一个表中不允许含有完全相同的两条记录。

228

属性：又称字段（Field），二维表中的每一列为一个字段（即一个属性），每个属性又都有一个属性名，属性值是各个元组属性的取值。列标题为字段名（必须唯一）。

域：属性的取值范围称为域。域作为属性值的集合，其类型与具体范围由属性的性质及其所表示的意义确定。注意，同一属性只能在相同域中取值。

关键字：关系中能唯一区分、确定不同元组的属性或属性组合，称为该关系的一个关键字。单个属性组成的关键字称为单关键字，多个属性组合的关键字称为组合关键字。关键字的属性值不能取"空值"，所谓空值就是"不知道"或"不确定"的值，因而无法唯一地区分、确定元组。

在表 12-1 中，"student"的"学号"属性可以作为单关键字，因为学号不允许相同。而"姓名"及"出生日期"不能作为关键字，因为学生中可能出现重名或相同的出生日期。如果所有同名考生的出生日期不同，则可将"姓名"和"出生日期"组合成为组合关键字。

候选关键字：在关系中能够成为关键字的属性或属性组合可能不是唯一的。凡在关系中能够唯一区分、确定不同元组的属性或属性组合，称为候选关键字。

主关键字：在候选关键字中选定一个作为关键字，称为该关系的主关键字（Primary Key）。在关系中，主关键字是唯一的，这就保证了可以通过主键唯一地标识一条记录。

外部关键字：关系中的某个属性或属性组合并非关键字，但却是另一个关系的主关键字，称此属性或属性组合为本关系的外部关键字。关系之间的联系是通过外部关键字实现的。例如，score 表中的学号并非本关系中的主关键字，却是 student 表中的主关键字，因此学号为外部关键字。

索引：为了提高数据库的访问效率，表中的记录应该按照一定的顺序排列。通常建立一个较小的表——索引表，该表中只含有索引字段和记录号。通过索引表可以快速确定要访问记录的位置。

关系模式：对关系的描述称为关系模式，其格式为：

关系名（属性名 1，属性名 2，…，属性名 n）

关系既可以用二维表格描述，也可以用数学形式的关系模式来描述。一个关系模式对应一个关系的数据结构，也就是表的数据结构。

如表 12-1 所示对应的关系，其关系模式可以表示为：

student（学号,姓名,性别,年龄,电话,地址）

2．关系的基本特点

在关系模型中，关系具有以下基本特点：

1）关系必须规范化，属性不可再分割。

规范化是指关系模型中的每个关系模式都必须满足一定的要求，最基本的要求是关系必须是一张二维表，每个属性值必须是不可分割的最小数据单元，即表中不能再包含表。

2）在同一关系中不允许出现相同的属性名。

3）在同一关系中元组及属性的顺序可以任意。

4）任意交换两个元组（或属性）的位置，不会改变关系模式。

以上是关系的基本性质，也是衡量一个二维表格是否构成关系的基本要素。在这些基本要素中，有一点是关键，即属性不可再分割，也即表中不能嵌套表。

3. 关系模型的主要优点

（1）数据结构单一

在关系模型中，无论是实体还是实体之间的联系，都用关系来表示。每个关系都对应一张二维数据表，其数据结构简单、清晰。

（2）关系规范化，并建立在严格的理论基础上

关系中的每个属性不可再分割，是构成关系的基本规范。关系是建立在严格的数学概念基础之上的，具有坚实的理论基础。

（3）概念简单，操作方便

关系模型的最大优点就是简单，用户容易理解和掌握。一个关系就是一张二维表格，用户只需用简单的查询语言就能对数据库进行操作。

12.2 创建数据库

在 Visual Basic 中创建数据库的途径主要有：

1）使用可视化数据管理器。使用可视化数据管理器，不需要编程就可以创建 Jet 数据库。

2）使用 DAO。使用 Visual Basic 的 DAO 部件可以通过编程的方法创建数据库。

3）使用 Microsoft Access。因为 Microsoft Access 使用了与 Visual Basic 相同的数据库引擎和格式，所以，用 Microsoft Access 创建的数据库和直接在 Visual Basic 中创建的数据库是一样的。

4）使用数据库应用程序。像 FoxPro、dBase 或 ODBC 客户机/服务器应用程序这样的产品，可以作为外部数据库，Visual Basic 可通过 ISAM 或 ODBC 驱动程序来访问这些数据库。

12.2.1 用可视化数据管理器创建 Access 数据库

数据管理器（Data Manager）是 Visual Basic 的一个传统成员，可用于快速建立数据库结构及数据库内容。Visual Basic 的数据管理器实际上是一个独立的可单独运行的应用程序——VisData.exe。它随安装过程放置在 Visual Basic 目录中，可以单独运行，也可以在 Visual Basic 开发环境中启动。凡是 Visual Basic 中有关数据库的操作，例如数据库结构的建立、记录的添加和修改，以及用 ODBC 连接到服务器端的数据库（如 SQL Server），都可以利用此工具来完成。

1. 可视化数据管理器

启动数据管理器的方法是：选择“外接程序”→“可视化数据管理器”命令，启动数据管理器，打开“VisData”窗口。

在“VisData”窗口的工具栏中，提供了 3 组共 9 个按钮，下面介绍这些按钮的功能。

（1）类型群组按钮

工具栏的第一组按钮，用于设置记录集的访问方式，具体为：

1）表类型记录集按钮（最左边的按钮）：当以该种方式打开数据库中的数据时，所进行的增、删、改、查等操作都是直接更新数据库中的数据。

2）动态集类型记录集按钮（中间的按钮）：使用该种方式是先将指定的数据打开并读入

到内存中，当用户进行数据编辑操作时，不直接影响数据库中的数据。使用该种方式可以加快运行速度。

3）快照类型记录集（最右边的拉钮）：以该种类型显示的数据只能读不能改，适用于只查询的情况。

（2）数据群组按钮

工具栏的中间一组按钮，用于指定数据表中数据的显示方式。先用鼠标在要显示风格的按钮上单击，然后选中某个要显示数据的数据表，右击，在弹出的快捷菜单中选择"打开"命令，则此表中的数据将以所要求的形式显示出来。

（3）事务方式群组按钮

工具栏的最后一组按钮，用于进行事务的处理。

2．利用可视化数据管理器创建 Access 数据库

对数据管理器的基本功能有了初步的认识后，接下来学习如何利用它来建立数据库。

（1）启动数据管理器

按前面的步骤启动数据管理器，如图 12-6 所示。

（2）建立数据库

在"VisData"窗口中选择"文件"→"新建"→"Microsoft Access Ver 7.0 MDB"命令，弹出"选择要创建的 Microsoft Access 数据库"对话框，在对话框中输入数据库文件名（如"Student.mdb"）并保存，则在 VisData 窗口的工作区中将出现如图 12-7 所示的数据库窗口（此时为空库，无表）。

图 12-6 可视化数据管理器

图 12-7 数据库窗口

3．建立数据表

将鼠标移到数据库窗口区域内，右击，在弹出的快捷菜单中选择"新建表"命令，将弹出"表结构"对话框，利用该对话框可以建立数据表的结构。

1）建立基本情况表。在"表名称"文本框中输入"student"，然后添加基本情况表的字段，再单击"添加字段"按钮，弹出"添加字段"对话框，在此对话框中输入"学号"字段的信息。

右击数据库窗口的空白处，在弹出的快捷菜单中选择"新建表"命令，弹出如图 12-8 所示的"表结构"对话框，输入表名称（如"student"），然后单击"添加字段"按钮，弹出如图 12-9 所示的"添加字段"对话框，输入字段名称，并在此对话框中输入"学号"字段

的信息，在此设置类型和大小（仅 Text 类型可设置大小），类型为 text，大小为 4。同样，按顺序输入"姓名"、"性别"、"年龄"、"电话"和"地址"字段，然后单击"关闭"按钮返回到"表结构"对话框中。

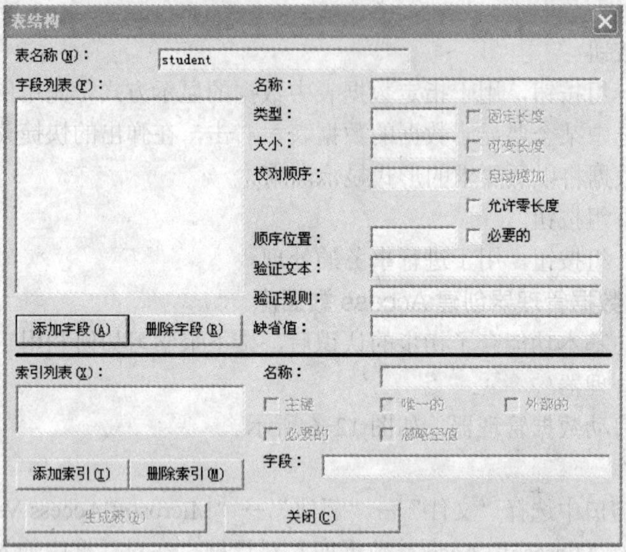

图 12-8 "表结构"对话框

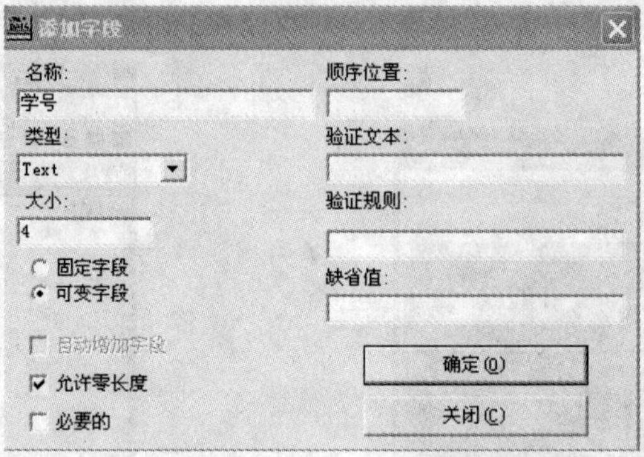

图 12-9 "添加字段"对话框

在添加了所有字段后，单击图 12-8 中的"生成表"按钮即可建立数据表。在一个库中可建立多个不同名称的表。

2）添加索引。为数据表添加索引可以提高数据检索的速度，用户可以在建立表的结构后建立表的索引。在图 12-8 所示的"表结构"对话框中单击"添加索引"按钮，弹出如图 12-10 所示的"添加索引"到"student"对话框，在"名称"文本框中输入索引的名称，如"学号"，在"可用字段"列表框中选择需要为其设置索引的字段（如"学号"），并设置是否为主索引或唯一索引（无重复）。

3）输入记录。双击数据库窗口中的数据表名称左侧的图标，打开如图 12-11 所示的记录操作窗口，可以对记录进行增、删、改等操作。

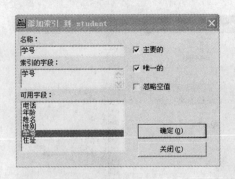
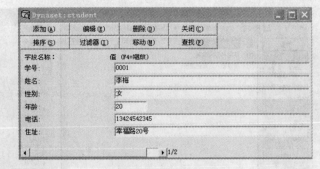

图 12-10　添加索引　　　　　　　　　　　　图 12-11　记录操作

4．建立查询

在数据表建立好之后，如果数据表中已经有数据，则可以对表中的数据进行有条件或无条件的查询。Visual Basic 的数据管理器提供了一个图形化的设置查询条件的窗口——查询生成器。选择"实用程序"→"查询生成器"命令，或在数据库窗口区域右击，然后在弹出的快捷菜单中选择"新查询"命令，即可弹出"查询生成器"对话框。假设要查询学号为110002 的学生基本情况，可按以下步骤进行：

1）选择要进行查询的数据表，在此单击表列表框中的"student"表。

2）在"字段名称"字段中选择"student.学号"。

3）单击"运算符"列表，选择"="。

4）单击"列出可能的值"按钮，在"值"字段中输入 0001。

5）单击"将 And 加入条件"按钮，将条件加入到"条件"列表框中。

6）在"要显示的字段"列表框中选定所需显示的字段。注意，在此所选的字段是在查询结果中要看的字段。

7）单击"运行"按钮，在随后出现的 VisData 对话框中单击"否"按钮，并进一步单击"运行"按钮，即可看到查询结果。

8）单击"显示"按钮，在随后出现的"SQL Query"窗口中显示刚建立的查询所对应的SQL 语句。

12.2.2　用 MS Access 建立数据库

下面以 MS Access 2000 为例简介数据库的创建。

1．建立数据库

启动 MS Access，在对话框中选中"空 Access 数据库"单选按钮，然后单击"确定"按钮，在弹出的"文件新建数据库"对话框中选择保存位置并输入文件名，最后单击"创建"按钮。

2．建立数据表

1）新建一个空白数据库后，在 MS Access 主窗口中将会出现如图 12-12 所示的数据库窗口。在此窗口中可以管理 Access 数据库的各组成部分。

2）在数据库窗口中双击"使用设计器创建表"图标，打开如图 12-13 所示的表设计器窗口——表 1：表，输入字段名称，并设置字段的数据类型、字段大小及其他属性。

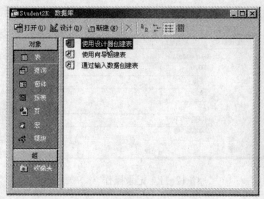
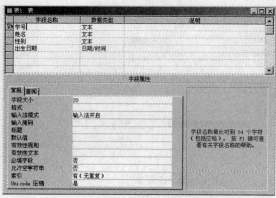

图 12-12　创建数据表　　　　　　　　　　　图 12-13　设计表的结构

3）若需设置主键，可选定拟设为主键的字段，然后单击 MS Access 主窗口工具栏中的"主键"图标，此时，在被设为主键的字段名左侧会出现钥匙状的图标，同时，"字段属性"列表框中的"索引"属性将自动设为"有（无重复）"。

4）全部字段设置结束后，关闭表设计器窗口，系统将显示如图 12-14 所示的对话框，用户可根据提示保存新建的数据表并设置表的名称。

5）若需修改数据表的结构定义（如添加、删除或修改字段），可在如图 12-15 所示的数据库窗口中选定数据表（如"student"），然后单击该窗口工具栏中的"设计"按钮，打开图 12-13 所示的表设计器窗口进行操作。

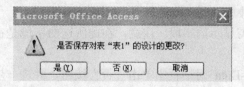
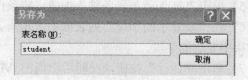

图 12-14　保存数据表

6）如果要添加一个新表，可再次双击"使用设计器创建表"图标，或者单击工具栏中的"新建"按钮，在如图 12-16 所示的"新建表"对话框中选择"设计视图"选项，然后单击"确定"按钮。此时，均可打开如图 12-13 所示的表设计器窗口。

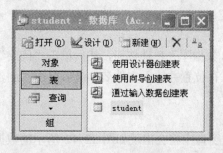
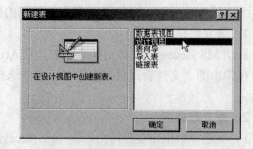

图 12-15　修改表结构　　　　　　　　　　　图 12-16　添加新表

7）输入记录。在数据库窗口中双击数据表，或者在选定表后单击工具栏中的"打开"按钮，打开如图 12-17 所示的数据表窗口，向表中输入数据。输入结束后关闭该窗口，根据系统提示保存数据表即可。

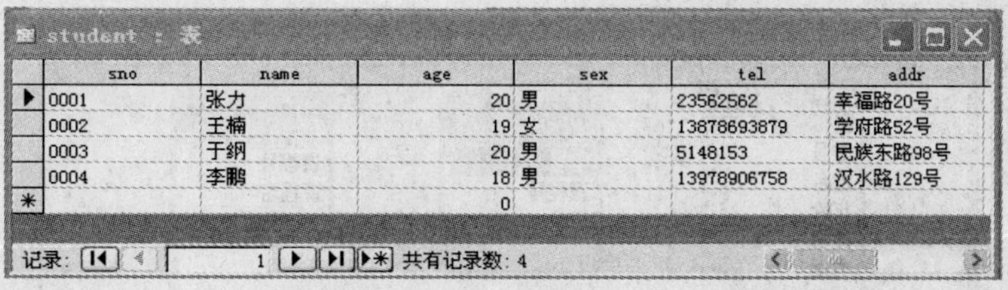

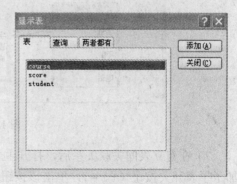

图 12-17　输入记录

12.2.3　建立表间关联关系

在一个数据库中，一般需要用多个表存放不同类别且互相关联的信息。例如，在学生信息数据库中用"student"表存放学生的学号、姓名、性别等基本情况，用"score"表存放学生的各科成绩，用"course"表存放已开设的课程。假设这 3 个表中含有如表 12-3～表12-5 所示的信息，当需要查询某位学生的一门或几门课程的成绩时，将要从上述 3 个表中获取数据。假如某位学生的学号在最初输入时有误，需要进行修改，则必须确保"student"表和"score"表中的"学号"字段进行同步更改。因此，应当为 3 个表建立必要的关联关系。

表 12-3　student 表

字段名	类型	长度
Sno*	文本	4
name	文本	10
sex	文本	2
age	整型	
tel	文本	20
addr	文本	50

注：* 为主键。

表 12-4　score 表

字段名	类型	长度
Sno*	文本	4
Cno*	文本	4
score	整型	

表 12-5　course 表

字段名	类型	长度
Cno*	文本	4
cname	文本	20

建立表间关联关系的前提是：两个表各含有一个关联字段（属性必须相同），其中一个表的关联字段必须被设为主键或具有唯一索引，该表称为"主表"，另一个表称为"从表"。下面以表12-3～表 12-5 为例，介绍建立数据表之间关联关系的一般步骤。

1）单击 Microsoft Access 主窗口工具栏中的"关系"按钮，若数据库中尚未定义任何关系，则在打开"关系"窗口的同时会弹出如图 12-18 所示的"显示表"对话框。

2）在"显示表"对话框中选定需要建立关系的表，单击"添加"按钮，然后单击"关闭"按

图 12-18　选择拟建立关系的表

钮，屏幕将显示如图12-19所示的"关系"窗口。

图12-19 "关系"窗口

3）在"关系"窗口中将"student"表中的"学号"字段拖放到"score"表中的"学号"字段上，将弹出如图12-20所示的"编辑关系"对话框。

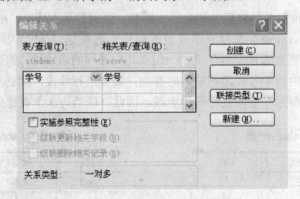

图12-20 编辑关系

4）在"编辑关系"对话框中，将"实施参照完整性"、"级联更新相关字段"和"级联删除相关记录"3个复选框选中，然后单击"创建"按钮。

5）重复第3）、4）步的操作，建立"score"表中的"课程号"字段与"course"表中的"课程号"字段关联。

6）建立表间关联关系后的效果如图12-21所示。

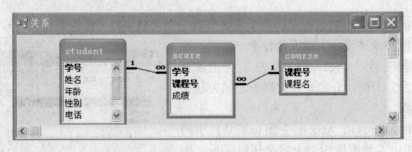

图12-21 表间关系

7）在建立表间关联关系后，打开主表（如"student"表），可以看到每条记录的左端增加了子表开关按钮（+、-），单击该按钮可以展开或折叠子表。此时，可以很方便地查看或输入每条记录的子表数据（如学生各科成绩），如图12-22所示。

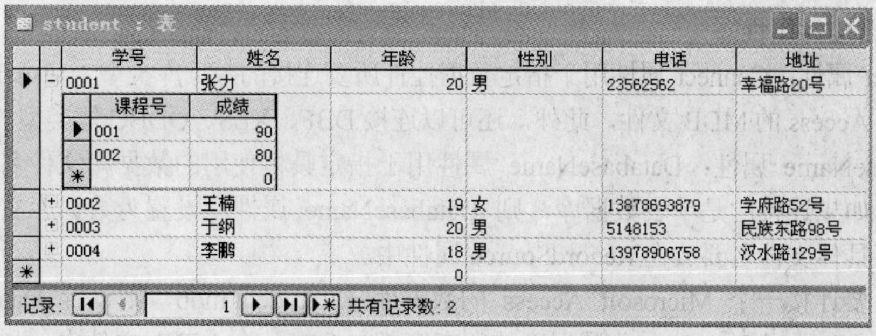

student : 表

学号	姓名	年龄	性别	电话	地址
0001	张力	20	男	23562562	幸福路20号
0002	王楠	19	女	13878693879	学府路52号
0003	于纲	20	男	5148153	民族东路98号
0004	李鹏	18	男	13978906758	汉水路129号
*		0			

课程号	成绩
001	90
002	80
*	0

记录: 1 共有记录数: 2

图 12-22　查看或输入子表数据

12.2.4　访问数据库

目前，Visual Basic 访问数据库的主流技术是 ADO。ADO 是一种基于对象的数据访问接口，在 Visual Basic 中提供了利用 ADO 访问数据库的两种主要形式：ADO 数据控件（ADODC）和 ADO 对象编程模型（ADO 代码）。这两种方式可以单独使用，也可以同时使用。

使用 ADO 数据控件的优点是代码少，一个简单的数据库应用程序甚至可以不用编写任何代码。其缺点是功能简单，不够灵活，不能满足编制较复杂数据库应用程序的需要。

使用 ADO 对象编程模型的优点是：具有高度的灵活性，可以编制复杂的数据库应用程序。缺点是代码编写量较大，对于初学者来说有一定难度。

无论采用哪种方式访问数据库，都要经历以下基本步骤：

- 与数据库建立连接，打开数据库。
- 从数据库中读取数据并在适当的控件中进行显示。
- 对所获数据进行浏览，以及增、删、改等操作，并将修改后的数据存入数据库。

在后面内容中将以 ADO 数据控件为主详细介绍 Visual Basic 访问数据库的基本操作。

12.3　用控件访问数据库

Visual Basic 提供的数据库引擎称为 Jet。Visual Basic 提供了两种与 Jet 数据库引擎接口的方法：Data 控件（Data Control）和 ADO（ACTIVEX DATA OBJECTS）应用层的数据访问接口。Data 控件只提供了有限的不需编程就能访问现存数据库的功能，而 ADO 模型则是全面控制数据库的完整编程接口，是 Microsoft 处理数据库信息的最新技术。

12.3.1　Data 数据控件

Data 控件是 Visual Basic 访问数据库的一种利器，能够利用 3 种 Recordset 对象来访问数据库中的数据，数据控件提供有限的不需编程就能访问现存数据库的功能，允许将 Visual Basic 的窗体与数据库方便地进行连接。要利用数据控件返回数据库中记录的集合，应先在窗体上画出控件，再通过其个基本属性（Connect、DatabaseName 和 RecordSource）设置要访问的数据资源。

1．数据控件属性

Connect 属性：Connect 属性用于指定数据控件所要连接的数据库类型，Visual Basic 默认的数据库是 Access 的 MDB 文件，此外，还可以连接 DBF、XLS、ODBC 等类型的数据库。

DatabaseName 属性：DatabaseName 属性用于指定具体使用的数据库文件名，包括所有的路径名。如果连接的是单表数据库，则 DatabaseName 属性应设置为数据库文件所在的子目录名，而具体文件名要放在 RecordSource 属性中。

例如，要连接一个 Microsoft Access 的数据库 C:\Student.mdb，则设置 DatabaseName= "C:\Student.mdb"，此时，Access 数据库的所有表都包含在一个 MDB 文件中。如果连接一个 FoxPro 数据库，如 C:\Visual Basic6\stu_fox.dbf，则 DatabaseName= "C:\Visual Basic6"，RecordSource="stu_fox.dbf"，stu_fox 数据库只含有一个表。

RecordSource 属性：RecordSource 用于确定具体可访问的数据，这些数据构成记录集对象 Recordset。该属性值可以是数据库中的单个表名，可以是一个存储查询，也可以是使用 SQL 查询语言的一个查询字符串。

例如，要指定 Student.mdb 数据库中的基本情况表，则 RecordSource="student"。而 RecordSource=Select From 基本情况 Where 专业='物理'"，表示要访问基本情况表中的所有物理系学生的数据。

RecordType 属性：RecordType 属性用于确定记录集类型。

EofAction 和 BofAction 属性：当记录指针指向 Recordset 对象的开始（第一个记录前）或结束（最后一个记录后）时，数据控件的 EofAction 和 BofAction 属性的设置或返回值决定了数据控件要采取的操作。

在 Visual Basic 中，数据控件本身不能直接显示记录集中的数据，必须通过能与其绑定的控件来实现。可与数据控件绑定的控件对象有文本框、标签、图像框、图形框、列表框、组合框、复选框、网格、DB 列表框、DB 组合框、DB 网格和 OLE 容器等控件。要使绑定控件能被数据库约束，必须在设计或运行时对这些控件的以下两个属性进行设置。

DataSource 属性：通过指定一个有效的数据控件连接到一个数据库上。

DataField 属性：设置数据库有效的字段与绑定控件建立联系。

当上述控件与数据控件绑定后，Visual Basic 会将当前记录的字段值赋给控件。如果修改了绑定控件内的数据，只要移动记录指针，修改后的数据就会自动写入数据库。数据控件在装入数据库时，把记录集的第一个记录作为当前记录。当数据控件的 BofAction 属性值设置为 2 时，若记录指针移过记录集结束位，数据控件会自动向记录集加入新的空记录。

【例 12-1】 设计一个窗体，用于显示建立的 student.mdb 数据库中的 student 表的内容。

student 表包含了 5 个字段，故需要用 5 个绑定控件与之对应。在此用 5 个文本框显示学号、姓名等数据。本例中不需要编写任何代码，具体操作步骤如下：

1）在窗体上放置一个数据控件，5 个文本框和 5 个标签控件。5 个标签控件分别给出相关的提示说明。

2）将数据控件 Data1 的 Connect 属性指定为 Access 类型，将 DatabaseName 属性连接至数据库 Student.mdb，将 RecordSource 属性设置为 "student" 表。

3）将 5 个文本框控件（Text1～Text5）的 DataSource 属性都设置成 Data1。通过单击这些绑定控件的 DataField 属性上的 "…" 按钮，将下拉出基本情况表所含的全部字段，分别选择与其对应的字段学号、姓名、性别、年龄和电话，使之建立约束关系。

4）运行该工程，5 个文本框将分别显示基本情况表中的字段：学号、姓名、性别、年龄和电话的内容。

5）使用数据控件对象的 4 个箭头按钮可遍历整个记录集中的记录。单击最左边的按钮可显示第 1 条记录；单击其旁边的按钮可显示上一条记录；单击最右边的按钮可显示最后一条记录；单击其旁边的按钮可显示下一条记录。数据控件除了可以浏览 Recordset 对象中的记录外，还可以编辑数据。如果改变了某个字段的值，只要移动记录，所做的改变将存入数据库中。

Visual Basic 6.0 提供了几个比较复杂的网格控件，几乎不用编写代码就可以实现多条记录数据的显示。当把数据网格控件的 DataSource 属性设置为一个 Data 控件时，网格控件会被自动地填充，并且其列标题会用 Data 控件的记录集中的数据自动地设置。

【例 12-2】 用数据网格控件 DataGrid 控件显示 Student.mdb 数据库中的 student 表的内容。

由于 DataGrid 控件不是 Visual Basic 工具箱中的默认控件，因此需要在开发环境中选择"工程"→"部件"命令，然后在弹出的对话框中选择"Microsoft DataGrid 6.0"选项，将其添加到工具箱中。本例所用控件的属性设置如表 12-6 所示。

表 12-6 控件属性

默认控件名	属 性 设 置
Data1	DatabaseName="C:\student.mdb"
	RecordsetType=0
	RecordSource=student
DataGrid	DataSource=Data1
	FixCols=0

2. 数据控件的常用方法

数据控件的内置功能有很多，可以在代码中用数据控件的方法访问这些属性。

（1）Refresh 方法

如果在设计状态没有为所打开数据库控件的有关属性全部赋值，或当 RecordSource 在运行时被改变，必须使用数据控件的 Refresh 方法激活这些变化。在多用户环境下，当其他用户同时访问同一数据库和表时，Refresh 方法将使各用户对数据库的操作有效。

例如：将上一例子的设计参数用代码实现，使所连接数据库所在的文件夹可随程序而变化：

```
Private Sub Form_Load( )
Dim mpath As String
Mpath=App.Path      '获取当前路径
If Right(mpath,1)<>"/" Then mpath=mpath+"/"
Data1.DatabaseName=mpath+"Student.mdb"      '连接数据库
Data1.RecordSource="socroe"      '构成记录集对象
Data1.Refresh      '激活数据控件
End Sub
```

（2）UpdateControls 方法

使用 UpdateControls 方法可以将数据从数据库中重新读到被数据控件绑定的控件内。因而可以使用 UpdateControls 方法终止用户对绑定控件内数据的修改。

例如：将代码 Data1.UpdateControts 放在一个命令按钮的 Click 事件中，可以实现对记录修改的功能。

（3）UpdateRecord 方法

当修改绑定控件内的数据后，数据控件需要移动记录集的指针才能保存修改。如果使用 UpdateRecord 方法，可强制数据控件将绑定控件内的数据写入到数据库中，而不再触发 Validate 事件。在代码中可以用该方法来确认修改。

12.3.2   ADO 数据控件

ADO（ActiveX Data Object）数据访问接口是 Microsoft 处理数据库信息的最新技术。它是一种 ActiveX 对象，采用了被称为 OLE DB 的数据访问模式，是数据访问对象 DAO、远程数据对象 RDO 和开放数据库互连 ODBC 3 种方式的扩展。ADO 对象模型定义了一个可编程的分层对象集合，主要由 Connection、Command 和 Recordset 对象，以及 Errors、Parameters 和 Fields 集合对象等组成，如表 12-7 所示。

表 12-7   ADO 对象描述

对 象 名	描 述
Connection	连接数据来源
Command	从数据源获取所需数据的命令信息
Recordset	所获得的一组记录组成的记录集
Error	在访问数据时，由数据源所返回的错误信息
Parameter	与命令对象有关的参数
Field	包含了记录集中某个字段的信息

在使用 ADO 数据控件前，必须先选择"工程"→"部件"命令，然后在弹出的对话框中选择"Microsoft ADO Data Control 6.0(OLEDB)"选项，将 ADO 数据控件添加到工具箱。ADO 数据控件与 Visual Basic 内部的 Data 控件很相似，允许使用 ADO 数据控件的基本属性快速创建与数据库的连接。

1. ADO 数据控件的基本属性

（1）ConnectionString 属性

ADO 控件没有 DatabaseName 属性，使用 ConnectionString 属性与数据库建立连接。该属性包含了用于与数据源建立连接的相关信息，ConnectionString 属性带有 4 个参数，如表 12-8 所示。

表 12-8   ConnectionString 属性参数

Provide	指定数据源的名称
FileName	指定数据源所对应的文件名
RemoteProvide	在远程数据服务器中打开一个客户端时所用的数据源名称
RemoteServer	在远程数据服务器中打开一个主机端时所用的数据源名称

（2）RecordSource 属性

RecordSource 用于确定具体可访问的数据，这些数据构成记录集对象 Recordset。该属性值可以是数据库中的单个表名，可以是一个存储查询，也可以是使用 SQL 查询语言的一个查询字符串。

（3）ConnectionTimeout 属性

用于数据连接的超时设置，若在指定时间内连接不成功，则显示超时信息。

（4）MaxRecords 属性

定义从一个查询中最多能返回的记录数。

2．设置 ADO 数据控件的属性连接数据库

（1）加载 ADO 数据控件

ADO 数据控件属于 ActiveX 控件，只有在加载后才能使用。右击工具箱，在弹出的快捷菜单中选择"部件"命令，弹出"部件"对话框，在"控件"选项卡的列表框中选中"Mcrosoft ADO Data Control 6.0"前面的复选框，然后单击"确定"按钮即可。

（2）连接数据库及指定记录源

ADO 数据控件与数据库的连接有 3 种方式：数据链接文件（.UDL）、ODBC（DSN）和字符串连接。与 Access 数据库建立连接的常用方式是字符串连接。

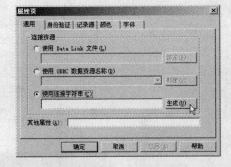

通常，通过属性页一次完成连接数据库和指定记录源的设置。操作步骤如下：

1）将 ADO 数据控件（ADODC）添加到窗体上，然后右击该控件，在弹出的快捷菜单中选择"ADODC 属性"命令，弹出如图 12-23 所示的"属性页"对话框。

2）在对话框的"通用"选项卡中选择"使用连接字符串"单选按钮，单击"生成"按钮，弹出如

图 12-23　"属性页"对话框

图 12-24 所示的"数据链接属性"对话框。在"提供者"选项卡的列表框中选择"Microsoft Jet 4.0 OLE DB Provider"选项，单击"下一步"按钮，然后切换到如图 12-25 所示的"连接"选项卡。

图 12-24　选择提供者

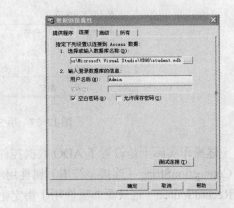

图 12-25　连接数据库

3）在"连接"选项卡中单击"1．选择或输入数据库名称"输入框右侧的按钮，在弹出的"连接 Access 数据库"对话框中选择数据库，然后单击"打开"按钮返回"连接"选项卡，单击"测试连接"按钮，成功后单击"确定"按钮，完成连接数据库的设置，返回"属性页"对话框。

4）将"属性页"对话框切换到"记录源"选项卡，显示如图 12-26 所示的界面。在"记录源"选项卡中设置"命令类型"为"2-adCmdTable"，然后在"表或存储过程名称"下拉列表框中选择数据表。也可以设置"命令类型"为"1-adCmdText"或"8-adCmdUnknown"，然后在"命令文本（SQL）"文本框中输入 SQL 语句（见图 12-27），最后单击"确定"按钮完成设置。

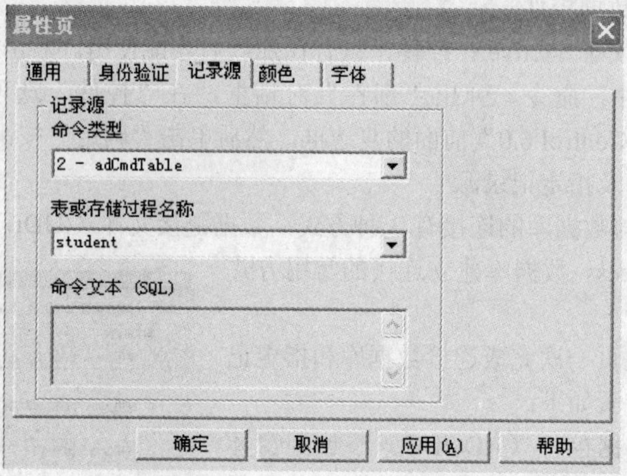

图 12-26　用数据表作记录源

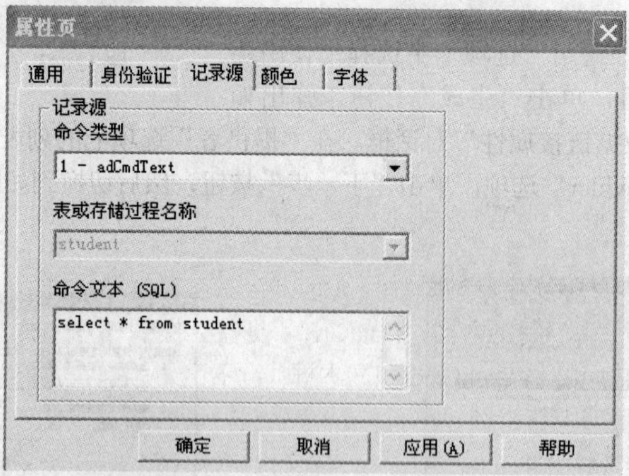

图 12-27　用 SQL 语句作记录源

上述操作实际上是设置了 ADO 数据控件的两个重要属性：

ConnectionString（连接字符串）属性用于建立与数据库的连接。

RecordSource（记录源）属性用于指定记录源。

除了使用属性页之外，还可以通过属性窗口或程序代码设置这两个属性。

如图 12-25 所示，在"数据链接属性"窗口的"连接"选项卡中指定数据库时采用的是绝对路径。为了保证数据库应用程序移植到其他计算机上仍可正常使用，应当采用相对路径，即在测试连接成功后删除数据库名称前面的所有路径（图 12-25 输入框中的反相显示部分），仅保留数据库文件名。将数据库文件与工程文件存放在同一文件夹下，在工程启动窗体的 Initialize 事件过程中进行路径的初始化处理即可：

```
Private Sub Form_Initialize()
    ChDrive App.Path        '设当前驱动器为工程所在的驱动器
    ChDir App.Path          '设当前目录为工程所在的目录
End Sub
```

3．用代码设置或改变记录源

ADO 数据控件一旦建立了与数据库的连接，就可以通过设置或改变其 RecordSource （记录源）属性访问数据库中的任何表，也可以访问由一个或多个表中的部分或全部数据构成的记录集。在实际应用中，经常在程序运行时用代码设置 RecordSource 属性及其相关属性（如 CommandType），从而使 ADO 数据控件具有更大的灵活性。例如：

（1）用数据表名称作为记录源

```
Adodc1.CommandType = adCmdTable        '设置命令类型为数据表
Adodc1.RecordSource = "student"
Adodc1.Refresh
```

（2）用 SQL 语句生成的记录集作为记录源

```
Adodc1.CommandType = adCmdText         '设置命令类型为 SQL 语句
Adodc1.RecordSource = "SELECT * FROM    student"

Adodc1.Refresh
```

上述两段代码的效果相同。有关 SQL 语言的应用将在后面的内容中进行介绍。

注意：设置记录源后，必须调用 ADO 数据控件的 Refresh 方法刷新对数据库的访问。

12.3.3　数据绑定控件

ADO 数据控件本身不能显示数据，需通过绑定具有显示功能的其他控件显示数据，这些控件称为数据绑定控件，如文本框、DataGrid、标签、图像（片）框、列表框、组合框、复选框等。其中，最常用的是 DataGrid 和文本框。

1．数据绑定控件的相关属性

DataSource（数据源）属性：指定（绑定到）ADO 数据控件。

DataField（数据字段）属性：绑定到特定字段。绑定后只要移动指针，即可自动将修改内容写入到数据库中。

2．在属性窗口中设置绑定控件属性

在属性窗口中将数据绑定控件的 DataSource 属性设为 ADO 数据控件的名称（如 Adodc1）。如果是单字段显示控件（如文本框等），还需将控件的 DataField 属性设置为特定

字段。DataGrid 控件属于多字段显示控件，没有 DataField 属性。

【例 12-3】 用 ADO 数据控件和 DataGrid 控件创建一个简单的数据访问窗体，显示 12.2.2 节创建的 Student.mdb 数据库中的"student"表的内容。

右击工具箱，在弹出的快捷菜单中选择"部件"命令，然后在弹出的对话框的"控件"选项卡的列表框中选中"Microsoft ADO Data Control 6.0"和"Microsoft DataGrid 6.0"选项，单击"确定"按钮。

选择工具箱中新增加的 ADO 数据控件和 DataGrid 控件，将其添加到窗体上，默认名称分别为 Adodc1 和 DataGrid1。

按 12.2.2 节所述步骤建立 Adodc1 与 Student.mdb 数据库的连接，并设置 Adodc1 的记录源为"student"表，将 DataGrid1 控件的 DataSource 属性设为 Adodc1。程序运行效果如图 12-28 所示。

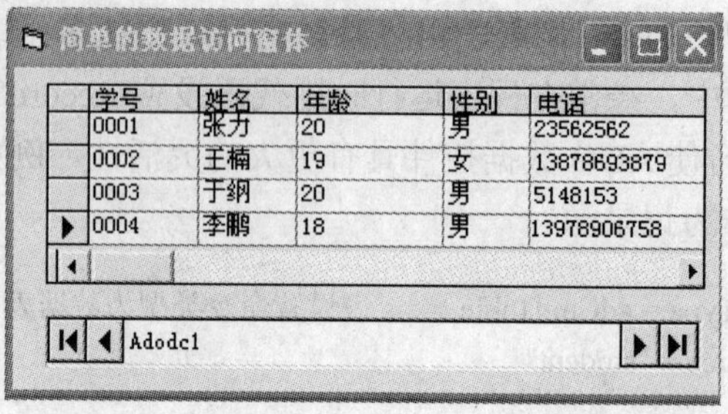

图 12-28　使用 DataGrid 控件

3. 用代码设置绑定控件属性

在程序运行时，可以动态地设置数据绑定控件的属性。例如：

```
Set Text1.DataSource = Adodc1
Text1.DataField = "姓名"
Set DataGrid1.DataSource = Adodc1
```

说明：DataSource 是对象类型的属性，必须用 Set 语句为其赋值。

4. 不用绑定方法显示和处理数据

不使用绑定方法处理数据是指不对数据显示控件的 DataSource 和 DataField 属性进行设置，而是通过代码将当前记录的某个字段的值显示在控件（如文本框）中。该种方法比较灵活，缺点是代码编写量较大，其中涉及记录集对象的操作。

（1）字段内容的显示

```
控件属性 = 记录集("字段")
```

例如：

```
Text1.Text = Adodc1.Recordset("学号")
Text2.Text = Adodc1.Recordset("姓名")
```

当记录指针移动时均需对控件属性进行重新赋值。若需要显示的字段较多，可以编制一个自定义过程用于在记录指针移动时显示各字段的内容。

（2）为字段赋值

记录集("字段") = 控件属性

例如：

Adodc1.Recordset("学号") = Text1.Text
Adodc1.Recordset("姓名") = Text2.Text
Adodc1.Recordset.Update

说明：为字段赋值后，应调用记录集的 Update 方法更新数据库。

5．使用"数据窗体向导"快速创建一个数据访问窗体

选择"工程"→"添加窗体"命令，弹出如图 12-29 所示的对话框，在"新建"选项卡中选择"Visual Basic 数据窗体向导"选项，单击"打开"按钮后将会出现向导的第一个对话框。

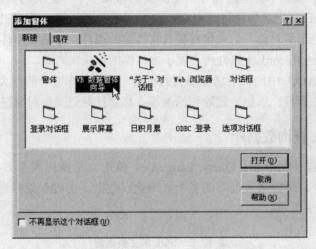

图 12-29　启动数据窗体向导

如果是创建单表访问窗体，数据窗体向导将有 7 个步骤：介绍、数据库类型、数据库、窗体（Form）、记录源、控件选择和完成，用户可根据向导提示操作。

图 12-30 是利用数据窗体向导创建的数据窗体，数据库为 Student.mdb，记录源为 "student"表中的所有字段。向导中的其他步骤均采用默认设置。

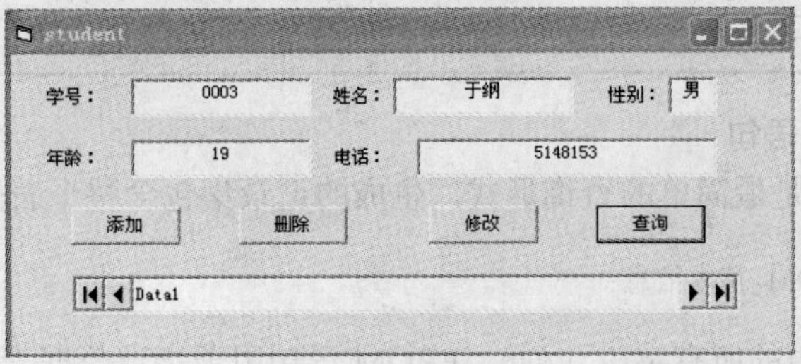

图 12-30　用数据窗体向导创建的数据窗体

12.4 用 SQL 语句生成记录集

12.4.1 初识记录集对象

无论是使用 ADO 数据控件, 还是使用 ADO 对象编程模型, 都会涉及记录集对象。因此, 在进一步讨论数据库操作之前, 有必要初步了解记录集对象。

下面为来自学生数据库的几个集合:

1）取"基本信息"表中所有学生的记录构成一个集合;

2）取"基本信息"表中所有男生的记录构成一个集合;

3）取"基本信息"表中张三的学号和姓名, 根据其学号取"成绩"表（含学号、课号和分数 3 个字段）中该学生的各科成绩构成一个集合。

以上几个集合都是"记录的集合", 由此可得出以下概念:

将数据库中一个或多个表中的部分或全部数据构成一个"记录的集合", 则该集合称为"记录集"(Recordset)。记录集由行（记录）和列（字段）构成。若将记录集看做是一个对象, 则该对象就是记录集对象。记录集对象具有特定的属性、方法和事件。

ADO 数据控件的 Recordset 属性代表属于本控件的记录集对象。

记录集对象是 ADO 中的一个功能强大的对象, 对数据库进行的绝大部分操作, 如记录指针的移动, 记录的查找、添加、删除和修改等, 都是针对记录集对象进行的。

12.4.2 使用 SQL 查询数据库

结构化查询语言（Structure Query Language, SQL）是操作关系数据库的工业标准语言。通过 SQL 命令, 可以从数据库的多个表中获取数据, 也可对数据进行更新操作。SQL 的主要语句如表 12-9 所示。

表 12-9　SQL 的主要语句

命　令	分　类	描　述
SELECT	数据查询	在数据库中查找满足特定条件的记录
DELETE	数据操作	从数据表中删除记录
INSERT	数据操作	向表中插入一条记录
UPDATE	数据操作	用来改变特定记录和字段的值
CREATE	数据定义	在数据库中建立一个新表
DRUP	数据定义	从数据库中删除一个表

1. 最简单的查询语句

下面的 SQL 语句是最简单的查询形式, 生成的记录集包含整个表的全部数据:

SELECT * FROM 基本信息

其中, "*" 指表中的所有字段（列）。FROM 子句用于指定数据表。

2．SELECT 语句的基本语法

在实际应用中，通常需要从一个或多个表中选择符合特定条件的记录构成记录集。因此，用户应对 SELECT 语句的语法有一定的了解。以下是 SELECT 语句的基本语法。

SELECT * | 字段列表 FROM 表名 [WHERE 查询条件] [GROUP BY 分组字段 [HAVING 分组条件]] [ORDER BY 排序字段 [ASC | DESC]]

说明：

* | 字段列表："*"表示所有字段；"字段列表"指定字段，在多个字段间用逗号分隔，在来自不同表的同名字段前需加表的名称和圆点。

- FROM 子句：指定表。若指定多个表，则用逗号分隔。
- WHERE 子句：指定选择记录的条件。
- GROUP BY 及 HAVING 子句：分组过滤，将分组字段中的同值记录合并为一条记录。
- ORDER BY：排序。ASC 为升序（默认），DESC 为降序。

【例 12-4】 选择"基本信息"表中的"学号"和"姓名"字段，"成绩"表中的"课号"和"分数"字段构成记录集。

SELECT 基本信息.学号,姓名,课号,分数 FROM 基本信息,成绩 WHERE 基本信息.学号=成绩.学号

3．限定记录集筛选条件

在 SELECT 语句的各子句中，WHERE 子句的使用频率最高。该子句用于指明查询的条件。在 WHERE 子句中，可使用各种关系（比较）运算符表示筛选记录的条件。

【例 12-5】 选择"基本信息"表中的所有男生构成记录集。

SELECT * FROM 基本信息 WHERE 性别 = "男"

【例 12-6】 取"基本信息"表中张三的学号和姓名，根据其学号取"成绩"表中该学生的各科成绩构成记录集：

SELECT 基本信息.学号,姓名,课号,分数 FROM 基本信息,成绩 WHERE 基本信息.学号=成绩.学号 AND 姓名="张三"

在 WHERE 子句中，使用 Like 运算符可实现模糊查询。在 SQL 语句中，Like 运算符的通配符是"%"，可代表任何字符，字符数不限。

【例 12-7】 用 Like 运算符进行模糊查询。

1）查询所有姓"张"的学生：

SELECT * FROM 基本信息 WHERE 姓名 Like "张%"

2）查询所有姓名中含有"小"字的学生：

SELECT * FROM 基本信息 WHERE 姓名 Like "%小%"

3）查询姓名最后一个字为"刚"的所有学生：

SELECT * FROM 基本信息 WHERE 姓名 like "%刚"

4. SELECT 语句-合计函数

合计函数用于对记录集进行统计，如表 12-10 所示。

表 12-10　合计函数

合 计 函 数	描　述
AVG	获得特定字段中的值的平均数
COUNT	返回选定记录的个数
SUM	返回特定字段中所有值的总和
MAX	返回指定字段中的最大值
MIN	返回指定字段中的最小值

【例 12-8】 统计物理系学生的人数。

> SELECT COUNT(*) AS 学生人数 FROM 基本情况 WHERE 专业= "物理"
> COUNT(*)　在统计时包含值为空值的记录
> COUNT(表达式)　统计时忽略表达式值为空值的记录

5. SELECT 语句-分组

GROUP BY 子句用于将指定字段列表中有相同值的记录合并成一条记录。

【例 12-9】 计算每个学生的各门课程的平均分。

> SELECT 学号, AVG(成绩) AS 平均分 FROM 成绩表 GROUP BY 学号

要对分组后的数据进行过滤，可在 GROUP BY 子句后结合 HAVING 子句在分组中进行选择。

【例 12-10】 查询平均分在 80 分以上的学生。

> SELECT 学号, AVG(成绩) AS 平均分 FROM 成绩表 GROUP BY 学号 HAVING AVG(成绩)>=80

6. SELECT 语句-多表连接

若查询的数据分布在多个表中，则必须建立连接查询：

> SELECT 目标表达式列表 FROM 表 1，表 2　WHERE 表 1.字段 = 表 2.字段

例如，学生成绩表中只有学号，要在查看学生成绩的同时能够直观地看到学生姓名，则需要在两表之间建立连接。SQL 语句如下：

> SELECT 基本情况.姓名, 成绩表.* FROM 基本情况, 成绩表 WHERE 成绩表.学号=基本情况.学号

7. 过滤重复记录

过滤重复记录是指忽略字段值相同的重复记录。例如，假定学籍表中含有 400 名学生的信息，这些学生来自 10 个班级，现在要查询学籍表中的"班级"字段生成一个班级名称记录集，如果不进行筛选过滤，则生成的记录集将含有 400 条记录，即会有很多班级名称相同的重复记录。当过滤重复记录后，可以生成仅含 10 个记录的记录集，且每个班级的名称是唯一的。过滤重复记录实际上是对记录进行分类，可以通过下面的方法实现。

（1）用 DISTINCT 关键字

在 SELECT 语句中使用 DISTINCT 关键字忽略重复记录。例如，以下语句可以过滤重复记录和空字段：

SELECT DISTINCT 班级 FROM 学籍 WHERE 班级<>NULL AND 班级<>""

（2）用 GROUP BY 子句

如前所述，用 GROUP BY 子句可以对记录进行分组，实现重复记录的过滤。例如：

SELECT 班级 FROM 学籍 GROUP BY 班级 HAVING 班级<>NULL AND 班级<>""

12.4.3　SQL 语句应用举例

在 SQL 中，使用 SELECT 语句实现查询。SELECT 语句基本上是数据库记录集的定义语句。Data 控件的 RecordSource 属性不一定是数据表名，可以是数据表中的某些行或多个数据表中的数据组合。用户可以直接在 Data 控件的 RecordSource 属性栏中输入 SQL，也可在代码中通过 SQL 语句将选择的记录集赋给数据控件的 RecordSource 属性，还可赋予对象变量。

【例 12-11】　用 SQL 语句处理实现查找功能，显示某性别的学生记录。

使用 SQL 语句查询命令按钮 Command5_Click 事件的代码如下：

```
Private Sub Command5_Click()
    Dim mzy As String
    mzy = InputBox$("请输入性别", "查找窗")
    Data1.RecordSource = "Select * From student Where 性别 = '" & mzy & "'"
    Data1.Refresh
    If Data1.Recordset.EOF Then
    MsgBox "无此性别!", , "提示"
    Data1.RecordSource = "student"
    Data1.Refresh
    End If
End Sub
```

Data1.Refresh 方法激活这些变化。此时，若 Data1.Recordset.EOF 为 True，表示记录过滤后无数据，重新打开原来的基本情况表。

注意：代码中的两处 Refresh 语句不能合为一句，是因为在执行了 Select 命令后，必须激活这些变化，然后才能判断记录集内有无数据。

也可用 SQL 语句实现模糊查询，将命令按钮 Command5_Click 事件改为如下代码：

```
Private Sub Command5_Click()
    Dim mzy As String
    mzy = InputBox$("请输入姓名", "查找窗")
    Data1.RecordSource = "Select * From student Where 专业 like '*" & mzy & "*'"
    Data1.Refresh
```

```
        If Data1.Recordset.EOF Then
            MsgBox "无此专业!", , "提示"
            Data1.RecordSource = "student"
            Data1.Refresh
        End If
    End Sub
```

【例 12-12】 在 SQL 语句中引用字符串变量。

```
Dim strSQL As String, strSex As String
strSex = "男"
strSQL = "SELECT * FROM 基本信息 WHERE 性别 = '" & strSex & "'"
Adodc1.RecordSource = strSQL
```

【例 12-13】 在 SQL 语句中引用控件的字符串类型的属性。

```
Dim strSQL As String
Text1.Text = "张"
strSQL = "SELECT * FROM 基本信息 WHERE 姓名 Like '" & Text1.Text & "%'"
Adodc1.RecordSource = strSQL
```

如果在 SQL 语句中引用了非字符串类型的变量或控件属性，可以不使用单引号。

【例 12-14】 在 SQL 语句中引用非字符串类型的变量。

```
Dim strSQL As String, intGrade As Integer
intGrade = 60
strSQL = "SELECT * FROM 成绩 WHERE 分数 >= " & intGrade & " AND 课程='英语'"
Adodc1.RecordSource = strSQL
```

12.5 数据库记录的操作

由 RecordSource 确定的具体可访问的数据构成的记录集 Recordset 也是一个对象，因此，它和其他对象一样具有属性和方法。下面列出记录集常用的属性和方法。

AbsolutePosition 属性：AbsolutePosition 用于返回当前指针值，如果是第一条记录，其值为 0，则该属性为只读属性。

Bof 和 Eof 属性：Bof 用于判定记录指针是否在首记录之前，若 Bof 为 True，则当前位置位于记录集的第一条记录之前。与此类似，Eof 用于判定记录指针是否在末记录之后。当记录指针移到 BOF 上时，若再向前（MovePrevious）移动，或移到 EOF 上时，再向后（MoveNext）移动，将会引发错误。采用下面的措施可以防止此类错误发生。

记录指针的移动如图 12-31 所示。

Bookmark 属性：Bookmark 属性的值采用字

图 12-31 移动记录指针

符串类型，用于设置或返回当前指针的标签。在程序中可以使用 Bookmark 属性重定位记录集的指针，但不能使用 AbsolutePostion 属性。

Nomatch 属性：在记录集中进行查找时，如果找到相匹配的记录，则 Recordset 的 NoMatch 属性为 False，否则为 True。该属性常与 Bookmark 属性一起使用。

RecordCount 属性：RecordCount 属性用于对 Recordset 对象中的记录进行计数，该属性为只读属性。在多用户环境下，RecordCount 属性值可能不准确，为了获得准确值，在读取 RecordCount 属性值之前，可使用 MoveLast 方法将记录指针移至最后一条记录上。

使用 Move 方法可代替对数据控件对象的 4 个箭头按钮的操作遍历整个记录集。5 种 Move 方法如下：

- MoveFirst 方法：移至第一条记录。
- MoveLast 方法：移至最后一条记录。
- MoveNext 方法：移至下一条记录。
- MovePrevious 方法：移至上一条记录。
- Move [n]方法：向前或向后移 n 条记录，n 为指定的数值。

12.5.1 移动记录指针

1．使用 ADO 数据控件

ADO 数据控件上有 4 个导航按钮，依次为首记录、上一记录、下一记录和末记录。使用这些按钮移动记录指针无须编写代码。

2．使用程序代码

有时因为用户界面的需要，将 ADO 数据控件隐藏（Visibal=False），只能通过编写代码实现记录指针的移动。具体步骤如下：

1）在窗体上放置 4 个命令按钮，分别为首记录、上一记录、下一记录和末记录。

2）在上述按钮的单击事件中，分别用记录集对象（ADO 数据控件的 Recordset 属性）的 Move 方法移动记录：

```
Adodc1.Recordset.MoveFirst        '首记录
Adodc1.Recordset.MovePrevious     '上一记录
Adodc1.Recordset.MoveNext         '下一记录
Adodc1.Recordset.MoveLast         '末记录
```

3）在"上一记录"按钮的单击事件中做如下处理：

```
Adodc1.Recordset.MovePrevious   '指针向前移动一个位置
If Adodc1.Recordset.BOF = True Then _
Adodc1.Recordset.MoveFirst
```

4）在"下一记录"按钮的单击事件中做如下处理：

```
Adodc1.Recordset.MoveNext             '指针向后移动一个位置
If Adodc1.Recordset.EOF = True Then _
    Adodc1.Recordset.MoveLast
```

12.5.2 查找记录

1. 用 Find 方法

使用 Find 方法可以在指定的 Dynaset 或 Snapshot 类型的 Recordset 对象中查找与指定条件相符的一条记录，并使之成为当前记录。4 种 Find 方法如下：

1）FindFirst 方法：从记录集的开始查找满足条件的第 1 条记录。

2）FindLast 方法：从记录集的尾部向前查找满足条件的第 1 条记录。

3）FindNext 方法：从当前记录开始查找满足条件的下一条记录。

4）FindPrevious 方法：从当前记录开始查找满足条件的上一条记录。

使用记录集的 Find 方法可搜索记录集中满足指定条件的记录（不区分大小写）。如果条件满足，则记录集指针定位于找到的记录上，否则指针定位于记录集的末尾（EOF）。

语法：

记录集.Find 条件[, 跳行，搜索方向，开始位置]

参数说明：

① 条件：字符串，类似于 SQL 语句中 WHERE 子句的条件，包括字段名、比较操作符和比较值。

如果比较操作符为"like"，则比较值可以含有一个"%"（只能放在字符串最后，代表多个字符），实现模糊比较。例如："姓名 like '王%'"。

若与变量或控件属性值比较，需用&连接。例如：

Adodc1.Recordset.Find "用户名=' " & _txtUserID.Text & " ' "

② 跳行：可选项，为长整型值，其默认值为零，用于指定搜索的位移量。若该选项为1，连续执行 Find 方法，可依次找出每个符合条件的记录。

③ 搜索方向：可选项。其值可为 adSearchForward（头→尾）或 adSearchBackward（尾→头）。

④ 开始位置：可选项，为变体型书签，用做搜索的开始位置。0 表示从当前行开始，1表示从首记录开始，2 表示从末记录开始。

在调用 Find 方法时，只带有条件参数即可。在调用前，要先将记录指针指向首记录。

【例 12-15】 用记录集的 Find 方法查找记录。RecordCount 为记录总数。

```
'若非空记录集
If Adodc1.Recordset.RecordCount > 0 Then
    Adodc1.Recordset.MoveFirst
    Adodc1.Recordset.Find "姓名 = '张力'"
    If Adodc1.Recordset.EOF = True Then
        MsgBox "未查到姓名为张力的记录。"
    End If
End If
```

2. 用循环结构

通过循环结构遍历记录集（适用于各种类型），查找符合条件的记录（默认区分大小写）。

【例 12-16】 用循环结构查找记录。

```
Adodc1.Recordset.MoveFirst
Do While Not Adodc1.Recordset.EOF
   '找到，退出循环
   If Adodc1.Recordset("姓名") = "王楠" Then Exit Do
   Adodc1.Recordset.MoveNext
Loop
'若指针指向记录集尾，说明未找到
If Adodc1.Recordset.EOF = True Then
   ...
Else      '否则，说明找到符合条件的记录
   ...
End If
```

3. 用 SQL 语句

用 SQL 语句生成只包括待查记录的记录集，若 BOF 和 EOF 均为 True，则为空记录集。

【例 12-17】 用 SQL 语句查找符合条件的记录。

```
Dim strSQL As String
strSQL = "SELECT * FROM 用户 WHERE 用户名='" & txtUserID.Text & "'"
Adodc1.RecordSource = strSQL
Adodc1.Refresh
If Adodc1.Recordset.BOF = True _
     And Adodc1.Recordset.EOF = True Then
   MsgBox "无此用户！"
End If
```

4. Seek 方法

使用 Seek 方法必须打开表的索引，它在 Table 表中查找与指定索引规则相符的第 1 条记录，并使之成为当前记录。其语法格式为：

数据表对象.seek comparison,keyl,key2…

Seek 允许接受多个参数，第 1 个是比较运算符 comparison。在 Seek 方法中，可以使用的比较运算符有=、>=、>、<>、<、<=等。

在使用 Seek 方法定位记录时，必须通过 Index 属性设置索引。若在记录集中多次使用同样的 Seek 方法（参数相同），那么找到的总是同一条记录。

【例 12-18】 假设数据库 Student 中的 student 表的索引字段为学号，查找满足学号字段值大于等于 0003 的第 1 条记录，可使用以下程序代码：

```
Data1.RecordsetType = 0              '设置记录集类型为 Table
Data1.RecordSource = "student"       '打开基本情况表单
Data1.Refresh
Data1.Recordset.Index = "sno"        '打开名称为 jbqk_no 的索引
Data1.Recordset.Seek ">=", "0003"
```

12.5.3　添加记录

使用 AddNew 方法可以在记录集中增加新记录。增加记录的步骤如下：

1）调用 AddNew 方法。

语法：

记录集.AddNew [字段名, 字段值]

2）给各字段赋值。给字段赋值的格式为：Recordset.Fields("字段名")=值。

3）调用 Update 方法，确定所做的添加，从而将缓冲区中的数据写入数据库。

注意：如果使用 AddNew 方法添加新的记录，但是没有使用 Update 方法移动到其他记录，或者关闭记录集，那么所做的输入将全部丢失，并且没有任何警告。当调用 Update 方法写入记录后，记录指针会自动返回到添加新记录前的位置上，而不显示新记录。为此，可在调用 Update 方法后，使用 MoveLast 方法将记录指针再次移到新记录上。

【例 12-19】　用记录集的 AddNew 方法添加记录。

```
Adodc1.Recordset.AddNew
Adodc1.Recordset("学号") = "0001"
Adodc1.Recordset("姓名") = "张力"
Adodc1.Recordset.Update
```

也可以通过控件属性或变量为字段赋值，例如，用文本框中的内容为字段赋值：

```
Adodc1.Recordset.AddNew
Adodc1.Recordset("学号") = txtNo.Text
Adodc1.Recordset("姓名") = txtName.Text
Adodc1.Recordset.Update
```

注意：如果在调用 Update 方法之前移动了记录指针，系统将自动调用 Update 方法。

12.5.4　修改记录

数据控件提供了自动修改现有记录的能力，当直接改变被数据库所约束的绑定控件的内容后，需单击数据控件对象的任一箭头按钮来改变当前记录，确定所做的修改。也可通过程序代码来修改记录，使用程序代码修改当前记录的步骤如下：

1）调用 Edit 方法。

2）给各字段赋值。

3）调用 Update 方法，确定所做的修改。

注意：如果要放弃对数据的所有修改，可用 Refresh 方法重读数据库。如果没有调用 Update 方法，对数据的修改将没有写入数据库，所以这样的记录会在刷新记录集时丢失。

为字段赋值的常用形式如下：

```
记录集（"字段名"）= 新值
记录集!字段名= 新值
记录集.Fields(索引) = 新值
```

例如：

```
Adodc1.Recordset("学号") = "0001"
Adodc1.Recordset!姓名 = "张力"
Adodc1.Recordset.Update
```

或者：

```
Adodc1.Recordset.Fields(0) = "0001"
Adodc1.Recordset.Fields(1) = "张力"
Adodc1.Recordset.Update
```

说明：Fields 是记录集的字段集合，索引从 0 开始。在修改记录后，应调用记录集的 Update 方法更新数据库。

【例 12-20】 使用记录集的 Edit 方法修改记录。

```
Private Sub Command3_Click()
On Error Resume Next
Command1.Enabled = Not Command1.Enabled
Command2.Enabled = Not Command2.Enabled
Command4.Enabled = Not Command4.Enabled
Command5.Enabled = Not Command5.Enabled
If Command3.Caption = "修改" Then
    Command3.Caption = "确认"
Data1.Recordset.Edit
Text1.SetFocus
Else
    Command3.Caption = "修改"
Data1.Recordset.Update
End If
End Sub
```

12.5.5 删除记录

要从记录集中删除记录，其操作分为 3 步：

1）定位被删除的记录，使之成为当前记录。

2）调用 Delete 方法。

用记录集的 Delete 方法删除记录。

语法如下：

```
记录集.Delete [AffectRecords]
```

其中，AffectRecords 参数（受影响的记录）可取以下值：

- AdAffectCurrent：为默认值。仅删除当前记录。
- AdAffectGroup：删除满足记录集的 Filter 属性设置的记录。
- AdAffectAll：删除所有记录。
- AdAffectAllChapters：删除所有的子集记录。

3）移动记录指针。

【例 12-21】 用记录集的 Delete 方法删除当前记录。

```
Adodc1.Recordset.Delete
Adodc1.Recordset.MoveNext
If Adodc1.Recordset.EOF And _
    Adodc1.Recordset.RecordCount > 0 Then
    Adodc1.Recordset.MoveLast
```

说明：在删除当前记录后，数据绑定控件（如文本框等）仍将保持已被删除的记录内容而不刷新。将记录指针移动到下一条记录，可以让用户感觉到记录已被删除，同时自动调用 Update 方法更新数据库。

12.6 ADO 编程模型简介

12.6.1 ADO 的主要对象

ADO 的核心是 Connection、Recordset 和 Command 对象。ADO 编程模型不使用 ADO 数据控件，直接用代码通过 ADO 对象访问数据库。

使用 ADO 编程模型需添加 ADO 对象类库的"引用"，方法为：选择"工程" → "引用"命令，弹出"引用"对话框，在对话框的列表框中选中"Microsoft ActiveX Data Objects 2.x Library"前的复选框，单击"确定"按钮。

添加"引用"后，应声明 ADO 对象变量：

Dim 变量名 As New ADODB.对象

（1）Connection 对象

Connection 对象用于建立与数据库的连接。通过连接可以从应用程序中访问数据源。其保存指针类型、连接字符串、查询超时、连接超时或默认数据库等连接信息。

对象变量声明示例如下：

Dim cnn As New ADODB.Connection

一个 Connection 对象可以为多个 Recordset 和 Command 对象提供数据库连接服务。可以在程序的标准模块中声明一个全局 Connection 对象变量，供其他模块调用。例如：

Public pubCnn As New ADODB.Connection

（2）Command 对象

在建立 Connection 后，可以发出命令操作数据源。在一般情况下，Command 对象可以在数据库中添加、删除或更新数据，或者在表中进行数据查询。Command 对象在定义查询参数或执行一个有输出参数的存储过程时非常有用。

该对象用于对数据源执行指定的命令，如数据的添加、删除、更新或查询。

对象变量声明示例如下：

```
Dim cmm As New ADODB.Command
```

（3）Recordset 对象

Recordset 对象只代表一个记录集，该记录集是一个连接数据库中的表，或者 Command 对象执行结果返回的记录集。在 ADO 对象模型中，它是在行中检查和修改数据的最主要方法，所有对数据的操作几乎都是在 Recordset 对象中完成的。Record 对象用于指定行、移动行，以及添加、更改和删除记录。

该对象表示记录集，用于记录指针的移动，以及记录的查找、添加、修改或删除。

对象变量声明示例如下：

```
Dim rs As New ADODB.Recordset
```

12.6.2 使用 ADO 编程模型的一般步骤

在 ADO 对象模型中，对象的功能有交叉（冗余），对于一般的数据库应用程序，可不必使用 Command 对象。

1. 声明 ADO 对象变量

```
Dim cnn As New ADODB.Connection        '声明连接对象
Dim cmd As New ADODB.Command           '声明命令对象
Dim rs As New ADODB.Recordset          '声明记录集对象
```

2. 与数据库建立连接

为了保证数据库应用程序移植到其他计算机上仍可以正常使用，应将当前工程与数据库文件保存在同一目录中，并进行以下初始化处理：

```
Dim MyPath As String    '用于存放路径
MyPath = App.Path        '取本工程所在的路径
If Right$(MyPath,1) <> "\" Then MyPath _= MyPath & "\"'若非根目录，路径后加"\"
cnn.Provider = "Microsoft.Jet.OLEDB.4.0"        '指定提供者
cnn.ConnectionString = "Data Source=" & _MyPath & "Student.mdb"    '设置数据源（指定数据库）
cnn.Open        '与数据库建立连接
```

3. 设置记录集相关属性

设置记录集的锁定类型（LockType）、游标类型（CursorType）、记录源（Source）和使用的连接对象（ActiveConnection）：

```
rs.LockType = adLockOptimistic    '锁定类型：开放式记录锁定
rs.CursorType = adOpenKeyset       '游标类型：键集游标，允许在记录集中进行所有类型的移动
Set rs.ActiveConnection = cnn      '设置记录集使用的连接对象为打开的 Connection 对象
```

```
        rs.Source = "SELECT * FROM student"      '设置记录集的记录源
```

说明：以上属性的设置必须在记录集关闭状态下才可以进行。在首次设定记录集的锁定类型、游标类型和连接对象后，如果不需要改变设置内容，则不必进行重复设定。经常发生变化的是记录源（Source 属性）。

4．打开记录集

用记录集的 Open 方法打开记录集。

若记录集处于关闭状态，则将其打开。

```
        If rs.State = adStateClosed Then rs.Open
```

说明：如果记录集已经打开，调用 Open 方法将引发错误。

5．对记录集进行操作

在前面的"数据库记录的操作"一节中已做了较详细的讨论，在此仅举一例：

```
        rs.MoveFirst        '指针移到首记录
```

6．ADO 对象的关闭和释放

调用 Close 方法可关闭 Connection 或 Recordset 对象。例如：

```
        rs.Close
        cnn.Close
```

关闭对象并非将其从内存中删除，在对象关闭后可以更改其属性设置，然后再次打开。要将对象从内存中完全删除，可将对象变量设置为 Nothing。例如：

```
        Set rs = Nothing
        Set cnn = Nothing
```

【例 12-22】 编写一个程序，使用 ADO 对象模型访问数据库，浏览在 12.2.2 节中所建立的"student"表中的记录。要求该程序具有显示首记录、下一个记录、上一个记录和末记录的功能。

添加 5 个文本框、5 个标签和 4 个按钮，分别设置标签的 caption 属性为学号、姓名、性别、年龄和电话，设置 4 个按钮的 caption 属性分别为首记录、上一条、下一条和末记录。

使用 ADO 对象模型访问数据库的代码如下：

```
        Dim conn As New ADODB.Connection
        Dim cmd As New ADODB.Command
        Dim rs As New ADODB.Recordset
        Private Sub Form_Load()
            conn.Open "Provider=Microsoft.Jet.OLEDB.3.51;Data Source=student.mdb"
            Set cmd.ActiveConnection = conn
            cmd.CommandType = adCmdText                '命令类型为命令文本型
            cmd.CommandText = "select * from student"   '设置命令文本为 SQL 语句
            rs.Open cmd, , adOpenDynamic
```

```
        rs.MoveFirst
        Call recshow
    End Sub
    Private Sub recshow()
        Text1.Text = rs.Fields("学号")
        Text2.Text = rs.Fields("姓名")
        Text3.Text = rs.Fields("性别")
        Text4.Text = rs.Fields("年龄")
        Text5.Text = rs.Fields("电话")
    End Sub
    Private Sub Command1_Click()
        rs.MoveFirst
        Call recshow
    End Sub
    Private Sub Command2_Click()
        rs.MoveNext
        If rs.EOF Then rs.MoveLast
        Call recshow
    End Sub
    Private Sub Command3_Click()
        rs.MovePrevious
        If rs.BOF Then rs.MoveFirst
        Call recshow
    End Sub
    Private Sub Command4_Click()
        rs.MoveLast
        Call recshow
    End Sub
```

运行结果如图 12-32 所示。

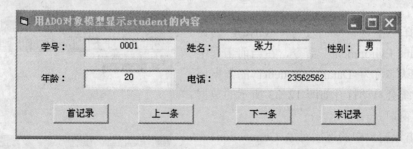

图 12-32　运行结果

12.6.3　记录集对象的 Open 方法简介

前面在讨论打开记录集时，已事先对记录集的有关属性进行了设置，使用的是没有参数的 Open 方法。若使用带有参数的 Open 方法，可以在打开记录集的同时设置记录集的相关属性。

语法如下：

记录集.Open [记录源, 活动连接, 游标类型, 锁定类型, 命令类型]

记录集的 Open 方法有 5 个可选参数，其中，前 4 个参数代表了已经讨论过的记录集的 4 个重要属性。

最后一个参数"命令类型"与 ADO 数据控件的 CommandType 属性相似，默认值为 adCmdUnknown（未知命令类型）。用户可以将其设置为 adCmdText（SQL 语句）或 adCmdTable（数据库中表的名称），但必须与"记录源"参数的内容相对应。

设 cnn 为已经与数据库建立连接的 Connection 对象，可以用以下程序段打开记录集：

```
Dim rs As New ADODB.Recordset
Dim strSQL As String
'用数据库中的表作为记录源
strSQL = "student"
rs.Open strSQL, cnn, adOpenKeyset , adLockOptimistic, adCmdTable
...
rs.Close
'用 SQL 语句作为记录源
strSQL = "SELECT * FROM student " & " WHERE  性别='男'"
rs.Open strSQL, cnn, adOpenKeyset , adLockOptimistic, adCmdText
```

12.7 创建简单报表

在创建数据报表时，通常需要借助数据环境设计器（Data Evironment）为报表提供数据源。下面通过实例来说明创建报表的一般步骤。

【例 12-23】 预览和打印 Sudent2K.mdb 数据库中的"基本信息"表。

1）新建工程，在窗体上放置两个命令按钮，设置其 Caption 属性分别为"报表预览"和"报表打印"。

2）选择"工程"→"更多 ActiveX 设计器"→"Data Evironment"命令，在当前工程中添加一个默认名称为 DataEvironment1 的数据环境对象，系统会自动打开如图 12-33 所示的数据环境设计器窗口。

3）右击该窗口中的连接对象 Connection1，在弹出的快捷菜单中选择"属性"命令，弹出如 12.3.1 节中图 12-24 所示的"数据链接属性"对

图 12-33 数据环境设计器

话框。在"提供程序"选项卡的列表框中选择"Microsoft Jet 4.0 OLE DB Provider"选项，单击"下一步"按钮，切换到如 12.3.1 节图 12-25 所示的"连接"选项卡。在"连接"选项卡中单击"1.选择或输入数据库名称"输入框右侧的按钮，在弹出的"连接 Access 数据库"对话框中选择数据库，单击"打开"按钮后返回"连接"选项卡，再单击"测试连接"按钮，在成功后单击"确定"按钮，完成连接数据库的设置，返回数据环境设计器窗口。

4）再次右击连接对象 Connection1，选择快捷菜单中的"添加命令"命令，在 Connection1 下创建一个默认名称为 Command1 的命令对象。然后右击该对象，弹出如图 12-34 所示的"Command1 属性"对话框。在对话框中选定"数据源"选项组中的"数据库对象"单选按钮，在"数据库对象"右侧的下拉列表框中选择"表"选项，在"对象名称"下拉列表框中选择"基本信息"选项，单击"确定"按钮，返回数据环境设计器窗口。在数据环境设计器中展开 Command1 对象，可以看到来自"基本信息"表中的所有字段，如图 12-35 所示。

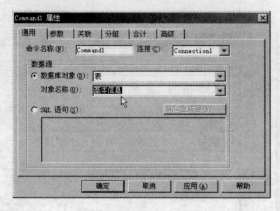

图 12-34　设置命令对象属性

图 12-35　展开命令对象

5）选择"工程"→"添加 Data Report"命令，在当前工程中添加一个默认名称为 DataReport1 的报表对象，系统会自动打开如图 12-36 所示的报表设计器窗口，同时工具箱切换为"数据报表"专用控件。在如图 12-37 所示的"属性"窗口中将数据报表对象 DataReport1 的 DataSource 属性设为第 2）步建立的数据环境对象 DataEvironment1，将 DataMember 属性设为第 3）步建立的命令对象 Command1。为了便于对齐数据报表中的控件，可将 GridX 和 GridY 属性设为 5～10 之间的整数。

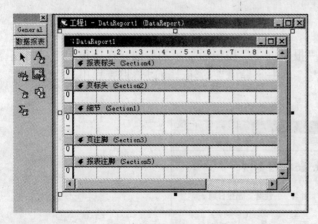

图 12-36　报表设计器及其专用控件

图 12-37　报表设计器及其专用控件

6）将数据环境设计器中的 Command1 对象下面的字段（如"学号"）拖放到报表设计器的"细节"区中，此时该区将同时添加两个控件（见图 12-38），左侧是用做标题的标签

（RptLabel），右侧是用于显示字段数据的文本框（RptTextBox，含有"Command1"字样）。将标签控件拖放到"页标头"区，并将标签与对应的文本框对齐。用同样的方法将需要在报表中显示的字段添加到报表设计器中。报表中各记录之间的行距取决于"细节"区的高度，拖动该区的下边界即可调整行距（应尽量使"细节"区的高度接近文本框控件的高度）。

7）选择"数据报表"工具箱中的标签控件，在"报表标头"区添加一个标签作为报表的标题，设其 Caption 属性为"学生基本信息表"，并通过 Font 属性为其设置字体。然后在"页标头"区中的字段标题下面用直线（RptLine）控件画一条横线。设计完成的报表如图 12-39 所示。

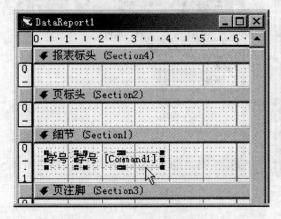

图 12-38　在报表中添加字段

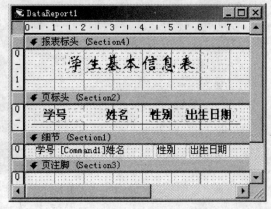

图 12-39　设计报表布局

8）在工程主窗体的"报表预览"按钮的单击事件过程中加入以下代码：

```
DataReport1.Show
```

9）在"报表打印"按钮的单击事件过程中加入以下代码：

```
' True 参数表示显示打印对话框
DataReport1.PrintReport True
```

10）图 12-40 为在程序运行时单击"报表预览"按钮后显示的界面。在该窗口中单击左上角的"打印"按钮，可以直接打印报表；单击"导出"按钮，可以将报表导出为文本文件或 HTML 格式的文件。

图 12-40　报表预览窗口

12.8 本章小结

数据库应用技术是 Visual Basic 最主要的应用方向，本章介绍了与之相关的基础知识。

MS Access 是目前较流行的桌面数据库，它可以在 Visual Basic 环境中创建，也可以在 MS Access 环境中创建，推荐读者采用后者。创建数据库的主要步骤包括根据实际应用的需要确定表的数目、设计表结构、输入记录、建立表间关联关系，以及创建必要的查询。

ADO 是一种基于对象的数据访问接口。在 Visual Basic 中使用 ADO 的两种主要形式是 ADO 数据控件和 ADO 对象编程模型。两种方式可以单独使用，也可以同时使用。

在使用 ADO 数据控件时，通常借助属性页来一次完成连接数据库和指定记录源的设置。在连接数据库时应采用相对路径，以保证程序的可移植性。在程序代码中改变数据控件的记录源可以生成不同类型和内容的记录集。数据绑定控件用于自动显示记录集信息，最常用的属性是 DataSource 和 DataField。

记录集是 ADO 中最常用的对象，通常利用 SQL 语句生成。使用 SQL 语句可以实现记录的筛选、排序、分组和过滤等。在 Visual Basic 程序中，SQL 语句必须以字符串形式提供。在 SQL 语句中引用字符串常量、变量和控件属性是初学者的难点，应反复练习。

对记录的操作是数据库应用程序最主要的任务，包括记录指针的移动，以及记录的查找、排序、添加、修改、删除和更新等。由于数据库操作的过程复杂，程序出错的机会较多，读者应注意在适当位置编写出错处理程序。

ADO 编程模型直接用代码通过 ADO 对象访问数据库。使用该模型的一般步骤包括：声明 ADO 对象变量、连接数据库、设置记录集相关属性、打开和操作记录集。

利用 Visual Basic 提供的数据报表设计器可以制作简单报表和具有分层结构的报表，通常借助数据环境设计器为报表提供数据源。由于设计报表的步骤比较烦琐，容易出错，读者应反复练习。

习题 12

1. SQL 语句分为哪两类？这两类语句主要包括哪些语句，它们的功能如何？
2. 记录集有哪几种类型？它们有什么特点？
3. Recordset 对象的 AddNew 方法、Delete 方法和 Move 方法的功能是什么？
4. 可以与数据控件绑定的内部控件有哪些？